构建高性能嵌入式系统

[美] 吉姆・莱丁　著

陈会翔　译

清華大學出版社

北　京

内 容 简 介

本书详细阐述了与构建高性能嵌入式系统相关的基本解决方案，主要包括构建高性能嵌入式系统、传感器、实时操作、FPGA 项目、KiCad 设计电路、构建高性能数字电路、固件开发、测试和调试嵌入式系统等内容。此外，本书还提供了相应的示例、代码，以帮助读者进一步理解相关方案的实现过程。

本书适合作为高等院校计算机及相关专业的教材和教学参考书，也可作为相关开发人员的自学用书和参考手册。

图书在版编目（CIP）数据

构建高性能嵌入式系统 /（美）吉姆・莱丁著；陈会翔译. 一北京：清华大学出版社，2022.9

书名原文：Architecting High-Performance Embedded Systems

ISBN 978-7-302-61709-9

Ⅰ. ①构… Ⅱ. ①吉… ②陈… Ⅲ. ①微型计算机一系统设计 Ⅳ. ①TP360.21

中国版本图书馆 CIP 数据核字（2022）第 155934 号

责任编辑：贾小红
封面设计：刘 超
版式设计：文森时代
责任校对：马军令
责任印制：沈 露

出版发行：清华大学出版社
网 址：http://www.tup.com.cn，http://www.wqbook.com
地 址：北京清华大学学研大厦 A 座 邮 编：100084
社 总 机：010-83470000 邮 购：010-62786544
投稿与读者服务：010-62776969，c-service@tup.tsinghua.edu.cn
质量反馈：010-62772015，zhiliang@tup.tsinghua.edu.cn
印 刷 者：北京富博印刷有限公司
装 订 者：北京市密云县京文制本装订厂
经 销：全国新华书店
开 本：185mm×230mm 印 张：20 字 数：399 千字
版 次：2022 年 9 月第 1 版 印 次：2022 年 9 月第 1 次印刷
定 价：109.00 元

产品编号：091837-01

译　者　序

2021 年 5 月 30 日，中国航天再次创造了历史，“天舟二号”货运飞船发射升空约 8 小时后，即完成自主快速交会对接，精准对接于天和核心舱后向端口。这是一项了不起的成就，因为从火箭点火升空开始，嵌入式系统就需要不断感知飞行状态，输出高精度测距、测速及测角信息，获取入轨目标参数，经过大量运算进行迭代修正，从而保证货运飞船准确进入核心舱所在的轨道面。由于这一切都是自主导引完成的，无须地面干预，因此它不但需要高科技的硬件，也需要高性能的嵌入式系统。考虑到其复杂的运行环境，这样的系统在测试和调试时必然面临重重困难，所以我们才说这是非常了不起的成就。

除在航空航天领域大展神威之外，高性能嵌入式系统在其他领域的应用也在蓬勃发展。例如，华为和百度等公司已经成功开发汽车自动驾驶控制系统，该系统可以通过激光雷达和微波雷达等感知世界，快速采集和处理大量驾驶数据，通过实时操作系统进行控制，以在极短的时隙内做出最恰当的响应。虽然目前它们仍处于道路测试阶段，但是，乐观而言，很快我们将迎来汽车自动驾驶的时代。

本书详细介绍了高性能嵌入式系统开发的特点和技巧，从嵌入式系统的元素等基础知识开始，阐释了嵌入式系统的架构设计、现场可编程门阵列（FPGA）设备、传感器类型、数据输入/输出接口类型、实时操作系统等基本概念。本书通过一个 FPGA 开发项目实例，介绍了 FPGA 实现语言、开发过程、编译过程、KiCad 原理图编辑、印刷电路板布局、电路板组装和通电测试等。最后，本书还讨论了固件开发过程，包括 FPGA 算法的设计与实现、应该遵循的编码风格、静态源代码分析、系统级代码测试和调试，以及高性能嵌入式系统开发的最佳实践等。

在翻译本书的过程中，为了更好地帮助读者理解和学习，本书以中英文对照的形式保留了大量的术语，这样安排不但方便读者理解书中的代码，而且也有助于读者通过网络查找和利用相关资源。

本书由陈会翔翻译，唐盛、陈凯、马宏华、黄刚、郝艳杰、黄永强、黄进青、熊爱华等参与了部分翻译工作。由于译者水平有限，疏漏之处在所难免，在此诚挚欢迎读者提出任何意见和建议。

译　者

前　言

用于家庭、汽车和个人的现代数字设备包含越来越复杂的计算能力。这些嵌入式系统以每秒数千兆位的速率生成、接收和处理数字数据流。本书将教你如何使用现场可编程门阵列（Field Programmable Gate Array，FPGA）和高速数字电路设计技术来设计创建你自己的尖端数字设备。

本书读者

本书适用于软件开发人员、硬件工程师、物联网（IoT）开发人员以及其他任何寻求了解开发高性能嵌入式系统过程的人员。潜在受众包括有兴趣了解 FPGA 开发基础知识以及 C 和 C++固件开发所有方面的任何人。读者应当对 C/C++语言、数字电路和焊接电子元件等有基本了解。

内容介绍

本书分为 3 篇，共 10 章，具体介绍如下。

- 第 1 篇：高性能嵌入式系统的基础知识，包括第 1～3 章。
  - 第 1 章“高性能嵌入式系统”，详细阐释了嵌入式系统架构的元素，并讨论了在各种嵌入式应用中通用的一些关键系统特性。嵌入式系统通常包括至少一个微控制器或微处理器、传感器、执行器、电源，在许多情况下，还会有一个或多个网络接口。本章还深入探讨了嵌入式系统和物联网之间的关系。
  - 第 2 章“感知世界”，详细介绍了在各种嵌入式应用中使用的传感器的原理和实现。无源传感器可测量周围环境的属性，如温度、压力、湿度、光强度和大气成分等。有源传感器则可以使用雷达和激光雷达等能量发射技术来探测物体并测量其位置和速度。此外，本章还介绍了与传感器通信的接口。

  - 第 3 章“实时操作”，探讨了嵌入式系统对从传感器和其他来源测量的输入生成实时响应的需求，介绍了实时操作系统（RTOS）的概念及其关键特性，以及在实时应用程序中实现多任务处理时常见的一些挑战。此外，本章还介绍了一些流行的开源和商业 RTOS 实现的重要特征。
- 第 2 篇：设计和构建高性能嵌入式系统，包括第 4～7 章。
  - 第 4 章“开发你的第一个 FPGA 项目”，首先讨论了实时嵌入式系统中 FPGA 设备的有效使用，然后阐释了标准 FPGA 中包含的功能元素。本章介绍了一系列 FPGA 设计语言，包括硬件描述语言（hardware description language，HDL）、原理图方法和流行的软件编程语言（包括 C 和 C++）。本章介绍了 FPGA 开发过程，并提供了一个 FPGA 开发周期的完整示例。
  - 第 5 章“使用 FPGA 实现系统”，深入探讨了使用 FPGA 设计和实现嵌入式设备的过程。本章首先介绍了 FPGA 编译软件工具和编译过程，使用工具可将编程语言中的逻辑设计描述转换为可执行的 FPGA 配置。本章还讨论了最适合 FPGA 实现的算法类型，最后还开发了一个基于 FPGA 的高速数字示波器基础项目。
  - 第 6 章“使用 KiCad 设计电路”，介绍了优秀的开源 KiCad 电子设计和自动化套件。在 KiCad 中工作可以使用原理图设计电路并开发相应的印刷电路板布局。你将了解如何以非常合理的成本将电路板设计转变为原型产品。
  - 第 7 章“构建高性能数字电路”，详细阐释了使用表面贴装和通孔电子元件组装高性能数字电路原型所涉及的过程和技术。本章介绍的电路板组装工具包括焊台、放大镜或显微镜以及用于处理微小零件的镊子等。此外，本章还介绍了回流焊接工艺，并描述了一些用于实现小规模回流能力的低成本选项。
- 第 3 篇：实现和测试实时固件，包括第 8～10 章。
  - 第 8 章“首次给电路板通电”，介绍了如何为电路板通电做准备。本章将引导你完成首次向电路板供电并检查基本电路级功能的过程。发现任何问题时，可以按本章建议的方法调整电路。在测试通过之后，还可以添加 FPGA 逻辑，并测试示波器电路板的数字接口。
  - 第 9 章“固件开发过程”，演示了如何在电路板正常运行后充实 FPGA 算法的其余关键部分，包括与模数转换器（analog to digital converter，ADC）的通信，以及 MicroBlaze 处理器固件的开发。在开发固件时，重要的是尽可能对代码进行静态分析，这样可以避免许多难以调试的错误。实现版本控制系统以跟踪项目生命周期中代码的演变也很重要。本章讨论了开发一个全面的、至少部分自动化的测试套件对于在进行更改时保持代码质量的重要性。此外，本章还着重介绍了编码风格。

- 第 10 章“测试和调试嵌入式系统”，讨论了嵌入式系统的全面测试问题。系统级测试必须针对整个系统预期范围的环境条件和用户输入（包括无效输入），以确保系统在所有条件下都能正常运行。此外，本章还讨论了有效调试技术，总结了高性能嵌入式系统开发的最佳实践。

充分利用本书

本书充分利用了强大的免费商业和开源软件工具套件来开发 FPGA 算法和设计复杂的印刷电路板。要跟随本书示例项目学习，你需要一个特定的 FPGA 开发板 Digilent Arty A7-100。要构建数字电路以实现你的设计，你还需要一套用于焊接和拆焊表面贴装元件的工具。此外，你可能还需要一些工具来协助处理精细元件，如精密镊子、放大镜或显微镜等。

本书软硬件和操作系统需求如表 P.1 所示。

表 P.1　软硬件和操作系统需求表

本书涵盖的软硬件	操作系统需求
Xilinx Vivado	Windows 和 Linux
KiCad	Windows、macOS 和 Linux
Arty A7-100 开发板	Windows 和 Linux

建议你通过本书配套的 Github 存储库下载代码，这样做将帮助你避免任何与代码的复制和粘贴有关的潜在错误。

下载示例代码文件

读者可以直接访问本书在 GitHub 上的存储库以下载示例代码文件，其网址如下：

https://github.com/PacktPublishing/Architecting-High-Performance-Embedded-Systems

如果代码有更新，则也会在现有 GitHub 存储库上更新。

下载彩色图像

我们还提供了一个 PDF 文件，其中包含本书中使用的屏幕截图/图表的彩色图像。可以通过以下地址下载：

https://static.packt-cdn.com/downloads/9781789955965_ColorImages.pdf

本书约定

本书中使用了许多文本约定。

（1）CodeInText：表示文本中的代码字、数据库表名、文件夹名、文件名、文件扩展名、路径名、虚拟 URL、用户输入和 Twitter 句柄等。以下段落是一个示例：

```
首先你需要有一个 Xilinx 用户账户。如果没有的话，请访问以下网址创建一个。

https://www.xilinx.com/registration/create-account.html
```

（2）有关代码块的设置如下所示：

```
architecture BEHAVIORAL of FULL_ADDER is

begin

    S        <= (A XOR B) XOR C_IN;
    C_OUT    <= (A AND B) OR ((A XOR B) AND C_IN);

end architecture BEHAVIORAL;
```

（3）任何命令行输入或输出都采用如下所示的粗体代码形式：

```
dism /online /Enable-Feature /FeatureName:TelnetClient
```

（4）术语或重要单词采用中英文对照形式，在括号内保留其英文原文。示例如下：

```
传统的晶体管-晶体管逻辑（Transistor-Transistor Logic，TTL）和互补金属氧化物半导体（Complementary Metal Oxide Semiconductor，CMOS）数字信号就是在相对于地线的 0～5 VDC 范围内运行。
```

（5）对于界面词汇或专有名词将保留英文原文，在括号内添加其中文译名。示例如下：

这将启动 Create a New Vivado Project（创建新 Vivado 项目）向导。单击 Next（下一步）按钮进入 Project Name（项目名称）页面，输入 ArtyAdder 作为项目名称。为项目选择合适的目录位置并选中 Create project subdirectory（创建项目子目录）复选框以创建子目录，然后单击 Next（下一步）按钮。

（6）本书还使用了以下两个图标。

表示警告或重要的注意事项。

表示提示或小技巧。

关 于 作 者

Jim Ledin 是 Ledin Engineering, Inc. 的首席执行官。Jim 是嵌入式软硬件设计、开发和测试方面的专家。他还擅长嵌入式系统网络安全评估和渗透测试。他拥有爱荷华州立大学航空航天工程学士学位和佐治亚理工学院电气和计算机工程硕士学位。Jim 是加利福尼亚州的注册专业电气工程师、认证信息系统安全专家（Certified Information System Security Professional，CISSP）、认证道德黑客（Certified Ethical Hacker，CEH）和认证渗透测试员（Certified Penetration Tester，CPT）。

“感谢 Mike Anderson 对本书的深思熟虑的技术评论。感谢 Nihar Kapadia 和 Packt 出版社的所有员工，感谢他们在这充满挑战的一年中为完成本书提供的有力帮助。”

关于审稿人

Mike Anderson 目前是位于弗吉尼亚州 Chantilly 的 Aerospace Corporation 的高级项目负责人和嵌入式系统架构师。他在嵌入式和实时计算行业拥有 40 多年的经验，使用过许多物联网（Internet of Things，IoT）设备的实时操作系统（Real-Time Operating System，RTOS）产品。当然，在过去十年中，他的重点是在许多 CPU 架构上的嵌入式 Linux。

Mike 是嵌入式 Linux 会议、传感器博览会以及其他面向 Linux、嵌入式系统和物联网的会议的经常性演讲者。他正在进行的项目包括网状无线拓扑、卫星上的人工智能/机器学习和 6LoWPAN 等。

“感谢我的家人对我审阅本书所花时间的无限耐心。我觉得是在为这个行业的未来花费时间，非常有价值。”

目　　录

第 1 篇　高性能嵌入式系统的基础知识

第2篇　设计和构建高性能嵌入式系统

第 3 篇 实现和测试实时固件

第 1 篇

高性能嵌入式系统的基础知识

本篇介绍了嵌入式系统、实时计算和现场可编程门阵列（Field Programmable Gate Array，FPGA）设备的基本概念，同时还简要讨论了一些将在后续章节中详细介绍的主题。

本篇包括以下章节。

第 1 章　高性能嵌入式系统

本章介绍了嵌入式系统架构的元素，并讨论了在各种嵌入式应用中通用的一些关键系统特性。嵌入式系统通常包括至少一个微控制器或微处理器、传感器、执行器、电源，在许多情况下，还会有一个或多个网络接口。本章还将探索嵌入式系统与物联网（internet of things，IoT）之间的关系。

本章强调多种类型的嵌入式系统以实时方式运行的必要性，并介绍了以重复的方式读取输入设备、计算输出和更新输出设备的同时保持时间同步的基本嵌入式系统操作顺序。

最后，本章还介绍了数字逻辑和现场可编程门阵列（Field Programmable Gate Array，FPGA），并确定了这些高性能设备最适合解决的嵌入式系统范围内的设计空间。

通读完本章之后，你将对构成嵌入式系统的组件以及嵌入式系统与物联网的关系有广泛的了解。你将理解为什么许多嵌入式系统必须实时同步运行，并将了解 FPGA 的基本结构以及如何使用它们来实现高性能嵌入式系统。

本章包含以下主题。

- 嵌入式系统的元素。
- 物联网。
- 实时操作。
- 嵌入式系统中的 FPGA。

1.1　技术要求

本章的文件可从以下网址获得：

https://github.com/PacktPublishing/Architecting-High-Performance-Embedded-Systems

1.2　嵌入式系统的元素

嵌入式系统无处不在。几乎所有可以与你交互的电气设备都比简单的电灯开关更复杂，它包含一个数字处理器，该处理器可从其环境中读取输入数据、执行计算算法，并生成某种与环境交互的输出。

早上，某个数字设备发出的闹铃声响起，你缓缓睁开眼睛，起床刷牙，你使用的是包含数字处理器的电动牙刷，洗漱完毕之后，进入厨房，打开数字控制的烤面包机，取出已经烤好的面包，开始轻松惬意地享用早餐，同时使用电视遥控器打开电视，看看自己感兴趣的新闻。吃完早餐之后，你需要出门上班。当你开车时，你需要注意交通信号灯；当你坐车时，你需要观察车站或道口电子站牌提供的各种消息。

总之，现代生活中的每一天，人们都需要通过很多设备接收输出，同时又向这些设备提供输入。高度数字化的交通系统，包括汽车、飞机和客运渡轮等，每个系统都包含数十个（甚至成百上千个）嵌入式处理器，用于管理传动系统操作、监督安全功能、保持舒适的温度并为司乘人员提供娱乐系统。

让我们花点时间来澄清一下将嵌入式系统与通用计算设备分开的分界线（这个分界线有时是模糊的）。

- 定义嵌入式计算系统的属性是：将数字处理集成到设备中，该设备具有超越单纯计算的更大用途。
- 不包含任何类型的数字处理的设备不是嵌入式系统。

例如，仅包含电池和由开关控制的电机的电动牙刷不是嵌入式系统。包含微控制器的牙刷是嵌入式系统，当你刷牙用力过猛时，它会发出红光。

台式计算机虽然能够执行许多任务，并且可以通过添加各种外围设备来增强功能，但它只是一台计算机。

另一方面，汽车主要用于运送乘客。在执行此功能时，它依赖于包含嵌入式处理的各种子系统。因此，汽车是嵌入式系统，而 PC（个人计算机）则不是。

根据上述嵌入式计算系统的定义，你会发现智能手机很难进行明确分类。当用作电话时，它显然在执行与嵌入式系统定义一致的功能；但是，当我们将其用作 Web 浏览器时，它更像是一台小型通用计算机。

显然，确实存在一些无法明确认定是否为嵌入式系统的设备。

与嵌入式设备相比，了解通用计算机操作环境的差异是有帮助的。PC 和企业服务器往往在受气候控制的室内环境中工作得最好。嵌入式设备（如汽车中的设备）通常会暴露在更加恶劣的条件下，包括风、霜、雨、雪、灰尘和热量的全面影响。

很大一部分嵌入式设备缺乏任何类型的主动冷却系统（而这是 PC 和服务器计算机的标准配置），并且必须确保其内部组件无论外部条件如何都保持在安全的工作温度下。

无论是相对简单的设备还是高度复杂的系统，嵌入式系统通常由以下元素组成。

- ❑ 电源。
- ❑ 时基。
- ❑ 数字处理。
- ❑ 内存。
- ❑ 软件和固件。
- ❑ 专用集成电路。
- ❑ 来自环境的输入。
- ❑ 到环境的输出。
- ❑ 网络通信。

下面我们就来逐一认识一下它们。

1.2.1　电源

所有电子数字设备都需要一定的电源。最常见的是，嵌入式系统由公用电源、电池或设备运行所在的主机系统供电。例如，包含处理器和 CAN 总线通信接口的汽车尾灯组件由汽车电气系统提供的 12V 直流电（direct current，DC）供电。

还可以通过连接到太阳能电池板的可充电电池为嵌入式设备供电，使设备能够在夜间和阴天继续运行，甚至可以从环境中获取能量。

自动上链腕表（self-winding wristwatch）可使用从手臂运动中收集的能量来产生机械力或电力。

对安全和安保至关重要的嵌入式系统通常使用公用电源作为主要电源，同时还提供电池作为备用电源，以保障在断电期间运行。

1.2.2　时基

嵌入式系统通常需要利用某种方式来跟踪时间的流逝。时基（time base）即时间基准，也称为挂钟时间（wall clock time），无论是短期（持续微秒和毫秒的时间）还是长期，都需要以日期和时间为单位进行跟踪。最常见的是，主系统时钟信号是使用晶体振荡器或微机电系统（micro-electro-mechanical system，MEMS）振荡器产生的，这些振荡器可产生几兆赫兹的输出频率。

晶体振荡器可放大物理晶体（通常由石英制成）的共振，以利用压电效应（piezoelectric effect）产生方波电信号。MEMS 振荡器包含振动机械结构，该结构使用静电转换产生电输出。

一旦设置为正确的时间，由晶体振荡器或MEMS振荡器驱动的时钟将表现出很小的频率误差（通常为百万分之一至万分之一），这些误差会在数天和数周的时间段内累积，逐渐导致几秒钟的漂移。为了缓解这个问题，大多数连接互联网的嵌入式设备会定期访问时间服务器以将其内部时钟重置为当前时间。

1.2.3　数字处理

根据定义，嵌入式计算系统应包含某种形式的数字处理器。处理功能一般由微控制器、微处理器或片上系统（system on a chip，SoC，也称为系统级芯片）提供。

微控制器（microcontroller）是一种高度集成的器件，包含一个或多个中央处理单元（central processing unit，CPU）、随机存取存储器（random access memory，RAM）、只读存储器（read-only memory，ROM）和各种外围器件。

微处理器（microprocessor）包含一个或多个CPU，但与微控制器相比，集成在同一器件中的整体系统功能较少，通常依赖于RAM、ROM和外围接口的外部电路。

片上系统（SoC）甚至比微控制器的集成度更高，通常将一个或多个微控制器与额外的数字硬件资源组合在一起，从而高速执行专门的功能。正如我们将在嵌入式系统的FPGA部分和后续章节中看到的那样，SoC设计可以在将传统微控制器与定制高性能数字逻辑相结合的架构中实现为FPGA设备。

1.2.4　内存

嵌入式系统通常包含用于工作内存的RAM以及某种类型的ROM——通常是闪存（flash memory），用于存储可执行程序代码和其他所需信息，如静态数据库。

每种类型的内存数量必须足以满足嵌入式系统架构在其计划生命周期内的需求。如果设备旨在支持固件升级，则必须在硬件设计中提供足够的内存资源，以支持其生命周期内预期的潜在系统功能增强范围。

1.2.5　软件和固件

在传统的计算环境中，用户使用的可执行代码（如Web浏览器和电子邮件程序）被称为软件（software）。该术语用于将程序代码与构成计算机系统物理组件的硬件（hardware）区分开来。在通用计算机中，软件作为文件存储在某种类型的磁盘驱动器上。在嵌入式系统中，可执行代码通常存储在某种类型的ROM中，这是设备内的硬件组件。

由于这种安排方式，我们考虑到还有一种代码占据了硬件和软件之间的中间地带。这个中间地带的代码被称为固件（firmware）。在嵌入式系统的早期，代码经常被烧录到一个在初始编程后即无法更改的存储设备中。这些设备比目前生产的大多数嵌入式设备更像硬件（因此也更坚固，所以称为“固件”），嵌入式设备通常包含可重写的闪存，尽管如此，人们仍继续使用术语“固件”来描述编程到嵌入式系统中的代码。

1.2.6　专用集成电路

嵌入式系统支持各种各样的应用，其中一些是相对简单的处理，如监控电视遥控器上的按钮按下并产生相应的输出信号，另外还有一些类型的系统则复杂得多，例如，它们可能需要在高数据速率输入上执行极其复杂的处理密集型工作信号。

简单的嵌入式系统可能使用微型控制器即可执行其所需的所有数字处理，但更复杂的系统则可能需要超出现成微控制器和更强大微处理器（如 x86 和 ARM 系列）能力的处理资源处理器。

在过去的几年里，这些更复杂的嵌入式设计的架构师会求助于专用集成电路（application-specific integrated circuit，ASIC）来实现定制电路，从而以合适的系统操作所需的速度执行处理。

ASIC 是一种集成电路，包含设计用于支持特定应用的定制数字电路。ASIC 器件的生产通常涉及非常昂贵的生产设置阶段，这使得在项目原型设计和小规模生产运行期间使用它们是不切实际的（经济上不可行）。

幸运的是，ASIC 提供的大部分功能都可以在低成本 FPGA 设备中实现。由于 FPGA 易于重新编程，因此它们通常用于嵌入式系统原型设计和小批量生产。对于大批量生产（数千或数百万个单位），ASIC 较低的单位成本可以使生产设置成本变得物有所值。本书将重点介绍 FPGA 在嵌入式系统原型设计中的使用。

1.2.7　来自环境的输入

嵌入式系统通常需要来自环境的输入，无论是来自操作用户界面的人类还是来自测量系统或系统运行环境某些方面的传感器。

例如，电动汽车动力总成控制器将跟踪车辆状态的各个方面，如电池电压、电机电流、车速和油门踏板的位置等。系统架构必须包括硬件外设，以必要的精度测量来自每个传感器的输入。整个动力总成控制系统必须能够以车辆正常运行所需的速率从所有传感器执行测量。

1.2.8 输出到环境

除了从环境中读取输入，嵌入式系统通常会产生一个或多个输出供操作员或主机系统使用。继续以电池电动汽车为例，动力总成控制器将使用加速踏板位置以及其他输入来计算驱动电机的控制器的命令。此命令将调整传动系统的扭矩输出。

除了直接支持系统运行，嵌入式控制器通常还提供输出供人类使用，如在仪表盘中显示车速。每个输出的更新速度必须足以支持正确的系统操作，包括人类感知的需求。在实现人机界面时，图形输出应该平滑更新，没有可见的毛刺或闪烁；音频输出必须避免与时间相关的问题，如间隔或跳跃。

1.2.9 网络通信

虽然许多简单的嵌入式系统以完全独立的方式运行，在隔离的环境中读取输入、计算输出和更新输出设备，但是也有越来越多的嵌入式系统设计支持某种形式的网络通信。

网络通信的加入意味着它支持远程通知之类的功能，如来自家庭可视门铃的远程通知和对工厂车间机器的持续监控。

虽然使用始终可用的网络通信功能增强嵌入式系统可以显著强化系统功用，但是，如果开发人员未能谨慎设计系统架构中的安全性，则该功能也存在安全风险，甚至恶意行为者可能会利用该风险。因此，了解和解决嵌入式系统架构中包含通信功能所带来的安全风险非常重要。

1.3 嵌入式系统架构设计

嵌入式系统架构师可以将上述元素结合起来，生成一个系统设计，在整个预期环境操作条件范围内，以适当的安全裕度（safety margin）执行预期功能。

合适的系统设计还可以满足其他要求，如尺寸和重量限制以及功耗限制，并将生产成本保持在可接受的水平。嵌入式系统的设计约束在很大程度上取决于将要生产的单元数量、系统的安全关键方面以及在恶劣条件下运行的需要之类的属性。

在选择微控制器或微处理器架构系列和相关工具的过程中，可能会出现一些额外的考虑因素，如合适的编程语言编译器和调试器的可用性。

处理器系列的选择可能部分取决于开发团队过去的经验，同时它还取决于与开发工具相关的成本、可用性和预期的学习曲线。

如果要在嵌入式系统中包含持久通信能力，那么在设计其系统架构时还必须额外考虑安全性问题，这涉及单个设备和集中节点（通常是通过互联网访问的服务器）之间的通信以及用户与嵌入式系统之间的交互。

具有网络连接性的小型嵌入式系统的广泛部署也直接催生了物联网（IoT）一词。因此，接下来我们将讨论物联网与嵌入式系统架构的相关性。

1.4　物　联　网

从概念上讲，物联网代表了通过大规模网络通信最大限度地提高不同嵌入式设备的效用的努力。换言之，就是物联网本身由这些嵌入式设备组成，同时又能通过网络充分发挥这些设备的作用。

如果一定要将物联网设备与普通嵌入式系统区分开来，那么就是物联网的每个设备和一个或多个从设备海洋中收集数据的中央节点之间存在通信路径，并且在许多情况下，允许授权用户向单个设备或一组设备发出命令。

在物联网设备开发过程中，特别是在开发可以访问敏感个人信息的设备（如家庭安全摄像头）时，负责任的嵌入式系统架构师必须采取多种措施来确保终端设备的安全。

物联网设备通常安装在消费者的家中，因此必须最大限度地防止允许恶意行为者控制摄像头、麦克风或安全系统出现故障。尽管系统设计人员无法防止最终用户可能犯下的每一个安全错误，但更安全的系统应该可以通过引导选择强密码和抵抗常见类型的攻击（如暴力密码猜测）等措施来帮助用户。

物联网设备和系统的示例如下。

- 由门窗传感器和运动传感器组成的家庭警报系统：此类系统通常包括一个智能手机应用程序，可提供警报事件的即时通知。该系统不仅可通知报警公司启动对报警事件的响应，还可通知房主这些事件的发生。显然，这种类型的警报系统必须能够抵御网络攻击，否则会导致警报功能失效。
- 电灯和电源插座：许多不同的照明设备都提供基于互联网的监控和控制，包括灯泡、灯具和能够开关灯的电源板。与这些设备中的每一个相关联的应用程序允许远程控制单个灯，并且可以自动安排打开和关闭灯的时间。与物联网警报系统一样，此类设备的安全性是一项必须完全集成到系统设计中的重要功能。
- 智能音箱：小米 AI 音箱、小度智能音箱、Amazon Echo 和 Google Nest 等物联网音箱均提供语音接口，允许用户使用自然语言提出请求。用户用一个单词或短语作为命令的开头即可唤醒扬声器，例如，小米 AI 音箱的唤醒语是“小爱同学”，小度智能音箱的唤醒语是“小度小度”（你甚至还可以自定义唤醒词，以区分家里的多台小度设备），然后说出你的命令或请求即可。这些设备可以与各种其他物联网设备进行交互，包括警报系统和照明控制。

- 医疗监测和治疗：现在的医院和家庭环境中都可能部署了多种嵌入式设备，以监测患者健康的各个方面，如温度、血氧、心率、呼吸等。这些设备通常与中央数据库通信，以便医疗专业人员能够跟踪当前健康模式和历史健康模式。另外，还有一些数字系统甚至可以执行主动治疗功能，如输注药物和辅助呼吸。
- 工业应用：嵌入式系统可广泛用于工厂生产线、能源生产系统、能源传输系统以及石油和天然气行业，以监测和控制复杂的系统和流程。例如，需要大量的传感器和执行器来执行实时监控和管理可能长达数千公里的石油管道的运营。

本书将重点介绍嵌入式系统的架构和设计。我们还将研究物联网嵌入式系统设计的所有方面，包括网络通信。后续章节将讨论嵌入式系统的物联网安全要求以及用于监控和控制物联网嵌入式设备的通信协议。

很多嵌入式设备可能需要在时间紧迫的情况下运行（如电动汽车动力总成控制系统），因此，接下来我们将介绍实时运行的关键因素以及嵌入式系统用来与时间同步的方法。

1.5 实时运行

为了满足嵌入式系统的实时要求，系统必须感知其环境状态，计算响应，并在规定的时间间隔内输出该响应。这些时序约束一般有两种形式：周期性操作（periodic operation）和事件驱动操作（event-driven operation）。

1.5.1 周期性操作

执行周期性操作的嵌入式系统旨在长时间与现实世界中的时间流逝保持同步。这些系统维护一个内部时钟并使用系统时钟测量的时间流逝来触发每个处理周期的执行。最常见的是，处理周期以固定的时间间隔重复。

嵌入式系统通常以每秒 10～1000 次更新的速率执行处理，但特定应用程序可能以超出此范围的速率进行更新。图 1.1 显示了一个简单的周期性更新的嵌入式系统的处理周期。

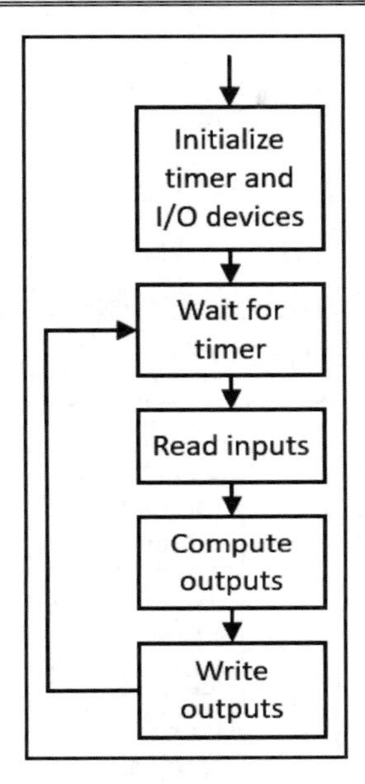

图 1.1 定期更新的嵌入式系统

原 文	译 文
Initialize timer and I/O devices	初始化计时器和输入/输出（I/O）设备
Wait for timer	等待计时器
Read inputs	读取输入
Compute outputs	计算输出
Write outputs	写入输出

在图 1.1 的系统中，可看到以下步骤。

（1）处理从顶部框开始，在该框中为处理器本身和系统使用的输入/输出（I/O）设备执行初始化。初始化过程包括配置一个定时器，该定时器在有规律的间隔时间点触发一个事件，通常是一个中断（interrupt）。

（2）在接下来的框中，处理在等待计时器生成下一个事件时暂停。根据处理器的能力，等待可能采取轮询计时器输出信号的空闲循环的形式，或者系统可能进入低功耗状态等待计时器中断以唤醒处理器。

（3）计时器事件发生后，接下来进入第三个框，这将读取设备输入的当前状态。

（4）在读取设备状态之后，将进入第四个框，在此处理器将执行计算并生成值。

（5）在最下面的框中，设备将该值写入输出外设。

输出写入后，处理返回以等待下一个计时器事件，形成无限循环。

1.5.2　事件驱动操作

响应离散事件的嵌入式系统可能大部分时间都处于空闲状态，只有在接收到输入时才会启动，此时系统将执行算法来处理输入数据、生成输出、写入输出到外围设备，然后返回空闲状态。例如，按键操作的电视遥控器就是一个典型的事件驱动的嵌入式设备。图 1.2 显示了事件驱动嵌入式设备的处理步骤。

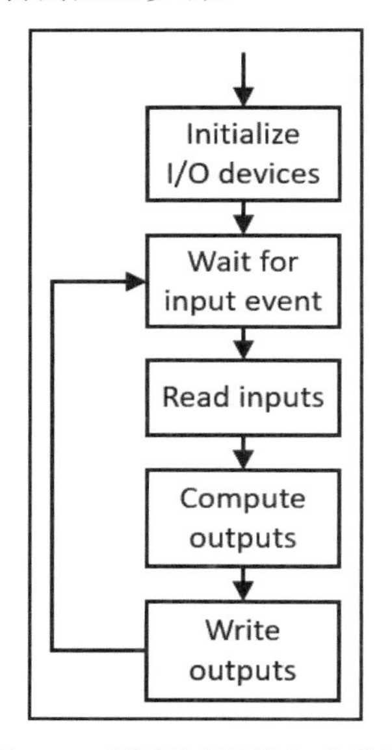

图 1.2　事件驱动的嵌入式系统

原　　文	译　　文
Initialize I/O devices	初始化输入/输出（I/O）设备
Wait for input event	等待输入事件
Read inputs	读取输入
Compute outputs	计算输出
Write outputs	写入输出

可以看到，事件驱动的嵌入式系统中的大多数处理步骤与周期性更新的系统的处理步骤类似，不同之处在于每一次计算的启动都由设备的输入触发，而不是定时触发。

每次输入事件发生时，系统将读取触发事件的输入设备以及所需的任何其他输入。处理器计算输出，将输出写入适当的设备，然后返回等待下一个事件，再次形成无限循环。

系统可能有许多不同事件的输入，如键盘上每个键的按下和释放。

许多嵌入式系统必须同时支持周期性行为和事件驱动行为。汽车就是一个典型的例子。驾驶时，动力传动系统处理器感测输入、执行计算并更新输出，以定期管理车辆速度、转向和制动。除了这些周期性操作，系统还包含其他输入信号和传感器，用于指示事件的发生，如换挡或车辆发生碰撞。

对于基于微控制器的小型嵌入式系统，开发人员可能会编写整个代码，包括所有与时序相关的功能、通过外设接口的输入和输出，以及计算给定输入的输出所需的算法。为小型系统实现图 1.1 或图 1.2 的块可能包含几百行 C 语言代码或汇编语言。

在较为复杂的嵌入式系统上，处理器可能需要以不同的速率更新各种输出并响应各种事件类型的输入信号，因此有必要将与时间相关的活动之间的代码（如调度循环更新）与执行系统计算算法的代码分段。

在包含数十万甚至数百万行代码的高度复杂的系统中，这种分段变得尤为重要。实时操作系统提供了这种能力。

1.5.3　实时操作系统

如前文所述，当系统架构足够复杂以至于有必要将与时间相关的功能和计算算法分隔开时，通常会实现一个操作系统来管理较低级别的功能，例如，调度基于时间的更新和管理对中断驱动事件的响应。这允许应用程序开发人员专注于系统设计所需的算法，其中包括将它们集成到操作系统提供的功能中。

操作系统是一个多层软件套件，它提供了一个环境，应用程序可以在其中执行有用的功能，如管理汽车引擎的运行。这些应用程序执行由处理器指令序列组成的算法，并与完成其任务所需的外围设备执行 I/O 交互。

操作系统可以大致分为实时操作系统和通用操作系统。实时操作系统（real-time operating system，RTOS）提供的功能可确保对输入的响应在指定的时间限制内发生（当然，其前提条件是有关应用程序代码行为方式的某些假设仍然成立）。执行诸如管理汽车发动机或厨房用具的操作等任务的实时应用程序通常在 RTOS 下运行，以确保它们控制的电气和机械组件在指定时间内收到对任何输入变化的响应。

嵌入式系统通常同时执行多种功能。汽车就是一个很好的例子，其中一个或多个处理器持续监控和控制动力系统的运行、接收驾驶员的输入、管理气候控制并操作音响系统。处理这种多样性任务的一种方法是分配一个单独的处理器来执行每个功能。这使得与每个功能相关联的软件的开发和测试变得简单明了。当然，其可能的缺点是，这样的设计最终需要过多的处理器，其中许多处理器并没有太多的事情要做。

系统架构师也可以将多项功能分配给单个处理器。如果分配给处理器的功能以相同的速率执行更新，则以这种方式集成可能很简单，尤其是在功能不需要相互交互的情况下。

但是，如果以不同速率执行的多个功能被组合在同一处理器中，那么集成的复杂性将增加，如果还必须在这些功能之间传输数据的话，则更是如此。

在实时操作系统（RTOS）的上下文中，以逻辑同步方式执行的单独的定期调度函数称为任务（task）。任务是具有独立执行流的代码块，由操作系统以周期性或事件驱动的方式进行调度。一些操作系统使用术语线程（thread）来表示类似于任务的概念。线程是代码的执行流，而术语任务通常描述与任务所需的其他系统资源相结合的执行线程。

现代实时操作系统支持执行任意数量的任务的实现，每个任务可以按不同的更新速率和不同的优先级执行。

当有多项任务都已经准备就绪可以执行时，实时操作系统任务的优先级（priority）决定了其执行顺序。当操作系统做出调度决策时，优先级更高的任务首先执行。

实时操作系统可以是抢占式（preemptive）的，这意味着它有权在较高优先级任务准备就绪时暂停较低优先级任务的执行。发生这种情况时，通常意味着有更高优先级的任务需要执行其下一次更新，或者由高优先级任务发起的阻塞 I/O 操作已经完成。在这种情况下，系统将保存低优先级任务的状态，并将控制转移到高优先级任务。在高优先级任务完成并返回等待状态后，系统切换回低优先级任务并继续执行。

下文我们将会看到，在流行的实时操作系统实现（如 FreeRTOS）中，还有一些可用的附加功能。开发在实时操作系统环境中运行的应用程序时，还必须注意一些重要的性能限制，以避免出现诸如高优先级任务完全阻塞低优先级任务的执行以及通信任务之间死锁的可能性等问题。

接下来，我们将介绍数字逻辑的基础知识并讨论现代 FPGA 设备的功能。

1.6　嵌入式系统中的 FPGA

门阵列（gate array）是一种包含大量逻辑元件的数字集成电路，这些逻辑元件可以以任意方式连接，形成复杂的数字器件。许多 FPGA 甚至支持使用一系列 I/O 设备实现完整的微控制器。使用 FPGA 的门控实现的微控制器或微处理器称为软处理器（soft processor）。

门阵列的早期版本是一次性可编程设备，其电路设计已经在制造该设备的工厂的设备内实现，或者可能由系统开发人员使用连接到台式计算机的编程设备实现。设备一旦被编程，就无法更改。

但是，现在的门阵列技术已经得到了改进，目前可重新编程的门阵列已广泛使用。

今天，即使是技术一般的系统开发人员也可以使用种类繁多的现场可编程门阵列（field programmable gate array，FPGA）。顾名思义，FPGA 是可以随时重新编程的门阵列，即使在嵌入式系统组装并交付给最终用户之后也是如此。

在讨论 FPGA 设备的细节之前，不妨先来了解一些与数字电路相关的基本概念，特别是逻辑门和触发器。

1.6.1　数字逻辑门

现代 FPGA 设备在我们看来就是一大堆的数字部件，可用于组装复杂的逻辑电路。这些组件中最简单的包括执行基本逻辑功能的与门（AND gate）、或门（OR gate）和异或门（XOR gate）。这些门中的每一个都有两个输入和一个输出。非门（NOT gate）更简单一些，只有一个输入和一个输出。逻辑门对二进制输入值 0 和 1 进行操作，并产生由输入确定的 0 或 1 输出。

实际上，这些电路中的二进制值由电压表示，0 通常表示较低电压（接近零伏），1 表示较高电压，这取决于实现门的电路的技术。现代电路中 1 值的常见电平是 3.3V。

下面将简要讨论每个门的行为，并介绍门的原理图符号和定义门行为的真值表。

逻辑门的行为可以表示为真值表（truth table），其中对于每个可能的输入组合都给出了输出。每一列代表一个输入或输出信号，输出显示在表的右侧。每行表示一组输入值，以及给定这些输入时门的输出。

与门（AND gate）在两个输入都为 1 时输出为 1；否则输出为 0。图 1.3 显示了与门的原理图符号。

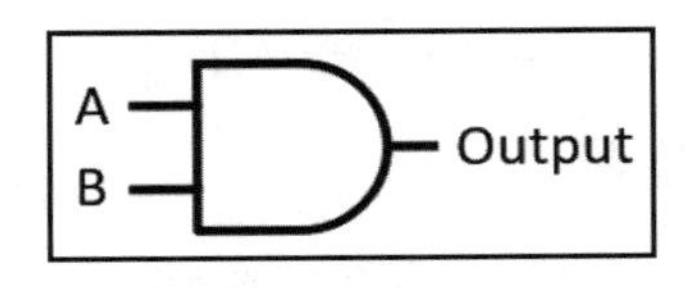

图 1.3　与门符号

表 1.1 显示了与门的真值表。

表 1.1　与门的真值表

A	B	输　出
0	0	0
1	0	0
0	1	0
1	1	1

或门（OR gate）在其任一输入为 1 时输出为 1；否则输出为 0。图 1.4 显示了或门的原理图符号。

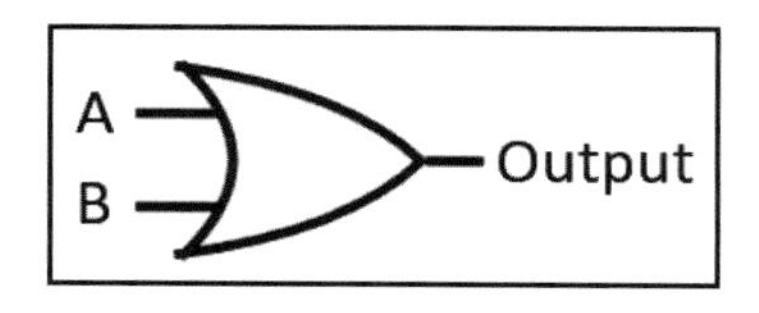

图 1.4　或门符号

表 1.2 显示了或门的真值表。

表 1.2　或门的真值表

A	B	输　出
0	0	0
1	0	1
0	1	1
1	1	1

如果异或门（XOR gate）的两个输入相异，则其输出为 1；否则输出为 0。图 1.5 显示了异或门的原理图符号。

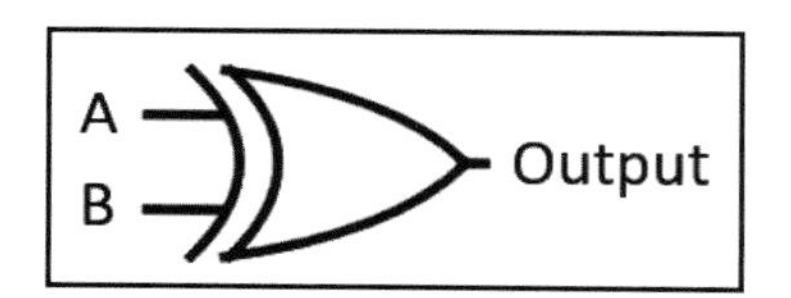

图 1.5　异或门符号

表 1.3 显示了异或门的真值表。

表 1.3　异或门的真值表

A	B	输　出
0	0	0
1	0	1
0	1	1
1	1	0

非门（NOT gate）有一个输入和一个与其输入相反的输出。输入为 0 时输出为 1；输入为 1 时则输出为 0。图 1.6 显示了非门原理图符号。

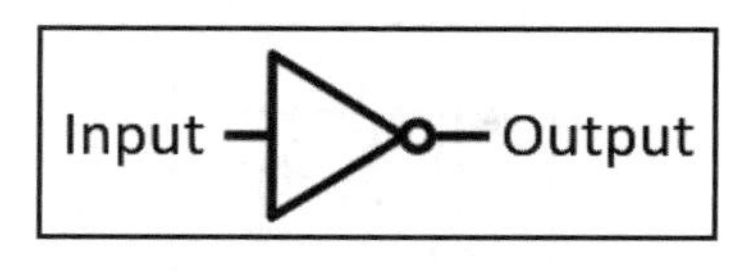

图 1.6　非门符号

在图 1.6 中，三角形代表一个放大器，这意味着它是一种将较弱的输入信号转换为较强的输出信号的设备。圆圈代表反相操作。

表 1.4 显示了非门的真值表。

表 1.4　非门的真值表

输　入	输　出
0	1
1	0

与门、或门和异或门中的每一个都可以通过反相输出来实现。反相门的功能与所描述的相同，只是共输出与非反相门的输出相反。具有反相输出的与门、或门和异或门的原理图符号将在符号的输出侧添加一个小圆圈，就像在非门的输出侧一样。具有反相输出的门的名称是 NAND、NOR 和 XNOR。每个名称中的字母 N 表示 NOT。例如，NAND 的意思是 NOT AND，它在功能上相当于一个与门后接一个非门。

1.6.2　触发器

仅当时钟信号进行指定转换（由低到高或由高到低）时才改变其输出状态的设备称为边沿敏感设备（edge-sensitive device）。触发器（flip-flop）就是一种边沿敏感设备，它保存一位数据作为其输出信号。当时钟输入接收到指定的转换时，触发器将根据其输入信号的状态更新它包含的数据值。

正沿触发 D 触发器（positive edge-triggered D flip-flop）是一种常见的数字电路组件，可用于各种应用。D 触发器通常包括置位（set）和复位（reset）输入信号，它们将存储的值强制为 1（置位）或 0（复位）。这种类型的触发器有一个称为 D 输入（D input）的数据输入。

D 触发器有一个时钟输入，在时钟的上升沿（rising edge）触发 D 输入到 Q 输出的传输。$\bar{Q}$ 输出（此处的横线表示 NOT）始终具有与 Q 输出相反的二进制值。

除了在时钟信号上升沿周围的极窄时间窗口内，触发器不响应 D 输入的值。当活动（在 1 级）时，S（置位）和 R（复位）输入会覆盖 D 输入上和时钟输入上的任何活动。

图 1.7 显示了 D 触发器的原理图符号。时钟输入由符号左侧的小三角形表示。

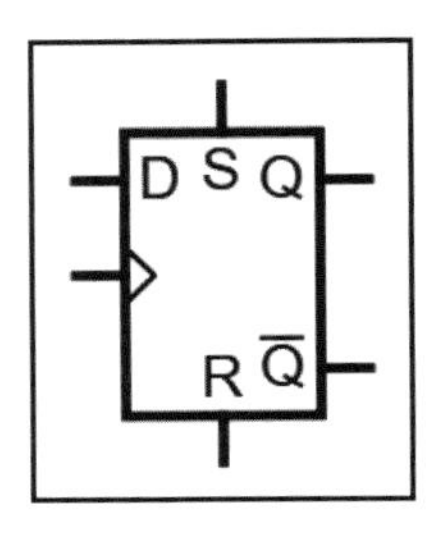

图 1.7　D 触发器

D 触发器的真值如表 1.5 所示。CLK 列中向上的箭头表示时钟信号的上升沿。该表行上的 Q 和 $\bar{Q}$输出包含 CLK 列中的向上箭头，表示时钟上升沿之后的输出状态。在该表中，值 X 表示“无所谓”，这意味着在确定 Q 输出时该信号具有什么值并不重要。输出 Q_{prev} 和 $\bar{Q}_{prev}$ 表示通过 S、R、D 和 CLK 输入的动作产生的 Q 和 $\bar{Q}$的最新值。

表 1.5　D 触发器的真值表

S	R	D	CLK	Q	$\bar{Q}$
0	0	1	↑	1	0
0	0	0	↑	0	1
0	0	X	稳态	Q_{prev}	$\bar{Q}_{prev}$
1	0	X	X	1	0
0	1	X	X	0	1

当任何时刻的输出仅取决于输入的当前状态时，由一组逻辑门组成的任何数字电路都称为组合逻辑（combinational logic）。换句话说，其输出不依赖于先前的输入。组合逻辑电路没有过去的输入或输出的记忆。

在掌握了有关逻辑门和触发器的背景知识之后，接下来将讨论由它们和相关组件组成的电路在 FPGA 中的实现。

1.7　FPGA 的元素

FPGA 中可用的数字部件通常可归属于查找表、触发器、块 RAM 和 DSP 切片等类别。现在就来逐一认识一下这些组件。

1.7.1　查找表

查找表（lookup table）在 FPGA 中被广泛使用，以实现由简单的逻辑门（如 NOT、

AND、OR 和 XOR）以及其中的后 3 个具有反相输出的同级逻辑门（NAND、NOR 和 XNOR）构成的组合逻辑电路。

在设计中，与其使用实际的门在硬件中实现逻辑门电路，不如始终使用简单的查找表来表示相同的电路。

给定输入信号的任意组合，可以从输入寻址的存储器电路中检索正确的输出。典型的 FPGA 查找表具有 6 个单位（single-bit）的输入信号和 1 个单位的输出信号。这相当于具有 6 个地址输入的单位宽（single-bit-wide）的存储设备，其中包含 64 位数据（$2^6 = 64$）。如果某些电路需要的输入少于 6 个，则可以将某些输入视为“无所谓”的输入。具有更高复杂性的电路则可以组合多个查找表来产生它们的结果。

1.7.2　触发器

为了让数字电路保留过去事件的任何记录，需要某种形式的存储器。如前文所述，触发器是一种高速单位存储设备。

与查找表一样，FPGA 包含大量触发器以支持复杂时序逻辑电路的构建。根据当前输入和过去输入的组合生成输出的数字电路称为时序逻辑（sequential logic）。这与组合逻辑形成对比，因为组合逻辑的输出仅取决于输入的当前状态。

1.7.3　块 RAM

块 RAM（block RAM，BRAM）是 FPGA 内的一系列专用存储器位置。如果与传统的处理器硬件相比，触发器可以比作处理器寄存器（register），而块 RAM（BRAM）则更像是高速缓存（cache memory）。

处理器中的高速缓存用于将最近访问的内存内容的副本临时存储在内存区域中，如果需要，处理器可以再次访问它，这比访问主内存要快得多。

FPGA 综合工具将以优化数字电路性能的方式为电路设计分配 BRAM。

1.7.4　DSP 切片

DSP 切片（DSP slice）是经过优化的数字逻辑部分，用于执行数字信号处理的中央计算——乘法累加（multiply-accumulate，MAC）操作。

MAC 操作涉及将两个数字列表逐个元素相乘并将乘积加在一起。举个简单的例子，如果定义了两个序列 a_0、a_1、a_2 和 b_0、b_1、b_2，对这些序列进行 MAC 操作的结果就是 $a_0b_0 + a_1b_1 + a_2b_2$。许多 DSP 算法建立在重复的 MAC 操作之上，这些操作使用输入数据流上的算法特定系数列表执行。

1.7.5　其他功能元件

每个 FPGA 制造商都付出了巨大的努力来确保每个 FPGA 模型都提供尽可能高的性能，以用于广泛的领域。为了更好地满足多样化的需求，FPGA 通常包含其他类别的低级数字组件的硬件实现，如移位寄存器（shift register）、进位逻辑（carry logic）和多路复用器（multiplexer）。与从设备内可用的更通用资源中生成这些低级组件的 FPGA 相比，包含这些硬件元素可以合成性能更好的算法。

接下来，我们将介绍 FPGA 综合过程，该过程可将 FPGA 算法的高级描述转换为特定 FPGA 器件内的电路实现。

1.8　FPGA 综合

尽管 FPGA 器件包含大量用于实现复杂数字器件的低级数字构建块，但对于 FPGA 技术新手来说，重要的是要了解，在大多数情况下，设计人员并不需要直接在组件级别工作。相反，数字设计人员可将系统配置指定为高级预定义功能块（如软处理器）和使用硬件描述语言定义的自定义数字逻辑的组合。此外，还可以使用 C 和 C++等编程语言指定 FPGA 算法。

将器件功能的高级描述转换为查找表、触发器、块 RAM（BRAM）和其他器件组件的分配和互连的过程称为 FPGA 综合（FPGA synthesis）。这个综合过程在概念上类似于将人类可读的源代码转换为可由处理器执行的二进制程序的软件编译过程。

1.8.1　硬件设计语言

如果要表示简单的数字电路，那么使用本章前面介绍的原理图符号创建逻辑图即可，但是，在设计非常复杂的数字设备时，使用逻辑图很快就会让你变得头痛。作为逻辑图的替代方案，多年来人们已经开发了许多硬件描述语言。

两种最流行的硬件设计语言是 VHDL 和 Verilog。

VHDL 是多级首字母缩写词，其中 V 代表 VHSIC，意思是超高速集成电路（very high-speed integrated circuit），VHDL 代表的是 VHSIC 硬件描述语言（VHSIC hardware description language）。VHDL 的语法和某些语义基于 Ada 编程语言。

Verilog 具有类似于 VHDL 的功能。

尽管这两种语言并不等价，但一般来说，你用其中一种语言实现的任何数字设计都可以用另一种语言实现。

为了快速比较基于原理图的逻辑设计和使用硬件描述语言的设计，我们可以来看一个简单的加法器电路。

全加器（full adder）可以将两个数据位与一个输入进位相加，并产生一个一位和（one-bit sum）和一个进位输出位（carry output bit）。该电路如图 1.8 所示，它被称为全加器，是因为它在计算中包含了输入进位。相比之下，半加器（half adder）则仅将两个数据位相加，而没有传入进位。

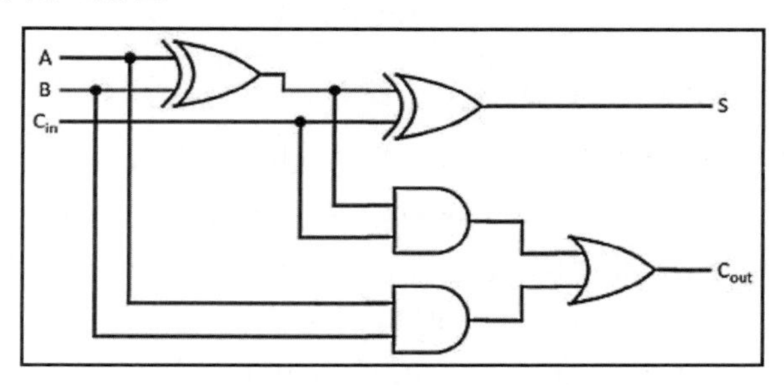

图 1.8　全加器电路

全加器使用逻辑门产生如下输出：仅当集合 A、B、C_{in} 中 1 位的总数为奇数时，和位 S 才为 1。否则，S 为 0。

有两个 XOR 门执行此逻辑运算。如果 A 和 B 都为 1，或者如果 A 和 B 中只有一个为 1 且 C_{in} 也为 1，则 C_{out} 为 1。否则，C_{out} 为 0。

以下 VHDL 代码定义了一个执行等效全加器功能的数字电路：

```
-- Load the standard libraries

library IEEE;
  use IEEE.STD_LOGIC_1164.ALL;

-- Define the full adder inputs and outputs

entity FULL_ADDER is
  port (
    A       : in    std_logic;
    B       : in    std_logic;
    C_IN    : in    std_logic;
    S       : out   std_logic;
    C_OUT   : out   std_logic
```

```
  );
end entity FULL_ADDER;

-- Define the behavior of the full adder

architecture BEHAVIORAL of FULL_ADDER is

begin

  S <= (A XOR B) XOR C_IN;
  C_OUT <= (A AND B) OR ((A XOR B) AND C_IN);

end architecture BEHAVIORAL;
```

这段代码是对图 1.8 中全加器的相当直接的描述。其解释如下。

- entity FULL_ADDER is 引入的部分定义了全加器组件的输入和输出信号。
- 代码末尾的 architecture 部分描述了在给定输入 A、B 和 C_IN 的情况下，电路逻辑如何运行以产生输出 S 和 C_OUT。
- 术语 std_logic 指的是单位（single-bit）二进制数据类型。
- “<=”字符代表线状连接，其左侧是产生的输出，右侧是计算出的值。

VHDL 代码中没有顺序执行的概念，了解这一点非常重要，对于具有软件背景的 FPGA 开发人员而言尤其如此。上述代码末尾的 BEHAVIORAL 部分中的语句将输出 S 和 C_OUT 与逻辑表达式相关联（该表达式定义了与图 1.8 等效的数字电路）。它们没有像在传统软件程序中那样指定按顺序执行的计算。

1.8.2 在嵌入式系统设计中使用 FPGA 的好处

对于刚开始使用 FPGA 进行开发的嵌入式系统架构师来说，使用这些设备的许多好处可能不会立即显现出来。尽管 FPGA 肯定不适合所有嵌入式系统设计，但考虑使用 FPGA 技术是否适合你的下一个系统设计仍是有益的。

使用 FPGA 开发嵌入式系统的一些优势如下。

- 处理器定制：由于 FPGA 中使用的软处理器已编程到器件中，因此这些产品的开发人员通常会向最终用户提供各种配置的可选方案。一些常见的选项如下：在 64 位或 32 位处理器之间进行选择，包括或排除浮点处理器，以及包括或排除需要大量硬件资源的指令（如整数除法）。

  这些只是可能提供的几个选项。软处理器配置甚至可以在开发周期后期进行修改，以在优化系统性能和 FPGA 资源利用率之间进行权衡。

- 灵活的外设配置：由于 FPGA 设计中的 I/O 接口是在软件中定义的，因此设计人员可以准确地包括他们需要的 I/O 设备，避免包括一些不需要的 I/O 硬件。与处理器定制一样，即使在开发周期后期修改 I/O 设备的类型和数量也很简单。
- 高级综合：现代 FPGA 开发工具支持使用传统编程语言（包括 C 和 C++）定义计算密集型算法。这允许具有软件技能的系统开发人员在传统软件开发环境中开发算法，并将相同的代码直接转换为优化的 FPGA 实现。该算法的 FPGA 版本摆脱了传统的基于处理器的限制，如顺序指令执行和固定存储器架构。
  高级综合工具将生成一个 FPGA 实现，该实现可利用执行的并行化，并定义最适合算法的存储器架构。
  自定义硬件算法还可以与软处理器结合，在单个 FPGA 设备上实现完整的高性能数字系统。
- 可并行化应用程序的硬件加速：任何受益于并行化的算法都可以作为自定义 FPGA 逻辑实现。FPGA 硬件通常可以更快地并行执行处理，而不是使用处理器指令按顺序执行算法。许多现代 FPGA 设备包含支持数字信号处理（digital signal processing，DSP）操作的专用硬件。这些功能可供许多类型的并行算法使用，如数字滤波和神经网络等。
- 广泛的调试功能：软处理器通常提供启用各种调试功能的选项，例如，指令跟踪、多个复杂断点以及在硬件级别监控处理器最内部操作及其与其他系统组件交互的能力。随着系统开发的结束，开发人员可以从最终设计中去除资源密集型调试功能，从而能够在更小、成本更低的 FPGA 设备中进行部署。
- ASIC 设计的快速原型设计：对于旨在支持大批量使用的嵌入式系统设计，使用 ASIC 将具有更好的成本效益，但是，鉴于 ASIC 投资巨大，在投资 ASIC 实现之前，使用 FPGA 进行早期原型设计以验证系统的数字设计是很有必要的。在此背景下使用 FPGA 可实现快速开发迭代，从而对每次构建迭代引入的新功能进行广泛测试。

1.8.3　赛灵思 FPGA 和开发工具

有多家 FPGA 设备制造商均提供了与之相关的开发工具。限于篇幅，本书不会讨论多个供应商及其 FPGA 设备和开发工具链，并避免在过于抽象的层次上讨论这些主题。我们将仅选择一个供应商和一组开发工具用于本书开发的示例和项目，当然，这并不是说其他供应商的设备和工具对于我们将要讨论的应用程序来说不够好或者更优秀。

本书将仅选择使用 Xilinx FPGA 器件和开发工具来使我们讲解的步骤更加具体、言之有物，并且让你能够轻松跟随操作。

Vivado Design Suite 设计套件可从 Xilinx（赛灵思）网免费下载，但你需要创建赛灵思用户账户才能访问下载页面。因此，请访问以下网址并选择创建账户的选项。

https://www.xilinx.com/

在登录网站后，请访问以下网址并下载 Vivado Design Suite 设计套件。

https://www.xilinx.com/support/download.html

Vivado 可以安装在 Windows 和 Linux 操作系统上。本书后续章节中的项目可以使用在任一操作系统下运行的 Vivado 进行开发。

Vivado 包含一组仿真功能，使你能够以零成本在仿真环境中开发和执行 FPGA 实现。当然，如果你需要在实际 FPGA 上运行 FPGA 设计，则对于本书项目来说，最佳选择是 Arty A7-100T。该开发板目前市售价格在 2300 元左右，读者可自行通过网络搜索在线购买。

1.9 小　结

本章介绍了嵌入式系统的元素，包括电源、时基、数字处理、内存、传感器（来自环境的输入）、执行器（到环境的输出）、专用集成电路、软件和固件等（在许多情况下，还可能包括一个或多个通信接口）。

本章还探讨了嵌入式系统和物联网之间的关系，强调了嵌入式系统以实时方式运行的必要性，并介绍了从输入设备读取、计算输出和更新输出设备的基本操作顺序。

本章从功能角度介绍了 FPGA 基础概念、FPGA 元素和 FPGA 综合，并阐述了这些高性能器件为嵌入式系统设计带来的好处。

学习完本章之后，你应该对构成嵌入式系统的组件以及嵌入式系统与物联网之间的关系有了更广泛的理解。你还应该熟悉嵌入式系统实时运行的原因和方式，并了解如何使用 FPGA 来实现高性能嵌入式系统。

在第 2 章中将深入研究传感器，它常用于使嵌入式系统能够接收来自用户及其周围环境的输入。

第2章 感知世界

本章将详细介绍传感器在各种嵌入式系统中的原理和应用。无源传感器可测量环境的属性，如温度、压力、湿度、光强度和大气成分等。有源传感器则可以使用雷达和激光雷达等能量发射技术来探测物体并测量其位置和速度。

本章将讨论范围广泛的传感器类型以及用于将传感器数据传输到处理器的通信协议。本章还将探讨嵌入式系统必须对原始传感器测量执行的处理，这样才能为后续处理算法提供可操作数据。

通读完本章之后，你将了解嵌入式系统中使用的许多不同类型的传感器，了解什么是无源和有源传感器，并熟悉多种类型的无源和有源传感器。你还将掌握对于传感器提供的原始测量数据的常用处理方法。

本章包含以下主题。

- 无源、有源和智能传感器简介。
- 应用模数转换器。
- 嵌入式系统中使用的传感器类型。
- 与传感器通信。
- 处理传感器数据。

2.1 技术要求

本章文件可从以下网址获得：

https://github.com/PacktPublishing/Architecting-High-Performance-Embedded-Systems

2.2 无源、有源和智能传感器介绍

正如本书第 1 章“高性能嵌入式系统”中介绍过的，简单嵌入式系统中的基本处理顺序包括读取输入、计算输出、写入输出以及等待开始下一个处理循环或下一个触发事件发生。本章将更深入地研究这些步骤中的第一步：读取输入。

特定系统使用的输入显然取决于系统的功能。在嵌入式系统中，输入通常由用户输入的命令、从其他来源（如控制系统的网络服务器）接收的命令和传感器测量值组成。本章讨论的重点是使用传感器收集的输入。

在嵌入式系统的上下文中，传感器（sensor）是一种电气或电子组件，它对其环境的某些属性敏感并可产生与测量属性相对应的输出。为了使这个抽象的描述更加具体，不妨考虑一下利用热敏电阻测量温度的操作。热敏电阻（thermistor）是一种电阻器，其电阻随着温度的变化以可预测的方式变化。通过使用电路来测量热敏电阻的电阻，嵌入式系统可以估计热敏电阻所在位置的温度。

热敏电阻是无源传感器（passive sensor，也称为被动传感器）的一个例子。无源传感器可通过直接响应测量参数来测量环境的各个方面，如温度或光强度。无源传感器在进行测量时不会干扰环境。

另一方面，有源传感器（active sensor，也称为主动传感器）会产生某种作用于环境的刺激。这种类型的传感器将根据对刺激的响应产生测量值。

超声波距离传感器就是一种有源传感器。如图 2.1 所示，该传感器通过以超声波频率发射声能脉冲来测量与附近物体的距离，然后感应响应该脉冲而返回的任何回波。

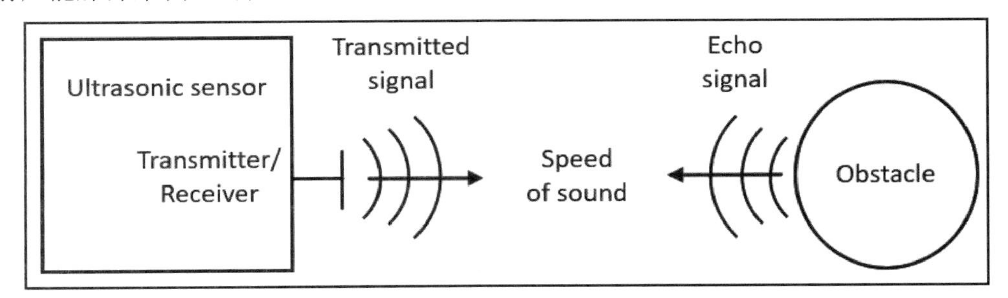

图 2.1　超声波距离传感器

原　　文	译　　文
Ultrasonic sensor	超声波传感器
Transmitter/Receiver	发射器/接收器
Transmitted signal	传输信号
Speed of sound	声音的速度
Echo signal	回波信号
Obstacle	障碍物

在每次测量期间，传感器会等待足够长的时间以等待以音速传播的脉冲，以达到其最大预期测量范围，并在脉冲遇到的任何物理对象反弹后返回传感器。通过测量脉冲传

输和回波接收之间的时间——也称为飞行时间，嵌入式系统可以确定与物体的距离。

有源传感器的其他示例包括现代汽车应用中使用的雷达和激光雷达传感器。

某些类型的传感器能够在无源和有源模式下运行。例如，水下使用的声呐系统可以被动地测量海洋环境的声音，包括由生物、人造系统和自然过程产生的声音。一些声呐系统也可以在主动模式下运行，在这种模式下，系统会以与超声波传感器相同的方式生成 ping 并侦听来自声波遇到的物体的回波。

一个简单的模拟传感器（如热敏电阻）需要若干个额外的电路元件来实现电阻变化的测量。一旦测量了电阻（通过测量电压间接确定），嵌入式处理器必须执行计算以将电压读数转换为相应的温度值。

智能传感器（smart sensor）通过将测量功能和工程单位转换集成到单个设备（通常是一个小模块），减轻了一些电路复杂性和计算工作量。智能传感器通常包含一个微控制器，并采用数字接口将测量值传送到主机处理器。一些智能传感器甚至允许开发人员自定义板载微控制器代码。

在嵌入式系统设计中使用智能传感器可以大大简化硬件设计。特别是，敏感电路（如用于增强微弱输入信号的放大器）可以独立于智能传感器，这避免了与为系统设计专用传感器电路相关的困难。当然，智能传感器的成本可能高于等效定制电路设计所需的组件成本。在特定应用中，是否选择智能传感器将取决于传感器成本、预期产量和上市时间压力等因素。

接下来，我们将介绍一些基本的电路配置，这些配置可将常见的传感器类型与嵌入式处理器连接起来。

2.3　应用模数转换器

许多类型的传感器都会产生可以作为电压测量的响应。嵌入式处理器使用模数转换器测量电压。模数转换器（analog-to-digital converter，ADC）是一种处理器外设，它可以对模拟电压进行采样，并产生与采样时的电压相对应的数字数据值作为输出。

模数转换器的特征在于数字测量字（digital measurement word）中的位数、输入信号的电压范围、完成转换所需的时间，以及诸如准确度（accuracy）和测量噪声（measurement noise）之类的性能参数。

如图 2.2 所示，模拟电压可以随时间连续变化，并且可以在其工作范围内取任何值。ADC 的输出仅在离散时间点可用，并且只能采用由其分辨率决定的有限数量的值。在这个简化的示例中，ADC 产生的是 3 位宽的测量值，输出值范围为 0～7。

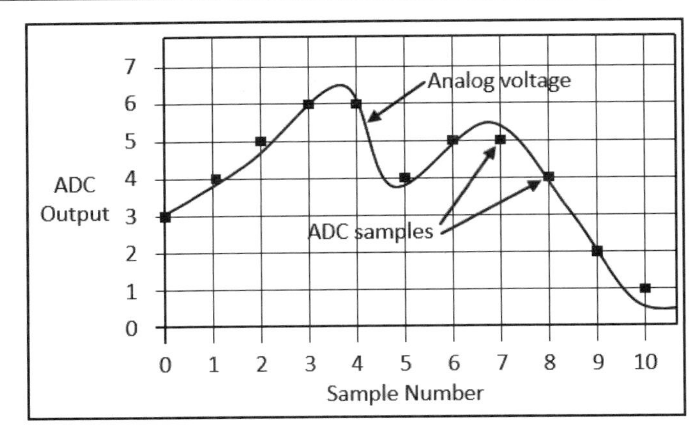

图 2.2　模数转换

原　　文	译　　文
ADC Output	ADC 输出
Analog voltage	模拟电压
ADC samples	ADC 样本
Sample Number	样本数字

模数转换器（ADC）的测量位宽从 8 位到 18 位不等。尽管一些极高性能 ADC 的采样率超过每秒 10 亿次，但在许多嵌入式系统应用中，ADC 仅以每秒 10 次甚至更低的速率对其输入进行采样。

许多低成本微控制器在处理器电路芯片内部集成了一个或多个 ADC。这些设备允许以高达每秒数十万次的速率对多个模拟输入信号进行采样，分辨率通常为 10 位或 12 位。

即使是使用运行速度非常快的模数转换器，将模拟输入转换为数字读数也需要一些时间。为了防止测量过程中模拟输入电压的变化影响测量结果，通常使用采样保持电路在测量过程中冻结模拟电压。

采样保持电路（sample-and-hold circuit）是一种模拟电路，只要保持输入信号无效，它就会将其输入电压直接传送到其输出。当保持输入处于活动状态时，器件将其输出电压冻结在保持输入处于激活状态时的电压。

作为模拟测量电路的一部分，采样保持组件在每次 ADC 转换期间呈现恒定电压。

可以将多个模拟输入信号依次连接到 ADC 以使用模拟多路复用电路进行测量。模拟多路复用器（analog multiplexer）具有多个模拟输入，并且在一组数字输入信号的控制下，可以将这些输入中的任何一个连接到其输出。

包含 ADC 的微控制器和 FPGA 设备通常提供使用多个 I/O 引脚作为模拟输入的选项。当需要测量这些引脚上的电压时，处理逻辑会选择适当的模拟多路复用器输入通道，然后测量相应输入引脚上的电压。

模拟信号通常包含被称为噪声（noise）的破坏性影响。模拟电路中产生的噪声来自外部源和嵌入式系统本身。外部噪声源包括附近的电气设备，如荧光灯和家用电器，它们产生的电场会改变模拟测量电路中的电压。嵌入式系统中模拟信号内部产生的主要噪声源是设备中的数字电路。

每当数字时钟或门改变状态，这种状态转换都会产生一个生成电场的微小脉冲。逻辑门的开关也会引起电源电压的波动，这同样会影响模拟读数。嵌入式系统架构师有必要采取措施将噪声对模拟测量的影响降低到可接受的水平。

在 1.8.3 节“赛灵思 FPGA 和开发工具”中，介绍了 Arty A7-100T 开发板，该板上的 FPGA 器件包含一个名为 XADC 的集成 12 位 ADC 模块，该模块能够执行的测量高达 1MSPS，即每秒百万个样本（million samples per second，MSPS）。

XADC 是双通道设备，这意味着它可以同时测量两个模拟输入。模拟输入被测量为正负输入信号之间的电压差。

该器件可以配置为在两种输入模式下运行：单极性（unipolar）和双极性（bipolar）。

在单极性模式下，ADC 输入电压范围为 0～1V。0V 输入产生的测量输出为 000（十六进制）。1V 输入产生的输出为 FFF。

在双极性模式下，输入电压范围为−0.5～+0.5V。输出数据字为二进制补码格式，−0.5V 输入产生的输出为 800，0V 输入产生的输出为 000，+0.5V 输入产生的输出为 7FF。需要说明的是，此处描述的模拟输入电压和数字 ADC 读数之间的关系仅适用于该器件，在其他 FPGA 和微控制器中可能有所不同。

Arty 开发板包含额外的电路元件，用于过滤模拟输入，并缩放在这些输入上接收到的电压范围。图 2.3 显示了与标记为 A0～A5 的模拟输入引脚相关的 Arty 电路。

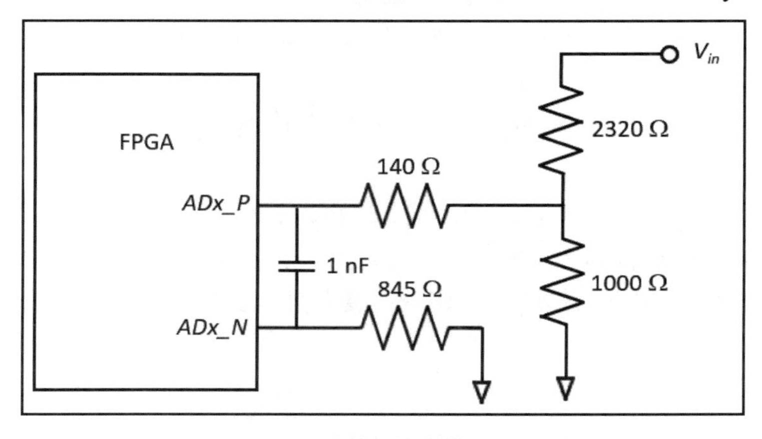

图 2.3　Arty A7 接地参考模拟输入电路

在图 2.3 中，模拟输入信号 V_{in} 的范围为 0～3.3V。2320Ω 和 1000Ω 的电阻对可将电压缩放到 0～1V 范围内。其余电阻器（140Ω 和 845Ω）和电容器（1nF）对输入信号执行噪声过滤。由于电压 V_{in} 以接地为参考，差分对（*ADx_N*）的负信号通过 845Ω 滤波电阻接地（由向下的三角形表示）。

XADC 差分对的正负信号分别标记为 *ADx_P* 和 *ADx_N*，其中，*x* 表示 ADC 模拟多路复用器输入编号。

Arty 开发板还支持差分模拟输入。标有 A5～A11 的引脚组成 3 个差分对，每个差分对有两个噪声过滤电阻和一个电容，如图 2.4 所示。

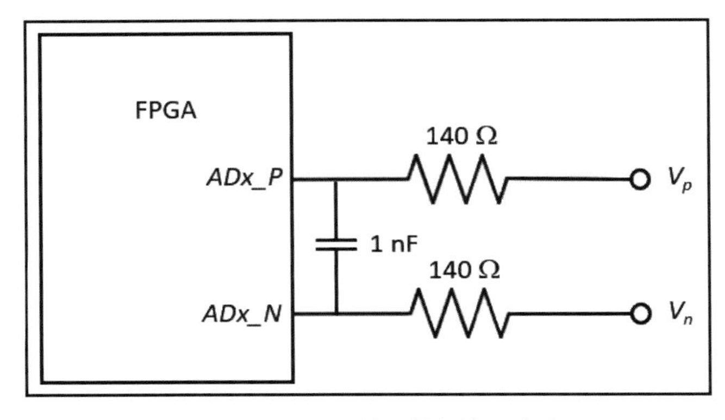

图 2.4　Arty A7 差分模拟输入电路

在图 2.4 中，模拟输入信号定义为差分信号 V_p 减去 V_n，范围为−0.5～+0.5V。

本节简要介绍了模数转换背后的概念以及 Arty A7 开发板中模拟输入接口的设计。2.4 节将介绍嵌入式系统中使用的各种传感器类型，其中一些使用了类似于本节描述的电路的接口电路，另外还有一些则需要更复杂的方法来与主机系统连接。

2.4　嵌入式系统中使用的传感器类型

本节将简要介绍嵌入式系统中使用的各种传感器类型。下文所述并非详尽，但它应该能让你对可用的传感器种类有所了解。嵌入式系统架构师有责任确定特定传感器类型的列表，并了解这些传感器必须满足的规格，这样才能更好地实现特定系统设计。

2.4.1　光

嵌入式系统中的光传感器（light sensor）非常复杂，它既有非常简单的光敏电阻，也有很复杂的用于摄像机、显微镜和天文望远镜等设备的多波段传感器阵列。

光敏电阻（photoresistor）是一种电阻器件，随着其表面的亮度（光强度）增加，电阻会降低。光敏电阻通常用于夜灯和自动车库门开启器的安全相关障碍物检测等。

光电二极管（photodiodes）和光电晶体管（phototransistor）是将光转换为电流的半导体器件。与光敏电阻相比，这些传感器更灵敏，并且可以在一定温度范围内提供更一致的性能。

视频传感器（video sensor）包含二维光敏元件阵列，通常带有过滤功能，该功能将每个元件的输入限制在光谱的特定频率范围内。通过提供可调谐到红色、绿色和蓝色的单独传感器，摄像机能够捕捉人眼可见的所有颜色。

2.4.2　温度

正如本书 2.2 节“无源、有源和智能传感器介绍”中所讨论的，热敏电阻（thermistor）是一种电阻元件，它会随着温度的变化而改变电阻。通过使用分压器电路（类似于图 2.3 中的分压器），用热敏电阻代替 2320Ω 电阻器和 3.3V 的恒定 V_{in}，则可以测量传感器电阻。特定热敏电阻的数据表可提供将电阻读数转换为相应温度所需的信息。

热电偶（thermocouple）是一种温度传感装置，它在一个点连接两种不同的金属。这会产生一个可测量的电压，该电压可以与参考电压进行比较以确定传感器位置的温度。

热敏电阻适用于−50～250℃的温度范围，而热电偶则可支持−200～1250℃的更极端温度范围。

热敏电阻往往更便宜，而热电偶则是更复杂的设备，需要测量微小的输出电压并提供参考结（reference junction，也称为基准结），这是不同金属在已知温度点的连接。

在大多数近似温度测量已经足够且预期温度范围有限的应用中，嵌入式系统设计通常会使用热敏电阻。而对于涉及极端温度的应用，如在烤箱和熔炉中，则热电偶往往才是首选的传感器。

2.4.3　压力

压力传感器（pressure sensor）可测量液体和气体的压力。压力测量值可以表示绝对压力，即相对于完美真空的压力，也可以相对于某些参考值，如周围的大气压力。

例如，用于监测天气状况的气压计可测量绝对气压。另一方面，汽车轮胎压力表测量的则是轮胎中相对于周围大气压力的气压。

差压传感器（differential pressure sensor）可测量两个位置的压力差。差压传感器用于测量内联流体过滤器的压降等应用。

低成本压力传感器通常由压阻材料构成，当应力施加到传感元件以响应测量的压力时，压阻材料的电阻会发生变化。嵌入式系统测量传感器电阻以确定压力读数。

2.4.4　湿度

湿度传感器（humidity sensor）可测量大气中水蒸气的分压。读数一般以百分比表示，它表示在当前温度下测量的相对于饱和分压的水蒸气分压。饱和分压指的是最大可能的水蒸气分压。

湿度传感器在环境监测和控制应用中很有用（在这些应用中，需要将湿度保持在所需的范围内以满足电子设备的需求或人类舒适度）。湿度传感器通常需要与温度传感器组合在一个单元中。

低成本湿度传感器由包含聚合物的传感器元件构成，该聚合物的电容随湿度的变化而变化。传感器测量传感器元件的电容，补偿当前温度的读数，并根据存储的校准信息计算相对湿度。

有些湿度传感器是智能传感器，包含机载处理功能和数字通信功能。使用这些设备时，主机处理器会请求传感器读取读数，并在测量完成后检索结果。

2.4.5　流体流量

流体流量传感器（fluid flow sensor）可测量通过传感器活动区域的气体或液体的量。这些传感器的原理是，在流动的流体中放置某种类型的限制（如筛网或喷嘴），然后测量该限制的影响。通过感测限制器两端的压降，即可估计流体的流速。

有些传感器设计中使用了不需要流量限制的其他测量技术，如超声波和激光。流量传感器可提供模拟信号或数字接口形式的输出。

流体流量传感器可用于多种应用，在这些应用中，准确跟踪通过系统的流体量非常重要。例如，汽车和飞机应用中的嵌入式系统使用流量传感器来监控流体的运动，包括燃料、润滑剂和制动液。医疗应用使用流量传感器来跟踪流体的流动，如麻醉剂和呼吸机。水表和天然气表是家庭和商业建筑中常用的两种流量计。

2.4.6　力

力传感器（force sensor）测量施加到物体上的力的大小。浴室秤是力传感器的一个很好的例子。浴室秤测量站在上面的人的重量，这是一种向下的力。

力传感器通常使用力感应电阻器，也称为应变计（strain gauge），其由在施加力时电阻会发生变化的材料制成。某些类型的力传感器基于压电原理工作，或者利用流体或气体在压力下的液压或气动位移来响应所施加的力。

2.4.7 超声波

正如我们在本章前面所看到的，超声波传感器可以产生频率高于人类听觉范围的声波，将该信号传输到测量区域，并监听在范围内物体的任何可能的回波。

将信号传输和接收之间的时间乘以测量介质（可能是空气、其他气体或液体）的声速，即可获得从发射器到目标物体再回到接收者的往返距离。

许多超声波传感器使用相同的超声波元件来产生发射脉冲并接收回波信号。这有助于使传感器组件小型化。

简单的超声波传感器使用两个数字信号来控制传感器操作并读取测量输出。Trigger（触发）引脚是一个传感器输入信号，它响应上升脉冲沿启动一个测量周期。Echo（回波）引脚是一个传感器输出，在发送脉冲时变为高电平，在接收到回波时返回低电平。

通过测量 Echo 信号上升沿和下降沿之间的时间，处理器可以确定信号往返时间，并由此计算到障碍物的距离。

2.4.8 音频

音频传感器（audio sensor）可以接收人类听觉范围内的声音输入，并根据接收到的信号产生电输出。标准麦克风是音频传感器的一个示例。智能助理设备会持续收听环境中的声音，当检测到触发音节序列（如“小爱同学”或“小度小度”）时，设备会记录后续声音并尝试将人类提供的自然语音命令解释为字的序列。

在更简单的应用中，音频传感器可以仅监测周围声音的强度，并在声音等级上升到阈值以上时产生输出。更复杂的音频监控应用包括安全系统检测玻璃破损情况或城市地区的噪声检测和定位等。

2.4.9 磁

磁场传感器（magnetic field sensor）或磁力计（magnetometer）可以检测传感器附近是否存在磁场。简单的磁场传感器将仅对磁场强度做出响应，而更复杂的传感器则可以测量磁场的三维矢量分量。

地球磁场是由地表之下的熔融金属流动产生的电流产生的。磁场的强度和方向在世界各地差异很大，整个磁场的格局每年都在缓慢变化。

磁罗盘可以感应地球的磁场。磁传感器在嵌入式系统中的简单应用可确定传感器相对于磁场北方的方向。在更复杂的应用中，系统可以根据它在地球上的位置校准测量，假设该磁场是已知的。使用地球磁场图，该系统可以产生更精确的方向估计。这种形式的方向感测容易受到由铁磁材料或其他磁场源的存在引起的错误的影响。

在家庭和办公室安全系统中，检测门打开的传感器通常使用小磁铁产生由开关元件感应的局部磁场。磁簧开关包含一个灵活的金属触点，当靠近小磁铁时该触点会闭合。打开门会将磁铁与开关分开，从而打开该开关并通知警报系统门已经打开。

2.4.10　化学

化学传感器（chemical sensor）可测量传感器附近化学成分的属性。这些传感器被构造为对传感器周围的气体或液体中特定元素或化合物的存在敏感。

化学传感器的一些常见示例包括住宅环境中的一氧化碳探测器和氡探测器。现代汽油发动机在排气系统中包含氧传感器，这些传感器提供的信息使燃油输送系统能够向发动机输送最佳的燃油-空气混合物。

低成本的单芯片传感器可用于测量空气质量，报告周围空气中的二氧化碳和挥发性有机化合物的含量。纳米技术（nanotechnology）为生产广泛应用的各种化学传感设备提供了途径。由于基于纳米管的传感器非常小，因此只需检测很少的气体分子即可产生可测量的读数，从而使传感器具有异常灵敏和选择性。

2.4.11　电离辐射

电离辐射（ionizing radiation）由具有足够能量的电磁粒子组成，当被粒子撞击时，会导致分子和原子失去电子。一旦分子或原子失去电子，它就会带电，从而成为离子。电离辐射通常被称为 X 射线和伽马射线。

当暴露于这种形式的辐射时，低水平辐射可能对活性组织有害，甚至可以导致长期伤害，如癌症。如果接受足够大的集中剂量，则可能会发生快速的组织损伤。

低水平电离辐射存在于自然环境中，要么来自太空（如宇宙射线和太阳辐射），要么来自地球（通过铀和钍等元素的放射性衰变）。人造电离辐射则是由核反应堆和 X 射线机等产生的。

用于电离辐射的传感器可测量由入射辐射引起的敏感材料的变化。每个可测量事件都由与敏感材料相互作用的粒子组成。产生的信号可能是电脉冲、一束光，或者在某些传感器中是气体中可检测到的变化。

有些电离辐射传感器会报告单个粒子触发的事件，而其他一些电离辐射传感器则会随时间测量和累积辐射剂量。

2.4.12 雷达

术语雷达（radar）起源于无线电探测和测距（radio detection and ranging）的首字母缩写词。

雷达系统可将射频信号发射到周围环境中，并接收脉冲遇到的任何物体的回波。通过处理接收到的返回信号，雷达系统可以确定其附近物体的位置，并在某些情况下推导出其他属性，如物体运动的方向和速度。

今天，单芯片雷达传感器可用于附近汽车的探测等应用。汽车雷达传感器支持自适应巡航控制，可测量传感器主车辆前方车辆的距离和相对速度。

使用雷达传感器提供的信息，主车辆可与前方车辆保持适当的距离，并对前车突然刹车等事件做出响应。

2.4.13 激光雷达

激光雷达（lidar）起源于光探测和测距（light detection and ranging）的首字母缩写词。激光雷达在概念上与雷达相似，但它不是使用射频信号，而是使用激光或红外光来感应传感器附近的物体。

激光雷达传感器可传输紧密聚焦的光脉冲，并通过感应接收到物体反射的时间来测量光束方向上障碍物的距离。传感器可以快速重复这个过程数千次，每次测量改变光束的指向方向，以构建传感器视野中地形和物体的三维地图，称为点云（point cloud）。

精密激光雷达传感器需要为激光发射器和传感器配备昂贵的光学组件，这意味着这些传感器传统上非常昂贵。然而，近年来，随着自动驾驶汽车技术的发展，激光雷达传感器的价格也在大幅下降。

2.4.14 视频和红外线

传统的数字彩色摄像机可产生一系列图像，每幅图像由一个二维像素阵列组成。每个像素包含3种颜色强度（红色、绿色和蓝色），这允许呈现在可见光谱范围内的颜色。

嵌入式系统可以使用摄像机捕捉场景以供人类使用，如可视门铃应用。对于这种用途，相机（摄像头）必须要有足够的分辨率（通常在水平和垂直维度上至少有数百个像素），并且以在场景中创建平滑运动感知的更新速率生成图像（通常为每秒 30 帧），当然，在某些应用程序中也可以接受较慢的更新速率。

一些应用领域需要对视频数据流进行机器处理。视频数据处理的一个相对简单的应用是区域监控安全系统。当该系统布防时，它希望在受监控区域内完全看不到任何活动。如果视频场景中存在运动，则系统可以通过比较连续视频帧并寻找图像中的差异来检测它。

自动驾驶汽车需要比简单的帧差分更复杂的视频处理系统。这些车辆必须集成多种类型的传感器数据，其中通常包括摄像机，以确定道路、交通标志、车辆、行人、自行车以及人类驾驶员需要安全处理的任何其他类型的物体或障碍物的存在。虽然自动驾驶汽车的摄像头传感器部分在概念上类似于简单可视门铃中的摄像头，但自动驾驶汽车中视频数据的处理要复杂得多，因为它需要使用复杂的人工智能算法执行高性能的实时处理。

红外相机类似于摄像机，它可产生一系列二维图像。其主要区别在于红外相机对比红光波长更长的光波敏感，红光是人眼可见的最长波长的光波，而红外传感器则可以响应物体的温度，因为热能是在红外波段辐射的。红外成像传感器适用于在运行时监控电路板的热区之类的应用。

2.4.15　惯性

惯性传感器（inertial sensor）检测与其相连的主体运动的变化。具体而言，单个惯性传感器可测量沿轴的加速度或绕轴的旋转速率。要在三维空间中完全表征物体的加速度，需要 3 个加速度计，其测量轴沿正交的 X、Y 和 Z 轴对齐。同样，旋转运动的完全表征需要围绕相同轴的 3 个旋转速率传感器。

惯性传感器用于飞机、航天器和船舶，以在存在湍流和机动等干扰的情况下准确跟踪运动。为了正常运行，惯性导航系统必须以其正确的起始位置进行初始化，并且与惯性传感器相关的测量误差必须足够小，以使位置测量误差降低到可接受的程度。

2.4.16　全球定位系统

全球定位系统（global positioning system，GPS）接收器可从环绕地球轨道上的一组卫星收集信号，并使用信号中的信息来计算接收器的位置，而且还能提供当前时间。现代低成本的单芯片 GPS 接收器可以按几米级的精度确定地球上任何地方的位置，并以微秒级精度报告当前时间。

除了美国的GPS系统，还有其他几个卫星导航系统也在运行：北斗（中国）、伽利略（欧盟）和格洛纳斯（俄罗斯）。

虽然这些系统中的每一个所使用的信号都不能直接兼容，但现代卫星导航接收器，包括低成本的单芯片设计，都能够同时接收来自部分或全部星座的信号。多星座接收器（multi-constellation receiver）的优点是更快的首次定位时间（接收器开机后的第一次精确位置测量）和更好的位置测量精度，因为在合适的几何位置接收来自卫星的信号的可能性更高。

如今，全球导航卫星系统（global navigation satellite system，GNSS）接收器是可以在飞机、汽车、农用车辆、测量设备、军事系统、智能手机甚至宠物项圈中找到的商品。任何在户外运行的嵌入式系统，或者甚至可以通过窗户间歇性地访问户外景色的嵌入式系统，都可能结合GNSS接收器来准确地确定其位置和当前时间。

GNSS接收器在导航中最复杂的应用集成了一套惯性传感器来测量三轴加速度和旋转速率。GNSS接收器在每个单独的测量中都有相对较大的误差，但系统可以通过对大量连续测量进行平均来提供更精确的位置。相比之下，惯性传感器可提供有关每次更新的位置变化的精确信息，但会受到长期漂移和相应的错误累积的影响。

通过将GNSS接收器与惯性传感器套件集成，组合系统利用了每个传感子系统的最佳特性，并消除了其他子系统产生的最大误差。实际上，这样的传感器组件称为GPS/INS系统，它使用惯性传感器来计算系统位置和角方向的高速更新，同时使用GNSS测量来校正惯性传感器测量中的偏差和其他误差源。GPS/INS系统广泛用于飞机导航、船舶导航和军事应用等。

接下来，让我们了解一下将传感器连接到嵌入式处理器的一些最有用的通信技术。

2.5　与传感器通信

2.4节介绍了适合测量嵌入式系统及其环境的各种属性的不同传感器类型。作为每个传感器测量的一部分，感测数据必须转发到系统处理器，因此，本节将研究嵌入式系统中用于传感器和处理器之间通信的最常用接口技术。

2.5.1　通用输入/输出接口

通用输入/输出（general-purpose input/output，GPIO）输入信号只是处理器上的一个物理引脚，读取时可以指示引脚上的电压是低（接近0V）还是高（接近处理器输入/输出电压范围，通常为5V或3.3V）。

GPIO 输入可用于检测操作员的操作（如按钮按下），或确定系统是否处于不安全状态（如使用开关检测安全关键盖何时被打开）。

GPIO 输入信号可与模拟传感器一起使用，以检测模拟信号何时高于或低于阈值。图 2.5 中的电路使用了比较器来检测光敏电阻测得的光照水平是否高于阈值。

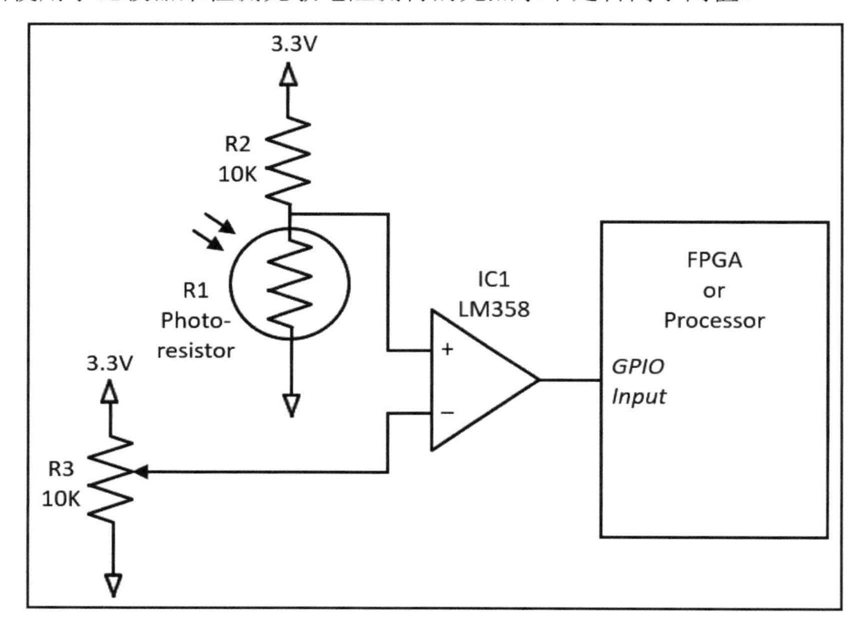

图 2.5　光检测电路

原　　文	译　　文
Photo-resistor	光敏电阻
FPGA or Processor	FPGA 或处理器
GPIO Input	GPIO 输入

比较器（comparator）是一种电子设备，实际上，它会从其“+”引脚输入的电压中减去其“−”引脚输入的电压，如果差值的符号为正，则输出高电平（在本示例中为 3.3V）；如果差值为负，则输出低电平（0V）。

在此应用中，比较器是一位的模数转换器。LM358 是一个标准的 8 引脚集成电路，包含两个适合用作比较器的运算放大器。

在如图 2.5 所示的电路中，R1 是一个光电晶体管，它的电阻随着光照水平（由指向 R1 的两个箭头指示）的变化而变化。这会导致 R1 和 R2 之间连接点的电压发生变化，该电压会传送至比较器的“+”引脚输入端。

R3 是一个电位器（potentiometer），它是一个可调电阻。在如图 2.5 所示的配置中，调整 R3 将设置提供给 IC1 的电压，它可以是 0～3.3V 的任何固定电压。该电压实际上设置了 IC1 的输出改变状态的阈值。

图 2.5 所示的电路有一个限制，可能会导致不良行为。如果 IC1“+”引脚上的电压缓慢接近并通过“−”引脚上的电压，则 IC1 的两个模拟输入上普遍存在的噪声可能会导致意外闪烁，因为 IC1 的输出将在高低之间切换，它的“+”引脚和“−”引脚上的两个电压非常接近。

与嵌入式系统设计中的许多情况一样，有两种方法可以解决这个问题：在硬件中修复它或在软件中修复它。

- 硬件解决方案：添加两个如图 2.6 所示的电阻，这可以在比较器切换逻辑中添加迟滞。所谓迟滞（hysteresis），简单而言就是解释变量需要通过一段时间才能完全作用于被解释变量。在本示例中，迟滞引入了开关逻辑对其过去开关行为的依赖性。图 2.6 中的两个电阻器向 IC1“+”引脚输入添加了一个小的偏移电压。当 IC1 的输出改变状态时，这个偏移的符号也会改变。结果是在缓慢变化的输入导致输出从高电平切换到低电平之后，输入电压必须在另一个方向上回溯一段距离，然后输出才会切换回高电平。只要它必须回溯以改变输出的距离小于输入上的模拟噪声，则输出信号就不会闪烁。

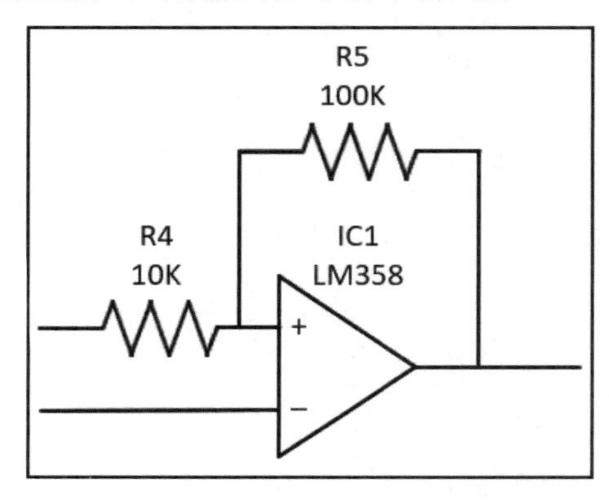

图 2.6　具有迟滞设计的比较器

- 软件解决方案：如图 2.6 所示的硬件解决方案的缺点包括额外的电路复杂性、更多的部件以及需要校准操作来为应用选择 R4 和 R5 的最佳值（图 2.6 中标注的电阻值只是一个举例）。由于图 2.6 中 IC1 的输出将发送至数字处理器，因此可以应用软件滤波算法来消除闪烁，而不是依赖硬件解决方案。

  一种相当简单的方法是计算 IC1 输出的连续读数的数量（这些读数与该信号的

最近已知的有效读数不同）。如果我们要求在更改测量的“有效”状态之前，输入的连续读数的数量必须达到某个标准（如 100 个），则这样的设计应该可以在很大程度上消除闪烁。

下面的 C 语言清单提供了适用于 Arduino 环境的代码。有关 Arduino 的更多介绍，可访问以下网址：

https://www.arduino.cc/

该代码通过对多个读数求平均值来初始化来自 GPIO 输入引脚的读数，然后使用连续读数的计数来确定输入状态的改变。

Arduino 执行程序在系统复位时调用 setup()函数一次，然后在系统运行期间重复调用 loop()函数。

请注意，这里必须仔细选择 switchCount 常量的值，一方面，它应该足够大，以避免响应偶尔的连续噪声引起的错误（导致闪烁），另一方面，它又应该足够小，以免对变化的输入的响应过于缓慢。

```
const int lightInputPin = 7;        // 光传感器在 pin 7 上
const int switchCount = 100;        // 改变状态的计数值

int lightState = LOW;               // 当前有效的光状态
int lightCount = 0;                 // 连续读数的计数

void setup() {
  pinMode(lightInputPin, INPUT);    // 将 pin 7 设置为输入

  // 重复读取 lightInputPin 以获得平均值
  lightCount = 0;
  for (int i=0; i<switchCount; i++)
    if (digitalRead(lightInputPin) == HIGH)
      lightCount++;
    else
      lightCount--;

  // 如果 HIGH 读数比 LOW 读数多，则将状态设置为 HIGH
  lightState = (lightCount > 0) ? HIGH : LOW;
  lightCount = 0;
}

void loop() {
  // 如果该读数匹配 lightState，则重置 lightCount
```

```
  // 如果该读数与 lightState 不同，则累积计数
  if (digitalRead(lightInputPin) == lightState)
    lightCount = 0;
  else
    lightCount++;

  // 当累积计数达到 switchCount 时，切换 lightState
  if (lightCount >= switchCount)
  {
    lightState = (lightState == HIGH) ? LOW : HIGH;
    lightCount = 0;
  }
}
```

本书无意讨论如何使用 Arduino 系统，但此代码是一个可行的示例，你可以在 Arduino 系统上尝试运行以演示此处描述的算法提供的滤波功能。

大多数嵌入式系统架构至少会使用若干个 GPIO 输入信号，作为事件检测器（如开关闭合），或作为系统中其他数字组件的状态输入。

2.5.2 模拟电压

模拟信号（analog signal）是使用本书 2.3 节“应用模数转换器”中讨论的模数转换器（ADC）感测的。微控制器和 FPGA 中的集成 ADC 在最大采样率和每个样本的位数方面可提供中等水平的性能。这些设备中处理器指令和 ADC 之间的接口通常是一组寄存器，用于配置 ADC、启动测量以及在测量完成后接收转换后的数字读数。

集成 ADC 通常提供附加功能，例如，在转换完成时触发处理器中断的能力，以及以固定速率自动启动转换的能力。

虽然集成 ADC 足以按适中的速率对信号进行采样，但某些应用需要以更高的速率进行 ADC 测量，从每秒数亿个样本到每秒数十亿个样本不等。集成 ADC 可能提供 10 位或 12 位分辨率，但应用要求可能需要 14 位或 16 位精度。

在需要这些高采样率和高精度的应用中，必须使用具有所需性能规格的专用 ADC。由于这些 ADC 的采样率极高，再加上每个样本的大量位，因此 ADC 的数据输出率可能高达每秒数十亿位。为满足高采样率 ADC 的数据速率要求而设计的两种接口架构是串行 LVDS 和 JESD204，具体描述如下。

- 串行低电压数字信号（OW Voltage Digital Signaling，LVDS）是 2001 年的标准，用于将高采样率 ADC 连接到 FPGA 和数字信号处理器（Digital Signal Processor，DSP）。串行 LVDS 使用差分信号对进行高速数据传输。

串行 LVDS 接口可能包含单个称为通道（lane）的差分信号对（differential signal pair），也可能包含多个同时传输数据位的通道。

每个串行 LVDS 发送器输出 3.5mA 的电流，在接收器的 100Ω 电阻上产生 350mV 的电压。发送器连续输出电流并切换电流方向以生成时钟信号和数据位信号。

串行 LVDS 可支持高达 10 亿位/秒（billion bits per second，Gb/s）的单通道数据速率。支持串行 LVDS 的器件示例是模拟设备 HMCAD1511 8 位 ADC，有关其详细信息，可访问如下网址：

https://www.analog.com/media/en/technology-documentation/data-sheets/hmcad1511.pdf

它能够采样 4 个 250 MSPS 的独立信号或 1 个 10 亿样本每秒（billion samples per second，GSPS）的信号。

- JEDEC JESD204 标准（2017 年更新为 JESD204C）规定了 ADC 和数字处理器之间的串行接口。与串行 LVDS 一样，JESD204 支持单通道和多通道差分信号对。与串行 LVDS 最显著的区别在于，JESD204C 通道支持高达 32Gb/s 的数据速率。符合 JESD204C 的器件支持串行 LVDS 不具备的多项附加功能，包括跨多个通道的同步和跨多个 ADC 的同步。

在需要高采样率 ADC 输入的应用中，通常使用串行 LVDS 或 JESD204 接口将 ADC 连接到 FPGA。当使用合适的算法编程时，FPGA 能够接收高速率传入数据并使用 FPGA 的并行硬件资源执行处理的初始阶段。

FPGA 输出的处理过的数据流的大小通常会通过 FPGA 内的压缩、过滤或其他算法大大减小。FPGA 可将这个较小的数据流转发到系统处理器。

2.5.3 I2C

对于不需要高数据速率的传感器接口，简单性和低生产成本成为主要的关注点。对于单个电路板上设备之间的低数据速率通信，或机箱内多个电路板之间的通信，集成电路间（inter-integrated circuit，I2C）总线架构是一种流行的选择。

I2C 接口由两条被电阻上拉的集电极开路线组成：一条时钟线和一条数据线。集电极开路是一种数字输出信号，其有用的特性是，当它被激活时，将信号线拉低；但当它不活动时，它根本不驱动信号线。这允许上拉电阻使信号电平变高。

术语集电极开路（open collector）适用于 NPN 晶体管，而功能类似的 MOSFET 晶体管则称为开漏（open drain）。

在 I2C 总线上使用集电极开路（或开漏）设备允许多个设备连接在同一对信号线上。每个设备都监视信号线的状态，并且仅在需要在总线上进行通信时才激活其输出。

I2C 实现了主从（master-servant）网络架构。一个 I2C 网络可以包含多个节点，但任何时候只有一个节点可以是主节点。总线上的所有活动都由主节点管理，主节点使用分配给每个从节点的唯一 7 位地址与该设备进行通信。

当数据线上的串行数据进行传输时，主节点产生时钟信号并启动命令序列。命令包括从节点的地址（这可能是从设备内的寄存器地址），以及要执行的操作的指令。数据可以在主节点和被寻址的从节点之间以任一方向传输。

因为只有一根数据线，所以数据一次只能往一个方向移动，这使得 I2C 成为一种半双工（half-duplex）通信协议。

在命令和任何相关数据传输完成后，不同的节点可以成为主节点并开始在总线上发出时钟信号和命令。

必须协调多个主节点的操作以确保在任何时候只有一个活动主节点。图 2.7 显示了一个简单的 I2C 总线，它带有一个主设备和两个从设备。I2C 信号的通用名称是串行时钟（Serial Clock，SCL）和串行数据（Serial Data，SDA）。

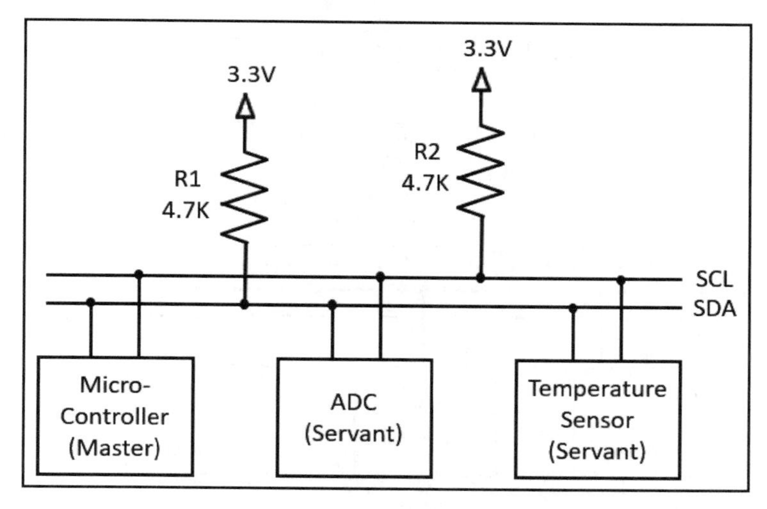

图 2.7　简单的 I2C 总线架构

原　　文	译　　文
Micro-Controller(Master)	微控制器（主节点）
ADC(Servant)	模数转换器（从节点）
Temperature Sensor(Servant)	温度传感器（从节点）

I2C 总线的常见数据时钟速度为 100Kb/s 和 400Kb/s，但最新修订版的 I2C 标准可以按高达 5Mb/s 的速度运行。

I2C 接口广泛用于可在总线数据传输速度限制范围内工作的传感器。使用 I2C 接口的传感器包括 ADC、压力传感器、温度传感器、GPS 接收器和超声波传感器等。

2.5.4 SPI

串行外设接口（serial peripheral interface，SPI）是一种四线串行数据总线。称为主节点（master）的单个节点将管理总线上的活动。其他节点则称为从节点（servant），它们响应来自主节点的命令。

该总线的 4 根线执行以下功能。

- 片选（chip select，CS）信号可通知从节点，即主节点正在与其交互。
- 串行时钟（serial clock，SCLK）信号可对总线上的数据传输进行排序，每个时钟周期一位。
- 主收从发（master-input-servant-output，MISO）信号线可将从节点的数据传输到主节点。
- 主发从收（master-output-servant-input，MOSI）信号线可将数据从主节点传输到从节点。

SPI 可以同时在主收从发（MISO）和主发从收（MOSI）线上双向传输数据，使 SPI 成为全双工（full-duplex）通信标准。

图 2.8 显示了包含与图 2.7 相同节点类型的 SPI 总线。

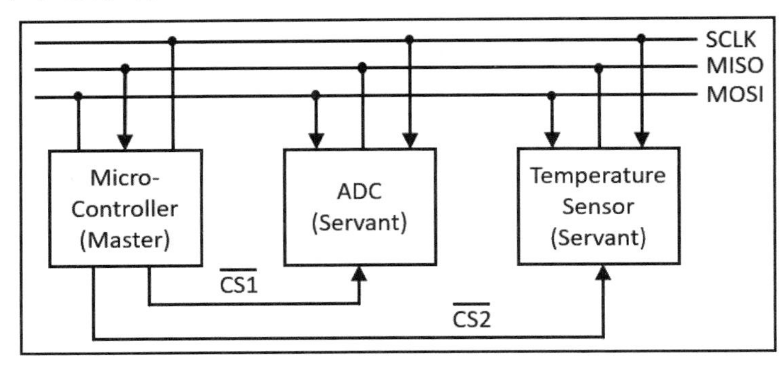

图 2.8　简单的 SPI 总线架构

原　　文	译　　文
Micro-Controller(Master)	微控制器（主节点）
ADC(Servant)	模数转换器（从节点）
Temperature Sensor(Servant)	温度传感器（从节点）

可以看到，除了需要最少两倍于 I2C 总线的信号数量，总线上每个额外的从节点都需要一个额外的片选信号。

尽管需要额外的硬件支持，但 SPI 架构与 I2C 相比，具有以下优势。

- 可以实现更高的时钟速度。以高达 50MHz 的时钟速度运行的 SPI 总线很常见。
- 与 I2C 的半双工特性相比，SPI 的全双工特性允许在给定时钟速度下将数据传输速率提高一倍。
- 无须管理从节点地址。
- SPI 往往功耗更低，因为没有上拉电阻耗散能量。

一般来说，如果你可以在 I2C 和 SPI 之间进行选择，那么，当数据传输速度至关重要且功耗是一个问题时，你可能更喜欢使用 SPI。另一方面，I2C 可以与大量外设进行通信，但通常数据速率较低。

2.5.5　CAN 总线

控制器局域网（controller area network，CAN）总线是一种串行数据总线，用于在汽车的恶劣环境中运行。

CAN 总线的主要目的之一是减少机动车中的布线量。例如，汽车尾灯组件可能包含多种不同功能的灯（刹车灯、倒车灯、行车灯、转向灯）。在模拟实现中，需要单独的电线来操作这些灯中的每一个。在 CAN 实现中，所需的只是为模块和 CAN 总线连接的电源接线。尾灯模块中的微控制器响应通过总线接收到的数字信息来激活每个灯。

与 I2C 和 SPI 总线架构相比，CAN 是一种更复杂的通信架构，支持优先消息传递、多种错误检测和恢复机制。

CAN 总线由沿差分线对连接的大量节点组成。由于标准 CAN 总线可以在较长的总线线路（以 1Mb/s 的速度可达约 25m）上以相当高的比特率（高达 1Mb/s）运行，因此，差分总线对必须在每一端以 120Ω 电阻结束。这些电阻器与电缆的阻抗相匹配，并可防止反射的信号沿线路返回。

CAN 总线中差分对的两条线上的信号在概念上类似于 I2C 总线上的集电极开路驱动器。

当总线上的任何节点都没有进行传输时，两条总线线路都被拉至 2.5V 的标称电平，这称为隐性状态（recessive state），表示逻辑数据值为 0。

当总线上的任何节点传输逻辑为 1 时，称为显性状态（dominant state），它会将其中一条总线线路（名为 CAN_H）拉至更高的电压，大约为 3.5V，另一条线路（CAN_L）电压更低，大约为 1.5V。图 2.9 显示了一个简单的 CAN 总线架构。

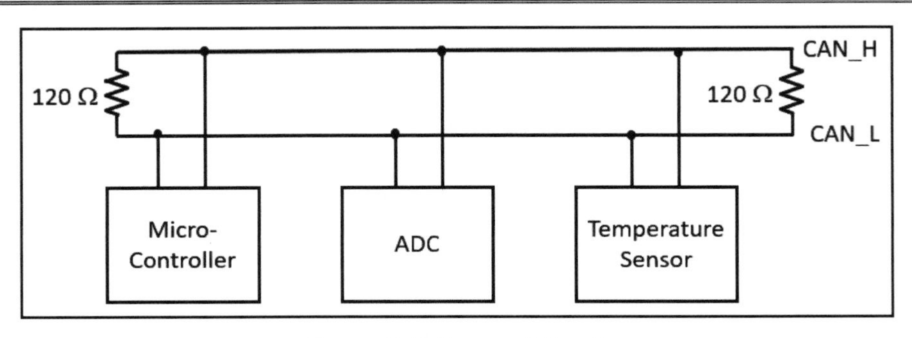

图 2.9　简单的 CAN 总线架构

原　　文	译　　文
Micro-Controller	微控制器
ADC	模数转换器
Temperature Sensor	温度传感器

CAN 总线没有像 I2C 和 SPI 总线那样的主节点。CAN 总线中的所有节点都是对等节点，它们中的任何一个都可以在总线空闲时随时发起消息的传输。

如果多个节点同时尝试发送消息，则可能需要在等待前一个消息的传输完成之后执行。自动优先级方案允许最高优先级的消息继续进行传输，而任何其他尝试传输的节点必须停止并等待下一个空闲期。

每个 CAN 消息都以一个长度为 11 或 29 位的标识符开始。消息的接收者将检查其收到的消息中的标识符以确定要处理哪些消息。消息标识符字段确定消息优先级，数字较低的标识符具有较高的优先级。优先级排序过程通过确保最高优先级的消息获得访问总线的优先机会来支持子系统之间的实时交互。

2.5.6　无线

越来越多的嵌入式系统正在使用无线技术与监控系统和互联网进行通信。对最终用户而言，无线通信的主要好处是无须数据布线。只要嵌入式系统可以获得电源，并且保证它在无线通信节点的范围内，那么无须进一步安装工作即可实现通信。

无线技术的通信范围可以从非常短的距离（几厘米）到跨越全球。可用解决方案之间的成本、电源要求和数据传输速率差异很大。嵌入式系统使用的一些最常见的无线通信技术，按通信距离从最短到最长的顺序排列如下。

- 射频识别（radio frequency ID，RFID）：该技术使用贴在物体上的标签为阅读器提供唯一的识别码。

无源 RFID 标签可从读取器产生的电场中获取能量，并传输读取器接收到的信号。有源标签使用电源（如电池）为标签供电。

无源标签通常必须非常靠近阅读器（如果不接触它的话）才能成功读取。有源标签则可以在距离阅读器很远的地方工作，可达数百米远。

- ❑ 蓝牙（bluetooth）：蓝牙广泛用于智能手机、汽车和其他智能设备。嵌入式系统可以在与蓝牙功能兼容的使用场景中利用蓝牙连接。

  蓝牙支持在短距离内运行，通常为 30m 或更短。

  低功耗蓝牙（bluetooth low-energy，BLE）已针对以高达每秒数百千比特的速度在短时间内发送数据且功耗极低的应用进行了优化。

  如果嵌入式系统应用与蓝牙或 BLE 的功能兼容，则可以直接将单芯片通信解决方案集成到设计中。

- ❑ Wi-Fi：Wi-Fi 是本地网络中使用的一系列无线网络协议的名称。Wi-Fi 通信的范围取决于两个 Wi-Fi 节点之间是否存在墙壁或其他障碍物等因素。在家庭环境中，通信范围可能仅限于单个房间或相邻房间之间。在户外，Wi-Fi 通信可能在 100m 或更远的距离内工作良好。

  Wi-Fi 旨在支持高速网络，并且具有强大的信号连接，能够以每秒数百兆比特的速度进行传输。Wi-Fi 通常用于嵌入式应用，如可视门铃。

- ❑ 蜂窝（cellular）：蜂窝网络通信适用于需要从蜂窝网络载波天线范围内的任何地方访问广域网通信的嵌入式系统架构。

  虽然蜂窝通信可以与世界各地的嵌入式设备进行交互，但蜂窝有一个缺点，即它需要一个 SIM 卡与每个设备关联，此卡可能很昂贵。如果你的应用需要广泛的无线连接，如跟踪车队车辆的运动，那么蜂窝网络可能是你唯一的选择。

至此，我们已经认识了各种类型的嵌入式系统传感器和一些用于将传感器数据传输到更高级别处理的通信技术。这个更高级别的处理，可以是在包含传感器的主机系统内，也可以是通过网络访问的监控节点。

接下来，我们将简要介绍一些用于将原始传感器数据转换为可用于算法的可操作信息的标准处理方法。

2.6　处理传感器数据

测量系统各种属性（如管道中的压力或空气温度）的传感器通常会产生一定量的误差。传感器测量错误有多种原因，包括传感器校准不准确、测量配置不理想、传感器或其相关电路的温度依赖性以及电子电路中始终存在的背景噪声等。

在某些情况下，特别是对于非关键测量，可能没有必要采取措施来补偿测量误差。然而，在许多应用中，尽可能多地消除误差是至关重要的。

精密传感器往往比通用传感器成本更高，这是因为在设计精密传感器时需要包含各种技术，以提高其测量质量。这些技术包括温度变化补偿和精密工厂校准等。

有时，系统开发人员需要执行额外的校准以提高测量精度。例如，校准温度传感器的一种简单方法是将其浸入充分混合的冰水中以获得 0℃的读数，然后再将其浸入沸水中以获得 100℃的读数。这两个测量值可用于构建校准曲线，该曲线返回的读数比单独依赖传感器的数据表更准确。

对于包含随机噪声的传感器测量，简单地平均若干个读数，即可消除大部分噪声。当然，此时假设基础信号在一系列测量期间没有显著变化。在需要减少快速变化信号中随机噪声的情况下，构建数字滤波器来处理原始输入信号可能很有用。一个简单但并非最佳的数字滤波器是在每次更新时对最近 N 次测量进行平均。使用数字滤波器设计程序可以获得更复杂的滤波方法，有关这些方法的具体细节超出了本书讨论的范围。

2.7　小　　结

本章详细介绍了在各种嵌入式应用中使用的不同类型的传感器。我们讨论了无源传感器测量的属性，如温度、压力、湿度、光强度和大气成分等，而有源传感器则可以使用雷达和激光雷达等技术来检测物体并测量它们的位置和速度。

本章还讨论了嵌入式系统必须执行的处理类型，即如何将原始传感器读数转换为可操作的数据。

本章帮助你理解了嵌入式系统中使用的不同类型的传感器，了解了什么是无源和有源传感器，并熟悉了若干种类型的传感器。同时，你还应该熟悉对原始传感器数据执行的基本处理技术，它们将提供适用于处理算法的信息。

嵌入式系统需要对传感器测量的输入生成实时响应，因此，第 3 章将顺应这种需要，介绍实时操作系统（real-time operating system，RTOS）的概念，并讨论 RTOS 和通用操作系统之间的区别。我们将介绍一些流行的开源 RTOS 实现的关键特性，并描述这些特性如何实现响应式和可靠的嵌入式系统架构。

第3章 实时操作

对于来自传感器和其他来源的输入，嵌入式系统有生成实时响应的需求，本章要解决的就是这种问题。

本章将介绍实时操作系统（real-time operating system，RTOS）的概念及其关键特性，以及在实现多任务实时应用程序时常见的一些挑战。最后，本章还将讨论一些流行的开源和商业 RTOS 实现的重要特征。

通读完本章后，你将理解系统实时运行的含义，并了解实时系统必须表现出的关键属性。你将熟悉嵌入式系统所依赖的 RTOS 功能，并了解实时嵌入式系统设计中经常出现的一些问题。你还将了解几种流行的 RTOS 实现的关键特性。

本章包含以下主题。

- 实时的概念。
- 实时嵌入式系统的属性。
- 了解关键的 RTOS 功能和挑战。
- 流行的实时操作系统。

3.1 技术要求

本章的文件可从以下网址获得：

https://github.com/PacktPublishing/Architecting-High-Performance-Embedded-Systems

3.2 实时的概念

实时意味着有时限的计算。在实时嵌入式系统中，响应输入所需的时间是系统性能的关键组成部分。

如果系统产生了正确的响应，但没有在要求的时限内产生响应，则对安全相关系统的影响可能会从轻微的滋扰变成灾难性的影响。

实时嵌入式系统对输入的响应必须正确且及时。大多数标准软件开发方法都关注由一段代码产生的响应的正确性，而不会重点关注响应的及时性。非实时软件开发方法试图开发尽可能快地执行的代码，但通常不提供指定何时必须提供响应的硬性时间限制。如果不满足计时约束，那么实时系统将被认为已经失败。产生预期输出的计算系统被认为在功能上是正确的。在指定的时间限制内产生输出的系统被认为在时间上是正确的，而实时系统则必须在功能上和时间上都是正确的。

考虑两个汽车嵌入式子系统：用于解锁车门的数字钥匙和安全气囊控制系统。如果遥控钥匙解锁车门的时间比预期时间多几秒钟，用户可能会有点烦躁，但仍然可以进入车内并进行操作。但是，如果安全气囊控制器在严重碰撞中的响应时间比预期时间长那么几分之一秒，结果却可能导致乘客的死亡。

实时应用可以分为两类：软实时和硬实时。

实时行为（定义为满足系统所有时序要求的能力）非常需要但并非绝对必要的系统称为软实时系统（soft real-time system）。汽车遥控钥匙响应时间就是此类别的一个例子。虽然不太理想的响应延迟可能会产生负面影响，如降低用户心目中感知的产品质量水平，但该系统仍然保持功能和可用。

在任何情况下都必须严格满足其所有时序要求的实时系统，如安全气囊控制器，被认为是硬实时系统（hard real-time system）。

用于为嵌入式应用程序开发和测试软件的过程必须持续关注系统的实时需求，并确保软件的实现不会影响这些需求的性能。例如，如果噪声较大的传感器测量需要数字滤波来减少噪声的影响，那么实现滤波的代码很可能需要插入循环来实现算法。而循环的添加，特别是当循环需要进行大量迭代时，会显著增加代码执行时间，并且很可能违反时序要求。

接下来，我们将研究实时嵌入式系统必须具备的关键属性，包括处理器硬件、I/O 设备和操作系统级软件的必要特性。

3.3　实时嵌入式系统的属性

实时嵌入式系统的硬件和软件必须表现出一些特定的特性，以确保系统可靠地满足其产生可靠、正确和及时输出的性能目标。大多数执行中级到高级复杂度功能的实时嵌入式系统必须将处理工作划分为多个任务，这些任务以明显（对用户而言）同时执行的方式执行，例如，系统需要管理汽车引擎等硬件的运行，同时定期更新信息并显示给司机。

在处理器操作的最细粒度级别，当I/O设备需要操作时，大多数嵌入式系统依赖于使用中断来通知处理器。在实时应用程序中，中断处理可能成为确保系统正常运行的关键因素。在最简单的层面上，任何时候处理中断时，暂停处理中断的代码算法都会被阻止执行。这意味着当暂停的代码恢复执行时，在截止时间到来之前完成的时间将减少。根据经验，最好尽量减少处理中断所花费的时间。

与中断处理相关，I/O设备的时间相关性能是影响实时应用程序性能的另一个重要因素。某些I/O设备（如闪存卡）可能需要相当长的时间来完成读取或写入操作。在使用这些设备时，处理器停止并简单地等待操作完成是不可接受的。同样，ADC也需要一些时间来执行模数转换操作。如果处理器在转换完成（conversion complete）状态位自旋，等待转换完成，则这样的延迟同样是无法接受的。因此，使用这些设备时需要更复杂的技术。

接下来，我们将讨论这些系统问题以及与它们相关的重要实时性能属性。

3.3.1 执行多项任务

同时执行多项任务对于嵌入式系统来说是很常见的。系统通常没有必要在同一精确时间点执行多个不同的功能。相反，从执行一项任务快速切换到下一项任务，如此循环往复，这通常是可以接受的。如果每个任务都以预期的速率成功更新，则系统在这些更新之间是否执行其他操作并不重要。

系统执行的各种任务要求以不同的速率进行更新也是很常见的。例如，控制车辆电力驱动电机速度的系统可能需要每秒更新控制电机数十次的输出，而同一设备每秒仅更新几次显示给用户的状态信息。

开发人员当然可以将执行这两项任务（电机控制和状态显示）的代码与在适当的时间间隔内管理每个任务的执行的代码结合在一个模块中。但是，这并不是理想的方法。将每个任务的应用程序代码分解为逻辑上独立的模块，然后在更高级别的模块中管理任务的调度，这在概念上更简单。

举一个具体的例子，假设我们需要以50Hz的频率更新电机控制任务，并以10Hz的频率更新用户状态显示。由于需要通过慢速接口传输数据，因此还假设电机控制代码运行的最长可能时间为5ms，而用户状态显示代码的运行时间最长为10ms。如果我们到达两个任务都准备好运行的点，则必须确保电机控制任务获得最高优先级，因为该示例显然需要电机更新以精确的时间间隔执行。更新状态显示的优先级较低，因为如果状态显示的更新时间变化了几毫秒，用户也不会注意到。在这个例子中，电机控制任务有一个硬实时要求，而状态显示任务则是一个软实时功能。

下面的 C 语言清单就是一个控制程序的示例，它将初始化系统，然后以 20ms 的间隔执行一个循环，在每次通过时更新电机控制。每经过 5 次循环，它还会在完成电机控制更新后更新状态显示。在此代码中，WaitFor20msTimer()函数可以实现为中断驱动函数，该函数将处理器置于低功耗睡眠状态，同时等待定时器中断唤醒它。

或者，WaitFor20msTimer()函数也可以包含一个简单的循环，该循环读取硬件定时器寄存器，直到定时器达到下一个 20ms 增量，然后它再返回。

```
void InitializeSystem(void);
void WaitFor20msTimer(void);
void UpdateMotorControl(void);
void UpdateStatusDisplay(void);

int main()
{
    InitializeSystem();

    int pass_count = 0;
    const int status_display_interval = 5;

    for (;;)
    {
        WaitFor20msTimer();

        UpdateMotorControl();

        ++pass_count;

        if (pass_count == 1)
        {
            UpdateStatusDisplay();
        }
        else if (pass_count == status_display_interval)
        {
            pass_count = 0;
        }
    }

    return 0;
}
```

此代码以如图 3.1 所示的模式执行。电机控制代码执行 5ms，间隔 20ms，在图中以脉冲形式表示。第一次电机控制更新完成后，控制循环在时间 A 处调用状态显示更新例程。图中的虚线显示了“电机更新处理结束”和“状态显示更新处理开始”之间的关系。

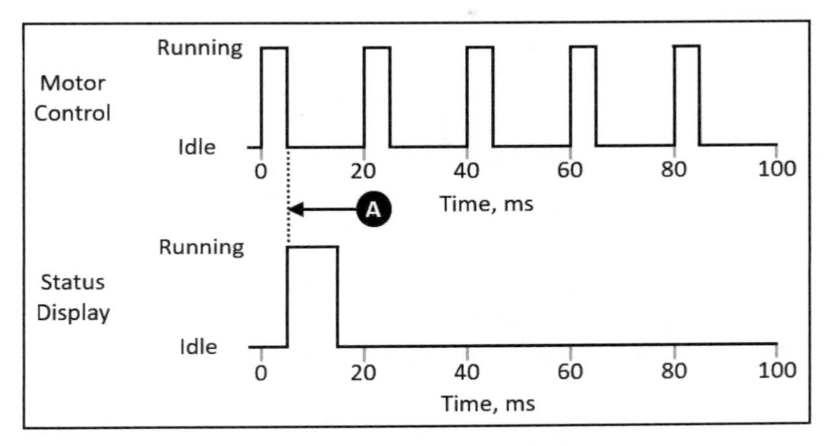

图 3.1　嵌入式系统控制回路时序

原　　文	译　　文
Motor Control	电机控制
Status Display	状态显示
Running	运行
Idle	空闲
Time, ms	时间（单位：毫秒）

只要每个更新例程的处理时间保持在其约束范围内，此代码将保证满足其电机控制更新和状态显示更新的时序要求。由于状态显示例程在电机控制更新结束后开始，因此状态显示更新会出现少量定时抖动，并且无法保证电机控制代码每次运行时执行的时间都相同。

但是，如果升级状态显示代码以将附加信息传递给显示并且新版本需要 20ms 而不是原始版本中的 10ms 来执行，那么会发生什么情况？从图 3.1 中可以看到，状态显示更新的执行将延长 5ms 到电机控制更新的时间段，从而影响了电机控制的执行。这种延迟显然是不可接受的。那么如何才能解决这个问题？

一种可能的方法是将状态显示更新代码分成两个独立的程序，每个程序的执行时间不超过 10ms。这些例程可以依次被调用，如图 3.2 所示。

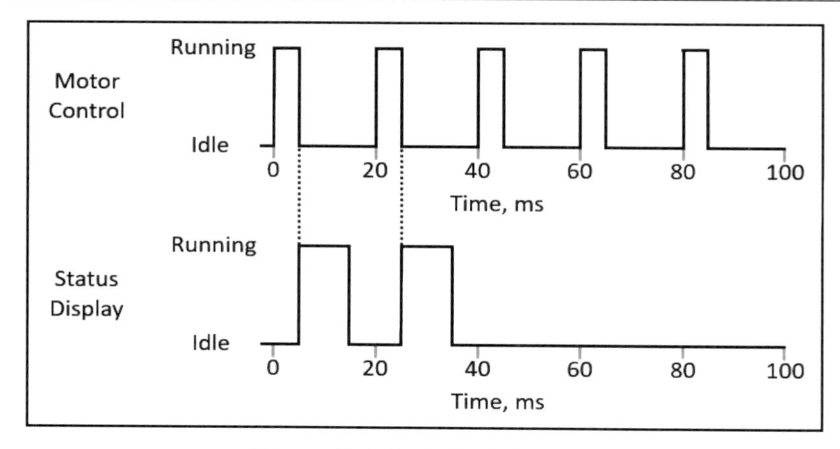

图 3.2　状态显示更新分为两部分

原　　文	译　　文	原　　文	译　　文
Motor Control	电机控制	Idle	空闲
Status Display	状态显示	Time, ms	时间（单位：毫秒）
Running	运行		

只要状态显示更新代码的每个阶段在其 10ms 的时间限制内完成执行，该解决方案就将继续满足所有时序性能要求。下面的代码清单实现了这个解决方案：

```
void InitializeSystem(void);
void WaitFor20msTimer(void);
void UpdateMotorControl(void);
void UpdateStatusDisplay1(void);
void UpdateStatusDisplay2(void);

int main()
{
    InitializeSystem();

    int pass_count = 0;
    const int status_display_interval = 5;

    for (;;)
    {
        WaitFor20msTimer();

        UpdateMotorControl();
```

```
        ++pass_count;

        if (pass_count == 1)
        {
            UpdateStatusDisplay1();
        }
        else if (pass_count == 2)
        {
            UpdateStatusDisplay2();
        }
        else if (pass_count == status_display_interval)
        {
            pass_count = 0;
        }
    }

    return 0;
}
```

可以看到，在此版本的应用程序中，状态显示更新代码被分解为两个函数：UpdateStatusDisplay1()和 UpdateStatusDisplay2()。

尽管该解决方案在满足系统时序要求方面是可行的，但它远非理想的方法。一方面，将状态显示更新代码分成两个函数，每个函数的执行时间大致相同，这可能并不容易，甚至是不可能的；另一方面，当必须对此代码进行更改时，持续维护就成为一个更大的问题。除了确保新代码在功能上是正确的，它还必须分布在两个更新函数之间，以确保它们都不超过其执行时间限制。坦率地说，这是一个脆弱的解决方案。

对于实时嵌入式系统设计，这种方法显然是不合适的。其实，通过使用抢占式多任务处理，可以避免本示例中的大部分复杂性。抢占式多任务处理（preemptive multitasking）是计算机系统按照调度标准根据需要暂停和恢复多个任务执行的能力。

流行的桌面操作系统（如 Microsoft Windows 和 Linux）都支持执行抢占式多任务处理，以允许数十个甚至数百个进程同时执行，共享处理器时间。

支持抢占式多任务处理的嵌入式操作系统需要遵循一些简单的规则来确定每次执行调度操作时允许运行多个潜在任务中的哪一个。

在嵌入式系统中，任务（task）是一个独特的执行线程，具有一组相关资源，包括处理器寄存器内容、堆栈和内存。

在单处理器计算机中，在任何给定时间只能执行一项任务。调度事件（scheduling event）允许系统选择下一个要运行的任务，然后开始或恢复其执行。

调度事件包括定时器事件和任务转换到阻塞状态，以及通过应用程序代码和中断服务例程（Interrupt Service Routine，ISR）调用的操作系统调用。

嵌入式系统中的任务通常处于以下 3 种状态之一。

- ❑ 就绪状态（ready state）：任务已准备好运行，但实际上并未运行，因为它在调度程序的队列中等待调度执行。
- ❑ 运行状态（running state）：任务正在执行处理器指令。
- ❑ 阻塞状态（blocked state）：任务正在等待事件发生，例如，等待系统资源或接收来自定时器的信号。

每个任务都由系统开发人员分配优先级。每次发生调度事件时，系统都会识别处于就绪或运行状态的最高优先级任务，并将控制权转移给该任务，或者如果它已经存在，则将其留在运行状态。从一个任务切换到另一个任务涉及在其任务控制块（Task Control Block，TCB）中存储与离开任务相关的上下文信息，主要是处理器寄存器内容，并在跳转到传入任务的代码的下一条指令之前将传入任务的 TCB 信息恢复到处理器寄存器。

每个上下文切换都会占用少量时间，该时间应该从任务执行的可用时间中减去。

图 3.3 显示了电机控制算法在抢占式多任务处理 RTOS 中的操作。该系统具有 20ms 间隔的定时器事件。在每个间隔，电机控制任务进入就绪状态，因为它具有更高的优先级，所以它会立即进入运行状态并执行其更新，然后返回到阻塞状态。

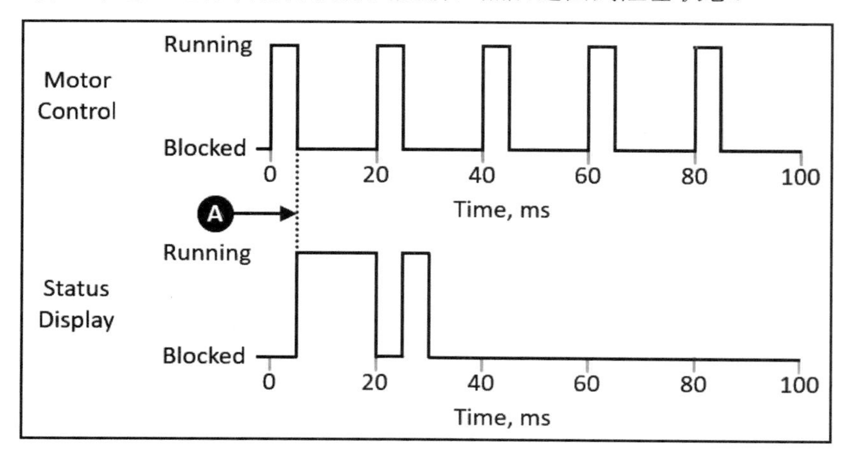

图 3.3　抢占式多任务处理

原　　文	译　　文	原　　文	译　　文
Motor Control	电机控制	Blocked	阻塞
Status Display	状态显示	Time, ms	时间（单位：毫秒）
Running	运行		

每隔 100ms，状态显示任务就会进入就绪状态，但因为它的优先级较低，所以电机控制任务首先运行。当电机控制任务在时间 A 处进入阻塞状态时，状态显示任务进入运行状态并开始执行。在 20ms 时，另一个定时器事件发生，电机控制任务再次进入就绪状态。因为它的优先级更高，所以它再次运行，直到它进入阻塞状态。此时，状态显示任务将继续执行，直到完成更新并进入阻塞状态。

以下代码清单显示了使用 FreeRTOS RTOS 以 C 语言实现的该系统：

```
#include "FreeRTOS.h"
#include "task.h"

void InitializeSystem(void);
void UpdateMotorControl(void);
void UpdateStatusDisplay(void);

static void StatusDisplayTask(void* parameters)
{
    TickType_t next_wake_time = xTaskGetTickCount();
    for (;;)
    {
        const TickType_t block_time = pdMS_TO_TICKS(100);

        vTaskDelayUntil(&next_wake_time, block_time);

        UpdateStatusDisplay();
    }
}

static void MotorControlTask(void* parameters)
{
    TickType_t next_wake_time = xTaskGetTickCount();
    for (;;)
    {
        const TickType_t block_time = pdMS_TO_TICKS(20);

        vTaskDelayUntil(&next_wake_time, block_time);

        UpdateMotorControl();
    }
}

void main(void)
{
```

```
    xTaskCreate(StatusDisplayTask, "StatusDisplay",
        configMINIMAL_STACK_SIZE,
        NULL, (tskIDLE_PRIORITY + 1), NULL);

    xTaskCreate(MotorControlTask, "MotorControl",
        configMINIMAL_STACK_SIZE, NULL,
        (tskIDLE_PRIORITY + 2), NULL);

    InitializeSystem();

    vTaskStartScheduler();

    // 只有在启动过程中内存分配失败时才会到达这里
    for (;;);
}
```

此代码将两个任务定义为 C 函数：StatusDisplayTask()和 MotorControlTask()。

这里使用了与前面示例中实现的应用程序功能相同的函数：InitializeSystem()、UpdateStatusDisplay()和 UpdateMotorControl()。

vTaskDelayUntil()函数可执行精确的时间延迟，以确保电机控制任务每 20ms 处于就绪状态，状态显示任务每 100ms 处于就绪状态。

FreeRTOS 中的任务优先级分配有较低的数值，代表较低的优先级。最低优先级是优先级为 0 的空闲任务，由常量 tskIDLE_PRIORITY 表示。

空闲任务（idle task）由系统提供，每当调度事件发生且没有其他任务处于就绪状态时执行。状态显示任务的优先级比空闲任务高 1 级，而电机控制任务的优先级则比空闲任务高 2 级。

这个例子清楚地表明，在处理以不同更新速率执行的多个实时任务时，使用抢占式多任务处理可以减轻系统开发人员的大量工作负担。

尽管此示例仅包含两个任务，但任务优先级和抢占式多任务处理原则支持系统中任意数量的任务，仅受可用系统资源和执行时间约束的限制。

虽然抢占式多任务处理使系统开发人员无须在狭窄的时间间隔内执行代码，但多任务系统中的每个任务可以消耗多少执行时间并保证满足其时序约束仍然存在限制。

接下来，我们将介绍速率单调调度，它将提供一种保证只要满足某些条件就不会违反时序约束的方法。

3.3.2　速率单调调度

周期性任务的处理器利用率（processor utilization）由任务的最大执行时间除以任务

的执行间隔计算所得，以百分比表示。

在上面的示例中，随着状态显示处理时间的延长，电机控制任务的利用率如下：（5ms/20ms）= 20%，状态显示任务的利用率如下：（20ms/100ms）= 20%。因此，该应用程序的总处理器利用率如下：20% + 20% = 40%。

虽然我们可以确信，图 3.3 中表示的双任务系统将始终满足其时序约束，但如果向系统中添加更多任务，每个任务以自己的速率更新，并且每个任务都有自己的处理器利用率，那么该如何保持这种信心？

速率单调调度（rate-monotonic scheduling，RMS）为这个问题提供了答案。如果满足以下条件和假设，则可保证满足具有周期性调度任务的实时系统的时序约束。

- 任务优先级分配时，最高优先级分配给执行最频繁的任务，然后单调递减，执行频率最低的任务具有最低优先级。
- 一个任务不能阻塞等待另一个任务的响应。
- 执行任务调度和上下文切换的时间被认为可以忽略不计。
- 总处理器利用率（即所有 n 个任务的处理器利用率之和）不大于 $n\left(2^{1/n}-1\right)$。

表 3.1 使用该公式显示了任务计数 1～8 的 RMS 处理器利用率极限。

表 3.1　在 1～8 个任务情况下 RMS 处理器利用率的极限

任　务　数	最大处理器利用率
1	100.00%
2	82.84%
3	77.98%
4	75.68%
5	74.35%
6	73.48%
7	72.86%
8	72.41%

在我们的示例中，总处理器利用率为 40%。而从表 3.1 中可以看出，只要满足速率单调调度（RMS）标准，则可以通过两个任务将处理器利用率提高至 82.84%，并且仍然可以保证满足时序约束。

随着系统中任务数量的增加，最大处理器利用率也将降低。如果任务数量非常大，则最大处理器利用率将收敛到 69.32%的极限。

处理器利用率的 RMS 极限是保守的。对于特定数量的任务，系统可能会以比该表中显示的更高的处理器利用率级别运行。

除了抢占式多任务处理，大多数流行的 RTOS 实现都支持各种标准功能，同时还要求开发人员始终注意某些潜在的问题领域。

接下来，我们将介绍一些标准 RTOS 功能和系统架构师关注的领域。

3.4　了解关键的 RTOS 功能和挑战

当今广泛使用的大多数实时操作系统（RTOS）实现中都包含一些标准功能。其中一些功能可以按与实时操作一致的方式实现任务之间的高效通信。

下面将介绍 RTOS 中的常见功能。值得一提的是，这些功能虽然常见，但并非所有功能在所有 RTOS 中普遍可用。

3.4.1　互斥锁

互斥锁（mutex）也称为互斥量，它代表的是互相排斥（mutual exclusion），是一种对任务之间共享资源的访问进行管理的机制。互斥锁在概念上等同于所有任务都可以读写的全局变量。当共享资源空闲时，该变量的值为 1；当它被任务使用时，该变量的值为 0。

当某个任务需要访问资源时，它读取该变量，如果共享资源是空闲的，该变量的值为 1，则将其设置为 0 以指示互斥锁由任务拥有。然后该任务可以自由地与资源交互。当交互完成时，该任务将互斥锁设置为 1，从而释放所有权。

如果某个任务试图获得互斥锁的所有权，而该互斥锁正由另一个任务持有，则第一个任务将被阻塞，直到第二个任务释放所有权。

即使持有互斥锁的任务的优先级低于请求互斥锁的任务的优先级，这仍然是成立的。图 3.4 显示了互斥锁所有权与任务优先级交互的方式。

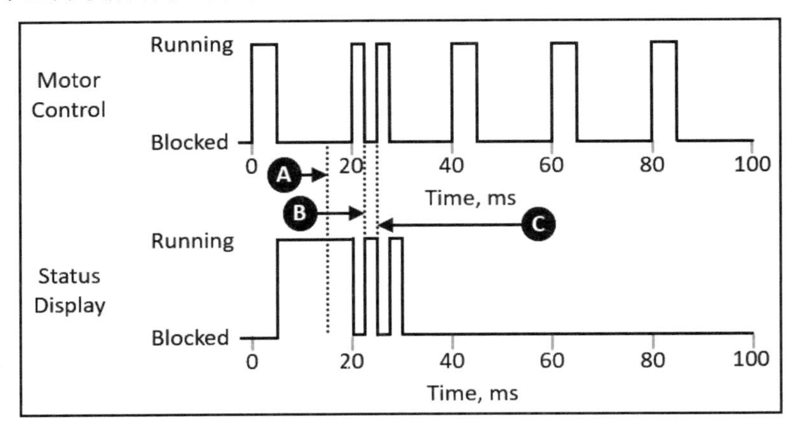

图 3.4　互斥锁所有权与任务优先级的交互

原　　文	译　　文
Motor Control	电机控制
Status Display	状态显示
Running	运行
Blocked	阻塞
Time, ms	时间（单位：毫秒）

该图同样显示了如图 3.3 所示的抢占式多任务处理环境中运行的两个任务。不同之处在于，在本示例中，状态显示任务在时间 A 处获得互斥锁的所有权。在时间 20ms 处，电机控制任务被调度并开始执行。在处理的中途，即时间 B 处，任务尝试获取相同的互斥锁，但由于资源不可用，电机控制任务阻塞。这允许状态显示任务恢复处理，直到它在时间 C 处释放互斥锁。此时将解除对电机控制任务的阻塞，允许它获取互斥锁并恢复执行。电机控制运行直到完成更新，然后阻塞，等待下一个周期。然后状态显示任务继续进行，直到下一个周期也阻塞，等待下一次更新。

在该示例中，电机控制任务的阻塞导致了其处理完成的延迟，而我们已经指出这在系统设计中是不可接受的（因为电机控制任务是硬实时的）。

还必须指出的是，这也违反了 RMS 标准之一，即一个任务不能阻塞等待另一个任务的响应，这是避免任务之间执行依赖性的警告。

当然，介绍这种复杂性并不意味着该系统将无法正常工作；这只是意味着需要进行额外的分析和测试，以确保系统在所有条件下都能正常运行。

该示例演示了在处理任务间依赖项时可能遇到的一些复杂性和陷阱。使用互斥锁时的一个很好的经验法则是在释放它之前尽可能短时间内持有互斥锁。

3.4.2　信号量

信号量（semaphore）是一种信号机制，可以跨任务同步操作。信号量是互斥锁的一种泛化，它有如下两种类型：二进制信号量和计数信号量。

- 二进制信号量（binary semaphore）也称为二元信号量，其功能类似于互斥锁，但其目的是向另一个任务发送信号。如果某个任务在另一个任务持有信号量时尝试获取该信号量，则发出请求的任务将被阻塞，直到持有信号量的任务将信号量交出。
- 计数信号量（counting semaphore）包含一个初始化为上限的计数器。每次任务获取一个计数信号量时，计数器减 1。当计数器达到 0 时，尝试获取信号量者将被阻止，直到至少有一个信号量持有者交出信号量，这会增加计数器。

信号量的应用之一是传入数据的接收和处理。

如果与传入数据流相关联的 I/O 设备使用处理器中断来触发中断服务例程（ISR），则 ISR 可以从外围设备检索数据，将其存储在内存缓冲区中，并提供一个信号量来解除任务的阻塞（该任务正在等待传入的数据）。这种设计方法允许 ISR 尽快退出，使系统对后续中断的响应更快，并最大限度地减少任务执行的延迟。

一般来说，处理每个 ISR 应该花费尽可能少的时间，这意味着通过信号量将处理职责移交给任务是减少后续中断延迟的有效方法。

当任务完成对传入数据的处理后，它会再次尝试获取信号量，如果自上次获取信号量以来没有其他数据到达，则它将被阻塞。

3.4.3　队列

队列（queue），有时也称为消息队列（message queue），是任务之间的单向通信路径。发送任务（sending task）将数据项放入队列中，而接收任务（receiving task）则按照其插入的顺序删除它们。

如果接收方试图读取一个空队列，它可以在等待数据放入队列时选择阻塞。

同样，如果队列已满并且发送方尝试将数据放入队列中，则可以选择阻塞，直到有可用的空间。

队列通常使用固定大小的内存缓冲区来实现，该缓冲区可以包含整数个固定大小的数据项。

3.4.4　事件标志

事件标志（event flag）也称为事件组（event group），是单位标志（single-bit flag）的集合，用于向任务发出事件发生的信号。事件标志支持比信号量更广泛的任务间通信信号方法。事件标志的特性包括如下两方面。

- 任务可以阻塞以等待事件标志的组合。只有当所选标志指示的所有事件都发生时，任务才会解除阻塞。
- 多个任务可以阻塞以等待单个事件标志。当事件发生时，所有等待的任务都被解除阻塞。这与信号量和队列的行为不同，它们在事件发生时仅解除对单个任务的阻塞。

事件标志在特定情况下很有用，例如，广播必须由多个任务接收的通知，或等待由不同任务执行的活动组合完成。

3.4.5　定时器

定时器（timer）提供了一种与之前讨论的任务调度机制不同的调度未来事件的方法。定时器提供了一种在将来的指定时间调度函数调用的方法。此时要调用的函数是开发者指定的普通 C 语言函数。该函数被标识为定时器回调函数（timer callback function）。

对定时器回调函数的调用发生在系统提供的任务的上下文中，它遵守任务调度的常规规则。换句话说，只有当指定时间到达时，控制定时器函数调用的系统任务是准备运行的最高优先级任务时，才会调用定时器回调函数。如果此时有更高优先级的任务正在执行，则对定时器回调函数的调用将被延迟，直到更高优先级的任务阻塞。系统开发者可以指定定时器回调调度任务的优先级。

定时器可以配置为一次性模式或重复模式。在一次性模式下，定时器回调函数在延时到期后执行一次；在重复模式下，定时器回调函数按定时器延迟的间隔周期性地执行。

3.4.6　动态内存分配

与台式计算机操作系统一样，RTOS 通常也会提供分配和释放内存块的机制。

以在 Windows 或 Linux 下运行的文字处理程序为例，当用户从磁盘打开文档文件时，程序会确定保存整个文档或至少部分文档所需的内存量，并从操作系统请求该内存量，然后程序将文档的内容读入新分配的内存区域并允许用户使用它。当用户编辑文档时，可能需要更多的内存来保存附加内容。当需要维护足够的空间来保存文档内容时，文字处理程序会向操作系统发送额外的分配请求。当用户关闭文档时，程序将更新的文档写入磁盘并释放用于文档数据的内存。

类似的操作也发生在嵌入式系统中，只不过嵌入式系统通常不处理文字文档，而是处理传感器输入，例如温度测量、按钮按下或音频和视频数据流。

对于某些实时嵌入式应用程序，将动态内存分配作为常规系统操作的一部分是有意义的。但是，在使用动态内存分配的嵌入式应用程序中，可能会出现一些众所周知的问题。

C 语言被广泛用于嵌入式系统开发。这种编程语言不提供在创建和销毁对象和数据结构时自动分配和释放内存的功能，因此，系统开发人员应确保以正确、高效和可靠的方式分配和释放内存。

在实时嵌入式系统中使用动态内存分配时，往往会出现两种类型的问题，即内存泄漏和堆碎片。接下来，我们将详细讨论这些问题。

3.4.7 内存泄漏

如果系统重复执行内存分配（也许是为了临时存储传入的数据块），系统最终必须释放内存以确保有空间可用于未来的传入数据。

用于动态分配的系统内存区域称为堆（heap）。如果分配的内存不及时释放，则可用的堆空间最终会被耗尽。

如果每次使用后释放内存块的操作因为某种原因未被执行（如代码被放在错误的位置或由于某种原因被绕过），或者，如果内存块被保留的时间太长以至于可用内存减少为零，则会发生堆溢出（heap overflow）。在这种情况下，额外分配内存的请求将失败。

如果没有采取有效的操作步骤检测堆溢出并纠正这种情况，那么在发生堆溢出时，我们可以预期系统会崩溃或表现出其他形式的意外行为。在 C 语言中，当调用 malloc()内存分配函数而无法分配请求的内存块时，它会返回特殊值 NULL。

你可能遇到的演示 malloc()用法的教程示例通常假设调用总是成功，并立即开始使用返回值作为指向新分配块的指针。当 malloc()未能分配请求的内存块时，NULL 的返回值实际上是一个值为 0 的地址。在桌面操作系统中，任何试图在地址零读取或写入内存的尝试都会导致内存访问冲突，并且一般情况下，程序退出时会显示错误消息。

在嵌入式系统中，根据特定的硬件架构，读写地址 0 是完全可以接受的。这些低地址通常包含重要的处理器寄存器，向它们写入任意数据（因为代码假定 malloc() 返回了一个指向内存块的有效指针，但它收到的是 0）可能会导致系统突然停止正常运行。由于此类错误仅在系统运行足够长的时间以消耗所有可用内存后才会发生，因此很难识别和调试问题的根源。

3.4.8 堆碎片

如果实时应用程序执行动态内存分配，则响应的时间性能可能在系统启动时和之后的一段时间内都是完全足够的，但会随着时间的推移而降低。

如果在系统运行过程中频繁进行内存分配和释放操作，即使没有堆溢出，也可能会使托管的内存区域碎片化为各种大小的空闲块。发生这种情况时，即使有大量空闲内存可用，可能也无法立即分配大块的内存。因此，内存管理程序必须将一些较小的空闲块合并到单个块中，该块可以返回供调用代码使用。

在高度碎片化的内存场景中，合并多个块的过程可能需要很长时间，这可能会导致系统无法满足其计时期限。诸如此类的错误（它是一个错误，即使系统最终以功能正确的方式执行）可能很少发生，但一旦发生，会对系统行为产生严重影响，并且通常难以在调试环境中重现。

3.4.9 死锁

当使用互斥锁来管理对多个共享资源的访问时，可能会遇到多个任务尝试分别获取多个信号量并进入任务永久阻塞的情况。这种情况称为死锁（deadlock）。

例如，假设电机控制和状态显示任务可以访问与共享系统资源关联的互斥锁。假设互斥锁 M_{data} 控制对任务之间共享的数据结构的访问，而互斥锁 $M_{console}$ 控制对写入控制台消息的输出通道的访问。图 3.5 显示了这种应用场景的时间线。

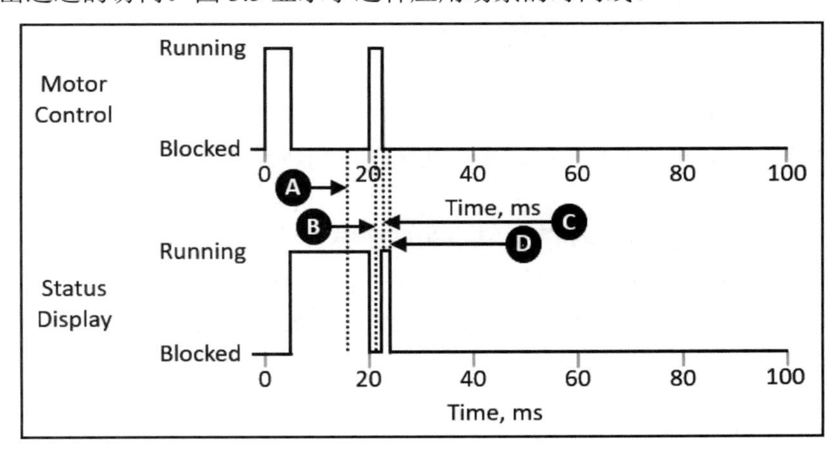

图 3.5　死锁示例

原　文	译　文
Motor Control	电机控制
Status Display	状态显示
Running	运行
Blocked	阻塞
Time, ms	时间（单位：毫秒）

在执行期间，状态显示任务正准备将消息写入控制台。状态显示任务在时间 A 处占用了 $M_{console}$ 并且正在格式化要显示的消息。该任务被中断以在 20ms 标记处安排更高优先级的电机控制任务。

在处理过程中，电机控制任务在时间 B 处获取 M_{data} 并开始使用数据结构。在使用该结构时，它会检测到数据中存在超出限制的情况，并确定它必须向控制台写入一条描述该情况的消息。然后，电机控制任务尝试在时间 C 处获取 $M_{console}$，以便它可以写入消息。

由于状态显示任务已经拥有 $M_{console}$ 互斥锁的所有权，因此电机控制任务会阻塞，并且状态显示任务恢复执行，准备自己的消息以在控制台上显示。为了填充消息，状态显示任务必须从共享数据结构中收集一些信息，因此它尝试在时间 D 处获取 M_{data}。

此时，两个任务都卡住了，没有任何出路。每个任务都使用了两个互斥锁中的一个并等待另一个互斥锁变为空闲状态，这不可能发生，因为这两个任务都被阻塞了。

在本示例中，每个任务采取的行动，孤立地看，似乎是合理的，但是当它们通过互斥锁进行交互时，结果就是系统操作立即停止，至少对于受影响的任务对来说是如此。这代表了系统性能方面的灾难性故障。

避免发生死锁的可能性是系统架构师的责任。有以下几条经验法则可以确保在系统设计中不会发生死锁。

- 尽可能避免一次锁定多个互斥锁。
- 如果必须在多个任务中锁定多个互斥锁，则请确保它们在每个任务中以相同的顺序锁定。

一些 RTOS 实现可以检测到死锁的发生并在尝试采用会导致死锁的信号量时返回错误代码。就嵌入式系统的资源（特别是代码大小和执行时间）而言，实现此功能所需的算法被认为是昂贵的，因此，通过仔细的系统设计来避免发生死锁的可能性通常是最好的方法。

3.4.10　优先级反转

当不同优先级的任务使用互斥锁来控制对共享资源的访问时，可能会发生导致违反任务优先级的情况。这种情况可能发生在 3 个不同优先级的任务中。

现在假设要向我们的系统中添加另一个任务，以使用超声波传感器执行测量。此任务以 50ms 的间隔运行，完成每个执行周期最多需要 15ms。为了符合速率单调调度（RMS）的要求，此任务的优先级必须在以 20ms 间隔运行的电机控制任务和以 100ms 间隔运行的状态显示任务之间。

我们可以快速检查一下该系统是否在 RMS 标准下保持可调度。在 3.3.2 节“速率单调调度”中已经计算过，双任务应用程序的总处理器利用率为 40%。新任务使用另一个（15ms/50ms）= 30%的处理器时间，总利用率为 70%。通过表 3.1 可知，3 个任务系统的 RMS 可调度性阈值为 77.98%。因为我们的处理器利用率低于阈值，所以可以肯定，只要满足 RMS 标准，系统即可满足计时期限。

假设新的传感器输入任务首先安排在10ms处，然后安排在60ms处，由于电机控制任务也安排在60ms处，因此必须阻止传感器输入更新，直到电机控制任务更新完成。假设对于传感器输入这种精度的定期更新间隔来说，这样的偏差在应用程序的可接受范围内，则此执行时序如图3.6所示。

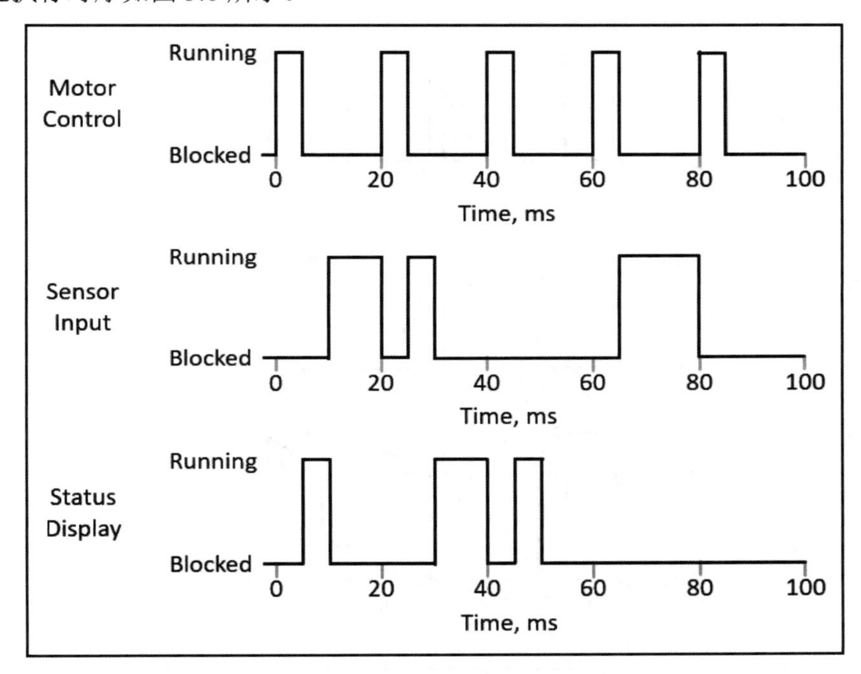

图3.6 本示例3个任务的执行顺序

原 文	译 文
Motor Control	电机控制
Sensor Input	传感器输入
Status Display	状态显示
Running	运行
Blocked	阻塞
Time, ms	时间（单位：毫秒）

可以看到，状态显示任务更新现在分为3个独立的执行时间段。虽然这可能看起来有点不寻常，但这种行为在抢占式多任务处理系统中是完全正常的。

让我们在状态显示任务和电机控制任务之间引入一个看似无害的依赖关系。从图3.4中互斥锁使用的问题实现中可以看到，我们需要将互斥锁被低优先级任务持有的时间限制到绝对最小值。在这 3 个任务系统中，状态显示任务现在仅持有互斥锁以保护共享数据结构的时间足够长，以便在释放互斥锁之前复制它需要的数据。我们预计这会显著减少（尽管不能完全消除）图 3.4 中不可接受的电机控制任务的执行延迟。

遗憾的是，当运行系统时，我们看到时序响应偶尔会变得更糟糕，如图 3.7 所示。

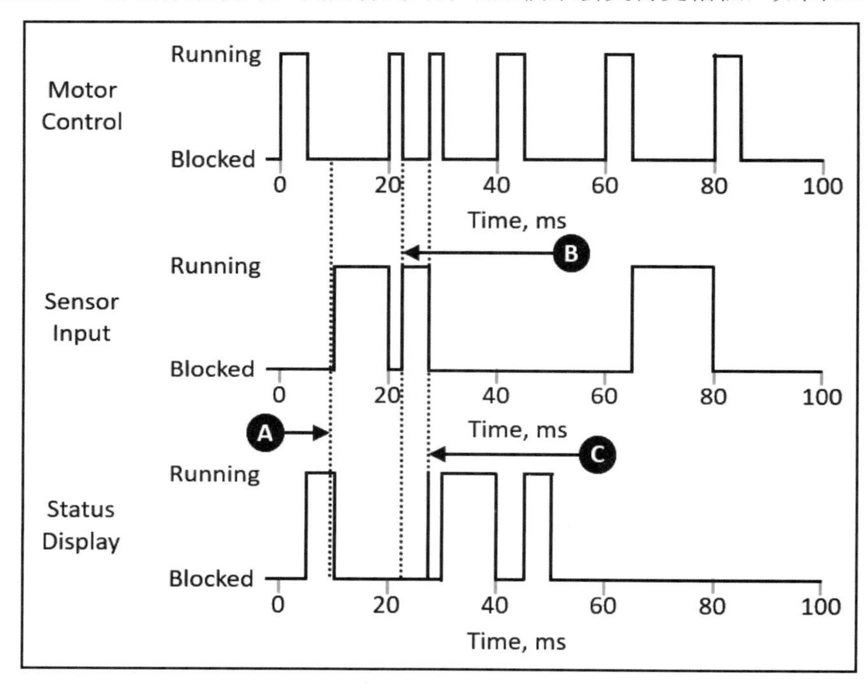

图 3.7　优先级反转示例

原　　文	译　　文
Motor Control	电机控制
Sensor Input	传感器输入
Status Display	状态显示
Running	运行
Blocked	阻塞
Time, ms	时间（单位：毫秒）

让我们来研究一下这里发生了什么事。

在时间 A 处，状态显示任务获取互斥锁。即使任务打算很快释放它，传感器输入任务也准备好运行并在状态显示任务可以释放互斥锁之前开始执行。在 20ms 时，电机控制任务被调度并开始执行。

在时间 B 处，电机控制任务尝试获取互斥锁，这导致它阻塞。传感器输入任务已准备好运行，因此，此时它会继续执行，直到传感器输入任务完成其更新并阻塞。

在时间 C 处，状态显示任务已经准备好再次运行。当状态显示任务恢复时，它会快速完成读取数据结构并释放互斥锁。这最终允许电机控制任务获取互斥锁并完成其执行（已经延迟很多）。

这里的问题是，如果允许低优先级任务（状态显示）继续执行，那么即使高优先级任务（电机控制）已经准备好运行，中等优先级任务（传感器输入）也能够运行并释放互斥锁。这种情况称为优先级反转（priority inversion）。

优先级反转问题的标准 RTOS 解决方案是实现优先级继承。在优先级继承（priority inheritance）中，每当高优先级任务阻塞等待低优先级任务所持有的资源释放时，低优先级任务暂时将其优先级提高到比它更高优先级任务的优先级。一旦资源被较低优先级的任务释放，该任务将返回其原始优先级。

图 3.8 显示了与图 3.7 相同的应用场景，只不过现在实现了优先级继承。

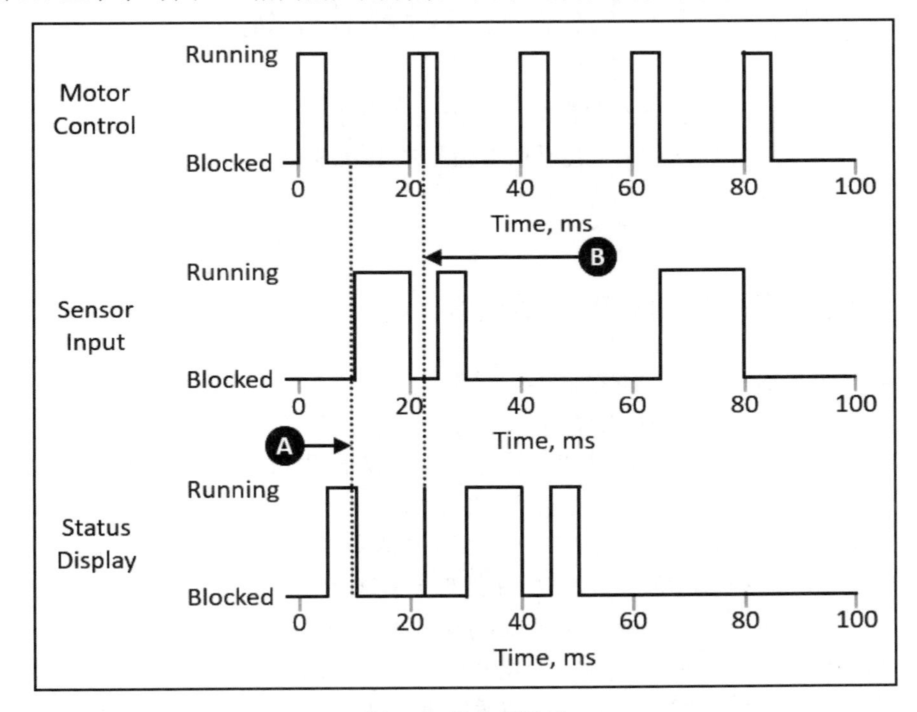

图 3.8　优先级继承

原　　文	译　　文
Motor Control	电机控制
Sensor Input	传感器输入
Status Display	状态显示
Running	运行
Blocked	阻塞
Time, ms	时间（单位：毫秒）

在图 3.8 中，状态显示任务在时间 A 处再次获取互斥锁。在时间 B 处，电机控制任务尝试获取互斥锁。系统将状态显示任务的优先级提升为电机控制任务的优先级，确保传感器输入任务不运行。这让状态显示任务有机会快速完成读取数据结构并释放互斥锁。与图 3.7 相比，现在电机控制执行的及时性得到了显著改善。

接下来，我们将讨论一些流行的 RTOS，并重点介绍它们的特性以及最适合它们的实时嵌入式应用程序的类别。

3.5　流行的实时操作系统

在为特定的实时嵌入式系统架构和应用领域选择 RTOS 时，重要的是在选择过程中考虑各种技术因素和非技术因素。几乎所有流行的 RTOS 都支持优先抢占式多任务处理、互斥锁、信号量、队列、事件标志、定时器和动态内存分配。本节列出的所有 RTOS 都包含这些功能。

3.5.1　实时操作系统的关键技术属性

区分各种 RTOS 的一些关键技术属性如下。

- 功能丰富程度：一些 RTOS 旨在尽可能小，在微型控制器中使用绝对最少的 ROM、RAM 和处理器周期。另外一些 RTOS 则旨在支持大量任务和复杂的协议栈，如在 32 位处理器上运行的 TCP/IP。
- 内存保护和虚拟内存管理：简单的微控制器和低端微处理器通常只支持 ROM 和 RAM 的直接物理寻址。许多中端处理器提供了一种控制内存访问的机制，称为内存保护单元（memory protection unit，MPU）。通过使用 MPU 功能，可以隔离和保护内存区域，这样，即使那些不太重要的任务遇到导致它们错误访问内存甚至崩溃的问题，关键系统功能仍可继续运行。

  在更复杂的层面上，32 位处理器通常包括一个内存管理单元（memory

management unit，MMU），可以为每个正在运行的进程提供其受保护的虚拟地址空间。支持虚拟内存的 RTOS 可利用 MMU 硬件将每个进程（在概念上类似于任务）封装在其自己的专用内存区域中，以便任务不能有意或无意地交互（除非通过系统提供的通信通道）。

- 模块化和可配置性：向 RTOS 添加功能会增加代码所需的 ROM 和数据所需的 RAM。大多数 RTOS 都提供了配置选项，以仅包含应用程序在编译的内存映像中实际需要的那些功能，从而减少所需的内存量和处理时间。
- 处理器架构支持：RTOS 通常带有一个处理器架构列表和该实现所支持的特定处理器模型。这些特定于处理器的实现通常带有一个称为板级支持包（board support package，BSP）的代码库。BSP 包括针对特定处理器模型以及通常针对特定电路板及其 I/O 接口定制的 RTOS 实现。BSP 还包括一个设备驱动程序库，使系统开发人员能够使用处理器硬件的标准编程接口来实现应用程序。

  如果你已经为自己的应用程序选择了处理器架构，那么这将限制你对 RTOS 的选择和使用。
- 支持工具和附件：除了核心 RTOS 和相关设备驱动程序，你可能还需要一些额外的硬件和软件工具来支持开发过程，如调试器、执行跟踪器、时序分析器和内存使用分析器。对此类工具的支持因可用的 RTOS 而异。

3.5.2　实时操作系统的非技术属性

在 RTOS 选择过程中，你可能还需要考虑以下非技术属性。

- 选择商业操作系统或开源操作系统：为商业 RTOS 支付许可费提供了一些显著的好处，包括技术支持和未来 RTOS 维护方面的一些承诺。当然，这也是要花钱的。还有许多可以免费使用的 RTOS 实现，但每个系统都有自己的许可要求、用户社区和未来支持的前景。
- 供应商锁定：一旦你使用了特定的 RTOS 来实现你的应用程序，那么你就在某种程度上承诺继续使用该 RTOS。如果你选择的商业 RTOS 供应商倒闭或以让人无法接受的方式更改其许可条款，或者你选择的开源 RTOS 不再受到用户青睐并变得无人维护，那么你可能不得不做出痛苦的选择——重新设计你的架构。
- 正式认证：对于安全关键型应用，如飞机、汽车和医疗设备，一些 RTOS 已获得适合在这些环境中使用的正式认证。如果你正在构建一个此类认证很重要的系统，那么你只能选择已获得适当认证的 RTOS。
- 软件许可条款：商业实时操作系统的许可包含供应商选择放入其许可协议的任

何条款。开源 RTOS 通常根据 MIT、Apache 或 GPL 许可之一获得许可。MIT 和 Apache 许可被认为是很宽松的，这意味着开发人员可以将软件用于自己的目的，包括商业应用程序，而不必被迫公开自己的源代码。而 GPL 要求开发人员将 GPL 代码合并到他们分发的产品中，以便向所有请求它的人提供他们的代码。这显然是对这些许可证之间区别的高度简化的描述。许多因素结合起来可以使基于开源代码的产品的许可问题变得极其复杂。

接下来，我们将简要介绍一些流行的 RTOS，并重点介绍每个实时操作系统的独特功能。这些 RTOS 将按字母顺序列出，以避免暗示任何特定偏好。最后要说明的是，这里列出的 RTOS 并非全部，你可以根据自己的需要找到更多的系统。

3.5.3 embOS

embOS 是由 SEGGER Microcontroller LLC 生产的商用 RTOS。embOS 旨在用于广泛的实时应用，从单芯片、电池供电的设备到在高级处理器上运行的复杂系统都是它的目标。embOS 几乎支持主要供应商的所有嵌入式处理器架构以及这些架构的各种编译器。

可以使用完全支持内存保护单元（MPU）的 embOS 版本。它有一个单独的版本通过了 IEC 61508 SIL 3 标准的安全认证，该标准认证了以安全为中心的 RTOS 软件开发过程，以及 IEC 62304 Class C，这表明它适用于医疗设备应用。

embOS 的免费版本可用于非商业用途。此版本不包含 embOS 源代码。对于商业用途或接收源代码，必须购买许可证。有关更多信息，可访问以下网址：

https://www.segger.com/products/rtos/embos/

3.5.4 FreeRTOS

FreeRTOS 是由 Real Time Engineers Ltd 开发的免费 RTOS 微内核。

所谓微内核（microkernel），就是指仅包含实现 RTOS 基本功能的最少量代码，包括任务管理和任务间通信。

FreeRTOS 为动态内存管理提供了多种选项，支持从根本没有内存分配功能到无限制分配和释放任意大小的内存块。

FreeRTOS 支持 35 种不同的微控制器平台，是用 C 语言编写的，带有一些汇编语言函数，以支持抢占式多任务处理。

Amazon 维护了一个名为 a:FreeRTOS 的 FreeRTOS 扩展版本。此版本包含提供物联网功能的库，这些功能专门用于处理 Amazon Web Services。

有一个名为 SAFERTOS 的 FreeRTOS 版本已通过 IEC 61508 SIL 3 标准认证，适用于安全关键型应用。

FreeRTOS 在 MIT 许可下可用。

对于喜欢商业许可 RTOS 的系统开发人员，OPENERTOS 是 Amazon a:FreeRTOS 的商业许可变体。有关详细信息，可访问以下网址：

https://www.freertos.org/

本书后续章节中的示例应用程序将使用 FreeRTOS，因为它具有免费性质和比较宽松的许可。此外，它还预先集成在 Xilinx 工具套件中。

3.5.5 INTEGRITY

Green Hills Software 的 INTEGRITY RTOS 针对在安全性、保密性和可靠性方面具有最高要求的应用。INTEGRITY 为 TCP/IP 通信、Web 服务和 3D 图形等功能提供了多种中间件选项。INTEGRITY 面向汽车、航空、工业和医疗领域的应用。

INTEGRITY 已在各种应用领域获得安全认证，包括航空应用、高安全性应用、医疗设备、铁路运营、工业控制和汽车应用。

INTEGRITY 提供安全的虚拟化基础架构以及对多核处理器的支持。该 RTOS 受多种高端微处理器架构的支持。

INTEGRITY 是需要商业许可的实时操作系统，没有可用的免费版本。有关详细信息，请访问以下网址：

https://www.ghs.com/products/rtos/integrity.html

3.5.6 Neutrino

BlackBerry 的 QNX Neutrino RTOS 旨在为关键应用提供性能、安全和保障。

Neutrino 可用于汽车、医疗、机器人和工业领域的应用，采用微内核架构构建，可隔离驱动程序和应用程序，因此一个组件的故障不会导致整个系统瘫痪。

Neutrino 支持 ARMv7、ARMv8 以及 x86-64 处理器和 SoC。该 RTOS 包括各种网络和连接协议，如 TCP/IP、Wi-Fi 和 USB。

Neutrino 是需要商业许可的实时操作系统，但也提供免费评估版本。有关详细信息，可访问以下网址：

https://blackberry.qnx.com/en/software-solutions/embedded-software/qnx-neutrino-rtos

3.5.7 μc/OS-III

μc/OS-III 是一款免费的 RTOS，专注于可靠性和性能，由 Micrium 公司开发。Micrium 是 Silicon Labs 的一部分。

μc/OS-III 包括对 TCP/IP、USB、CAN 总线和 Modbus 的支持。它还具有一个 GUI 库，支持在触摸屏设备上开发类似智能手机的图形显示。

μc/OS-III 完全用 ANSIC C 编写。该 RTOS 可运行在广泛的处理器架构上。

μc/OS-III 已通过安全认证，可用于航空、医疗、运输和核系统。

μc/OS-III 是在 Apache 许可下发布的。有关详细信息，请访问如下网址：

https://www.micrium.com/rtos/

3.5.8 VxWorks

VxWorks 是 Wind River Systems 提供的商业许可的 32 位和 64 位 RTOS。

VxWorks 面向航空航天、国防、医疗、工业、汽车、物联网和消费电子领域的应用。其支持的架构包括 POWER、ARM、Intel 和 RISC-V。

VxWorks 支持多核处理器和虚拟机监视器（hypervisor）实现。

安全认证版本可用于航空、汽车和工业应用。VxWorks 版本可用于支持航空应用的架构分区，这种方式允许修改一个分区中的组件，只需要重新认证该分区而不是整个系统。

提示：

1997 年 7 月 4 日登陆火星的“火星探路者”飞船就是使用了 VxWorks 作为其实时操作系统。

在到达火星地面的最初几天，航天器遭遇了完全的系统重置，导致收集的数据丢失。这个问题的根本原因可以追溯到一个经典的优先级反转，很像图 3.7 描述的情况。火星探路者飞船的更高优先级任务的延迟导致“看门狗”定时器到期，从而触发系统重置，而不是延迟电机控制更新。

当时的工程师在地球上的相同系统中重现了该问题。其解决方案如下：修改一个参数值，为与问题关联的互斥锁开启优先级继承。将此修复程序上传到航天器使其能够恢复正常运行。

VxWorks 包括一整套开发、调试和跟踪工具。有关详细信息，可访问如下网址：

https://www.windriver.com/products/vxworks/

3.6 小　　结

本章描述了 RTOS 用于确保对输入的实时响应的方法。我们介绍了常见 RTOS 中可用的关键功能，以及在实现多任务实时应用程序时常见的一些挑战。本章最后还列出了一些流行的开源和商业 RTOS 实现的关键特性。

在学习完本章之后，现在你应该理解了系统实时运行的意义，并掌握了实时嵌入式系统必须具备的关键属性。你了解了嵌入式系统所依赖的 RTOS 功能，以及实时嵌入式系统设计中经常出现的一些挑战。你还应熟悉几种流行的 RTOS 实现的关键特性。

第 4 章将介绍使用 FPGA 设计实时嵌入式系统。

第 2 篇

设计和构建高性能嵌入式系统

本篇将详细介绍现场可编程门阵列（Field Programmable Gate Array，FPGA）的功能，并探讨如何基于这些设备设计和构建高性能电路。

本篇包括以下章节。

- 第 4 章，开发你的第一个 FPGA 项目。
- 第 5 章，使用 FPGA 实现系统。
- 第 6 章，使用 KiCad 设计电路。
- 第 7 章，构建高性能数字电路。

第 4 章　开发你的第一个 FPGA 项目

本章将讨论如何在实时嵌入式系统中有效使用 FPGA 设备，介绍标准 FPGA 中包含的功能元素以及各种 FPGA 设计语言，其中包括硬件描述语言（hardware description language，HDL）、原理图方法和流行的软件编程语言（如 C 和 C++）等。

本章将阐释 FPGA 开发过程，并提供一个 FPGA 开发周期的完整示例。该开发周期从系统需求的声明开始，最终将在一块低成本 FPGA 开发板上实现功能系统。

通读完本章之后，你将理解如何将 FPGA 应用于实时嵌入式系统架构，并了解构成 FPGA 集成电路的组件。你将熟悉 FPGA 算法设计中使用的编程语言，并掌握开发基于 FPGA 应用程序的步骤顺序。最后，你还将了解如何使用免费的 FPGA 软件工具在低成本开发板上完成完整的 FPGA 开发。

本章包含以下主题。

- 在实时嵌入式系统设计中使用 FPGA。
- FPGA 实现语言。
- FPGA 开发过程。
- 开发你的第一个 FPGA 项目。

4.1　技术要求

本章的文件可从以下网址获得：

https://github.com/PacktPublishing/Architecting-High-Performance-Embedded-Systems

4.2　在实时嵌入式系统设计中使用 FPGA

在本书第 1 章“高性能嵌入式系统”中已经介绍过，典型的 FPGA 设备包含大量查找表、触发器、块 RAM（BRAM）元件、DSP 切片和其他组件。虽然了解每个组件的详细功能很有帮助，但在 FPGA 开发过程中，这些东西并不一定能够提供足够的信息。开发人员要牢记的最重要的约束是，特定的 FPGA 部件号仅包含有限数量的组件，当针对该特定 FPGA 模型进行开发时，设计上不能超出这些组件资源的限制。

因此，从嵌入式系统的需求声明的角度来看 FPGA 开发过程可能会更有效率。刚开始时，你可以针对任意选择的 FPGA 模型开发 FPGA 设计。随着开发的进行，你可能会遇到资源受限的情况，或者你可能会意识到设计需要某一项 FPGA 功能，而该项功能在当前目标 FPGA 中并不存在。此时，你可以选择一个不同的、功能更适合的目标 FPGA 并继续开发。

或者，随着设计与开发接近完成，你可能会意识到你最初选择的目标 FPGA 包含过多的资源，则可以通过选择更小的 FPGA 来改进设计，这将在更低的成本、更少的引脚、更小的封装尺寸等方面具有潜在优势，并可降低功耗。

在上述两种情况中的任何一种情况下，将目标 FPGA 切换到同一系列中的不同模型通常都很简单。到目前为止，你创建的开发工具和设计工件应该可以与新的目标 FPGA 模型完全重用。当然，如果要切换到来自同一供应商的不同系列 FPGA，或切换到来自不同供应商的模型，则这种切换可能会带来更多的工作量。

本次讨论的重点是，在高性能嵌入式系统开发工作开始时，确定特定的 FPGA 模型并没有那么重要。相反，早期的考虑应该确认你的设计是否适合使用 FPGA，如果 FPGA 是最佳设计方法，则继续选择合适的 FPGA 供应商和设备系列。

本书中的示例项目将基于 Xilinx Vivado 系列 FPGA 开发工具。虽然为某些 Xilinx FPGA 系列进行开发时必须购买 Vivado 许可证，但是对于我们将要使用的 Artix-7 中的 FPGA 器件，Vivado 是免费支持的。Artix-7 FPGA 系列结合了高性能、低功耗和降低系统总成本的特性。其他 FPGA 供应商也有提供类似的 FPGA 器件系列和开发工具套件。

FPGA 开发是一个相当复杂的过程，需要输入各种类型的分析和设计数据。为了避免在过于抽象的层面上讨论这些主题，并根据工作示例项目展示具体结果，我们将在整本书中使用 Vivado。当然，一旦你熟悉了本书讨论的工具和技术，那么你也应该能够使用其他供应商提供的类似工具。

接下来，我们将讨论 FPGA 系列和这些系列中各个模型的一些关键差异化特性，包括块 RAM 的数量、可用的 I/O 信号的数量和类型、专用的片上硬件资源以及 FPGA 封装中包含的一个或多个硬件处理器内核等。

4.2.1　块 RAM 和分布式 RAM

块 RAM（Block RAM，BRAM）用于在 FPGA 内实现存储器区域。特定的内存区域是根据位宽（通常为 8 位或 16 位）和深度来指定的，请注意，这里的深度定义了内存区域中存储位置的数量。

FPGA 中块 RAM 的总量通常以千比特（kilobits，Kb）为单位指定。可用块 RAM 的数量因 FPGA 系列和特定系列内的模型而异。毫无疑问，更大、更昂贵的部件通常具有更多可用作块 RAM 的资源。

在 Xilinx FPGA 中，除了块 RAM，还有一种称为分布式 RAM（Distributed RAM）的独特存储器类别（在其他供应商的 FPGA 中也可能会有）。分布式 RAM 由查找表中使用的逻辑元件构成，并可重新利用这些设备的电路以形成 RAM 的微小片段，每个片段包含 16 位。必要时可以将这些片段聚合以形成更大的内存块。

块 RAM 往往用于传统上与 RAM 相关的方面，例如，实现处理器的高速缓存或作为输入/输出（I/O）数据的存储缓冲区。

分布式 RAM 可用于临时存储中间计算结果等目的。由于分布式 RAM 基于查找表电路，因此在设计中使用分布式 RAM 会减少可用于实现逻辑操作的资源。

块 RAM 可以有单端口或双端口。单端口块 RAM 代表在操作期间读取和写入 RAM 的处理器的常见使用模式。

双端口块 RAM 提供两个读/写端口，这两个端口可以同时主动读取或写入同一存储区域。

双端口块 RAM 非常适合在以不同时钟速度运行的 FPGA 部分之间传输数据的情况。例如，I/O 子系统在接收传入数据流时可能具有数百兆赫兹的时钟速度。当传入数据通过 FPGA 的高速 I/O 通道之一到达时，I/O 子系统将传入数据写入块 RAM。带有 FPGA 的单独子系统以不同的时钟速度运行，可以从块 RAM 的第二个端口读取数据，而不会干扰 I/O 子系统的操作。

块 RAM 也可以在先进先出（First-In-First-Out，FIFO）模式下运行。在传入串行数据流的示例中，I/O 子系统可以在数据字到达时将其插入 FIFO，并且处理子系统可以按照相同的顺序将它们读出。

FIFO 模式下的块 RAM 提供指示 FIFO 是满（full）、空（empty）、将满（almost full）还是将空（almost empty）的信号。

将满和将空的定义取决于系统设计者。如果你指定“将空”意味着 FIFO 中剩余的项目少于 16 个，那么只要 FIFO 未指示它“将空”，你就可以读取 16 个项目，而无须进一步检查数据的可用性。

在 FIFO 模式下使用块 RAM 时，至关重要的是，当 FIFO 已满时，将项目插入 FIFO 的逻辑永远不会尝试写入；而当 FIFO 为空时，从 FIFO 中读取的逻辑永远不会尝试读取。如果发生这些事件中的任何一个，系统将丢失数据或尝试处理未定义的数据。

4.2.2 FPGA I/O 引脚和相关功能

由于 FPGA 倾向于高性能应用，因此它们的 I/O 引脚通常能够实现各种高速 I/O 标准。在使用 FPGA 开发工具套件实现设计期间，系统开发人员必须执行的任务包括：将功能分配给 FPGA 封装上的特定引脚，以及配置这些引脚中的每一个以使用适当的接口标准运行。此外，还必须执行一些额外的步骤来将 FPGA 模型代码中的输入和输出信号与正确的封装引脚相关联。

在引脚级别，各个 I/O 信号要么是单端的，要么是差分的。

单端传输是指用一根信号线和一根地线来传输信号，信号线上传输的信号就是单端信号（single-ended signal）。

单端传输的优点是简单方便，缺点是抗干扰能力差。

传统的晶体管-晶体管逻辑（Transistor-Transistor Logic，TTL）和互补金属氧化物半导体（Complementary Metal Oxide Semiconductor，CMOS）数字信号就是在相对于地线的 0～5VDC 范围内运行。

现代 FPGA 通常不支持传统的 5VDC 信号范围，而是支持在降低的电压范围内运行的 TTL 和 CMOS 信号，从而降低功耗并提高速度。低电压 TTL（low voltage TTL，LVTTL）信号在 0～3.3VDC 内工作。低压 CMOS（Low Voltage CMOS，LVCMOS）信号可选择 1.2V、1.5V、1.8V、2.5V 和 3.3V 的信号电压。这些信号类型分别被命名为 LVCMOS12、LVCMOS15、LVCMOS18、LVCMOS25 和 LVCMOS33。

其他高性能单端信号类型也可用，包括高速收发器逻辑（high-speed transceiver logic，HSTL）和短截线系列端接逻辑（stub-series terminated logic，SSTL）。

单端信号广泛用于低频方面，如读取按钮输入和点亮 LED。单端信号也用于许多低速通信协议，如 I2C 和 SPI。

单端信号的一个重要缺点是，任何耦合到传输信号的导线和印刷电路板走线中的噪声都有可能破坏接收器的输入，而使用差分信号则可以大大减少这个问题。

对于最高的数据传输速率来说，差分信号是首选方法。

差分传输是指在两根线上都传输信号，这两个信号的大小相等、极性相反，这两根线上传输的信号就是差分信号（differential signal）。

差分传输的优点是抗干扰能力强，缺点是电路比单端传输复杂。

差分信号使用一对 I/O 引脚并将相反的信号驱动到两个引脚上。

换句话说，一个管脚被驱动到更高的电压，另一个管脚被驱动到更低的电压以表示 0 数据位，而引脚电压被反转以表示 1 位。差分接收器将两个信号相减，以确定数据位是 0

还是 1。因为携带差分信号的两根导线或走线在物理上非常靠近，任何耦合到其中一个信号中的噪声都会以非常相似的方式耦合到另一个信号中。减法运算消除了绝大多数噪声，从而以比单端信号高得多的数据传输速率实现可靠运行。

标准 FPGA 支持多种差分信号标准。目前定义了 HSTL 和 SSTL 的几个差分版本，每个版本都有不同的信号电压电平。

低压差分信号（Low Voltage Differential Signaling，LVDS）于 1994 年作为标准推出，并陆续用于各种应用。LVDS 信号发送器可产生 3.5mA 的恒定电流，并切换流经接收器电阻的电流方向，以产生代表 0 和 1 数据值的状态变化，如图 4.1 所示。

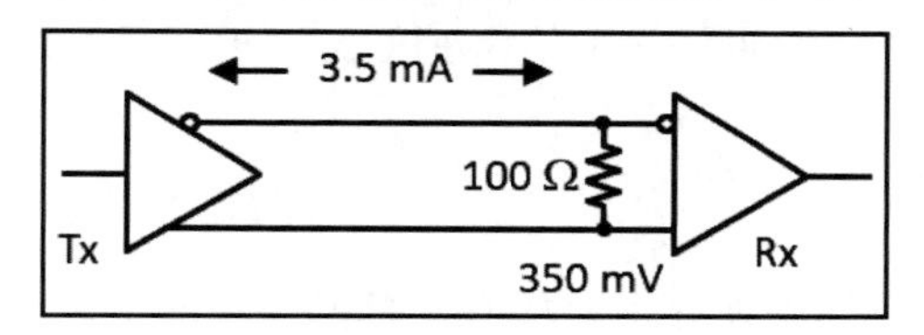

图 4.1　LVDS 接口

原　文	译　文
Tx	发送器
Rx	接收器

可以看到，LVDS 信号传输由 3 部分组成，即差分信号发送器、差分信号互联器和差分信号接收器。

差分信号发送器可将非平衡传输的 TTL 信号转换成平衡传输的 LVDS 信号。差分信号接收器可将平衡传输的 LVDS 信号转换成非平衡传输的 TTL 信号。差分信号互联器包括接线（电缆或者 PCB 走线）和终端匹配电阻。按照 IEEE 规定，该电阻为 100Ω。在 LVDS 通信中，与其他差分和单端信号标准一样，发送器和接收器之间通信路径的阻抗必须与终端阻抗紧密匹配。如果通信通道的阻抗与终端阻抗不匹配，则线路上可能会发生反射，从而阻止可靠的数据接收。

差分信号走线对的阻抗是对走线几何形状及其与接地层关系的函数。正如我们将在第 6 章“使用 KiCad 设计电路”中看到的那样，设计满足高速差分信号标准要求的电路板是一件非常简单的事情。

4.2.3　专用硬件资源

FPGA 通常包括一系列专用硬件资源，以满足常见功能的需要。有些功能可以在硬件中更有效地实现而不必使用合成的 FPGA 功能，还有一些硬件的功能则是无法使用 FPGA

组件实现的。

专用硬件资源的一些示例如下。

- 与外部动态 RAM（Dynamic RAM，DRAM）的接口，可用于存储大量数据。这些接口通常支持常见的 DRAM 标准，如 DDR3。
- 模数转换器。
- 锁相环（phase-locked loop，PLL），用于生成多个时钟频率。
- 数字信号处理乘法累加（multiply-accumulate，MAC）硬件。

这些硬件资源支持开发具有广泛功能的复杂系统。我们建议为 MAC 操作等功能提供专用硬件，因为专用硬件性能明显优于使用 FPGA 逻辑资源合成的相应功能。

4.2.4 处理器核心

一些 FPGA 系列还包括硬件处理器核心，目的是将峰值软件执行速度与 FPGA 实现算法的性能优势相结合。例如，Xilinx Zynq-7000 系列就将硬件 ARM Cortex-A9 处理器与传统 FPGA 架构集成在一起。

不需要硬件处理器的 FPGA 设计可以使用 FPGA 资源实现一个处理器，这样的处理器称为软处理器（soft processor）。软处理器是高度可配置的，当然，它们的性能通常无法与硬件处理器的性能相比。

接下来，我们将介绍用于开发 FPGA 算法的主要编程语言和数据输入方法。

4.3 FPGA 实现语言

简而言之，实现 FPGA 设计的最终目的其实就是使用一种或多种类似软件编程的语言来定义设备的功能。

用于 FPGA 开发的传统语言是 VHDL 和 Verilog。

当前的 FPGA 开发工具通常都支持这两种语言，并且能够使用原理图技术定义系统配置。一些工具套件还支持使用传统的 C 和 C++编程语言定义 FPGA 功能。

4.3.1 VHDL

VHSIC 硬件描述语言（VHSIC Hardware Description Language，VHDL），其中 VHSIC 代表的是超高速集成电路（very high-speed integrated circuit），其语法让人联想到 Ada 编程语言。VHDL 是在美国国防部的指导下于 1983 年开始开发的。

与 Ada 一样，VHDL 往往非常冗长且结构严格。在编程语言方面，VHDL 是强类型的。该语言包含一组预定义的基本数据类型，主要有 boolean（布尔）、bit（位）、bit_vector（位向量）、character（字符）、string（字符串）、integer（整数）、real（实数）、time（时间）和 array（数组）。所有其他数据类型都是根据这些基本类型定义的。

电气和电子工程师协会（Institute of Electrical and Electronics Engineers，IEEE）定义了一组 VHDL 库，并将其正式化为 IEEE 1164 标准，即 multivalue logic system for VHDL model interoperability（用于 VHDL 模型互操作性的多值逻辑系统）。该库定义了要在 VHDL 语言中使用的一组逻辑值。该库包括一个名为 std_logic 的类型，它表示一个 1 位信号。std_logic 类型中的逻辑值由表 4.1 中显示的字符常量表示。

表 4.1　表示 std_logic 类型中的逻辑值的字符常量

字 符 常 量	值
U	未初始化
X	strong drive，未知逻辑值
0	strong drive，逻辑 0
1	strong drive，逻辑 1
Z	高阻抗
W	weak drive，未知逻辑值
L	weak drive，逻辑 0
H	weak drive，逻辑 1
-	无关紧要

表 4.1 中的字符常量解释如下。

- strong drive（强驱动）0 和 1 值表示驱动到指定二进制状态的信号。
- weak drive（弱驱动）信号则表示在具有多个驱动程序的总线上驱动的信号，其中任何驱动程序都可以在总线上声明自己，覆盖其他驱动程序。
- Z 值表示处于高阻抗状态的 CMOS 输出，在这种情况下，不是将总线驱动到 0 或 1 状态，而是有效地将输出与总线断开并且根本不驱动它。
- U 状态代表所有信号的默认值。在执行电路仿真时，将检测到任何处于 U 状态的信号，这可能表明无意中使用了未初始化的值。
- X 状态与没有任何输出驱动它们的电线相关联。
- -状态代表未使用的输入，因此它们处于什么状态都无关紧要。

一般来说，VHDL 电路设计首先将通过以下语句导入 IEEE 1164 库：

```
library IEEE;
use IEEE.std_logic_1164.all;
```

需要说明的是，本书后续项目示例将使用 VHDL。这并不表示 VHDL 比 Verilog 更受欢迎。事实上，这两种硬件定义语言都完全能够表示任何设计，并且都可以执行 FPGA 综合。

4.3.2 Verilog

Verilog 硬件描述语言（hardware description language，HDL）于 1984 年推出，并于 2005 年标准化为 IEEE 1364。

2009 年，Verilog 标准与 SystemVerilog 标准结合产生了 IEEE 标准 1800-2009。除了 Verilog 中存在的硬件设计功能，SystemVerilog 还包含用于执行系统验证的大量工具。

Verilog 的设计类似于 C 编程语言，包括类似的运算符优先级和一些相同的控制流关键字，如 if、else、for 和 while。

Verilog 使用连线（wire）的概念来表示信号状态。信号值可以采用以下任何值：0、1、无关值（X）或高阻抗（Z），并且可以具有 strong 或 weak 信号强度。

VHDL 和 Verilog 都定义了可用于设计逻辑电路的语言子集。这些子集被称为可综合（synthesizable）语言子集。可综合子集之外的其他语言功能可用于支持诸如电路仿真之类的任务。本章后面将会看到一个示例。

不可综合的语言结构往往表现得更像传统的软件编程语言。例如，不可综合的 for 循环可以按指定的次数和顺序迭代代码块，就像在常规编程语言中一样。

另一方面，可综合的 for 循环将有效展开以生成一组复制的硬件结构，这些结构可并行执行，代表循环的每次迭代。

4.3.3 原理图

在基于文本的硬件描述语言（HDL）的抽象级别上，现代 FPGA 开发工具套件还支持系统设计的快速配置，这些系统设计包含复杂的逻辑组件，例如，使用块结构格式的微处理器和复杂的 I/O 设备。图 4.2 显示了包含 MicroBlaze 软处理器的 Xilinx FPGA 设计的部分原理图（block diagram）示例。

MicroBlaze 处理器是 Xilinx Vivado 工具套件提供的处理器内核，用于处理器系列（包括 Artix-7）中的 FPGA 设计。

虽然原理图提供了一种直观的方式来组织 FPGA 设计中复杂逻辑元素的实例化和互连，但重要的是要记住，在原理图背后，开发工具将生成 VHDL 或 Verilog 代码来定义组件及其连接。原理图只是用于管理这些组件配置的用户界面。

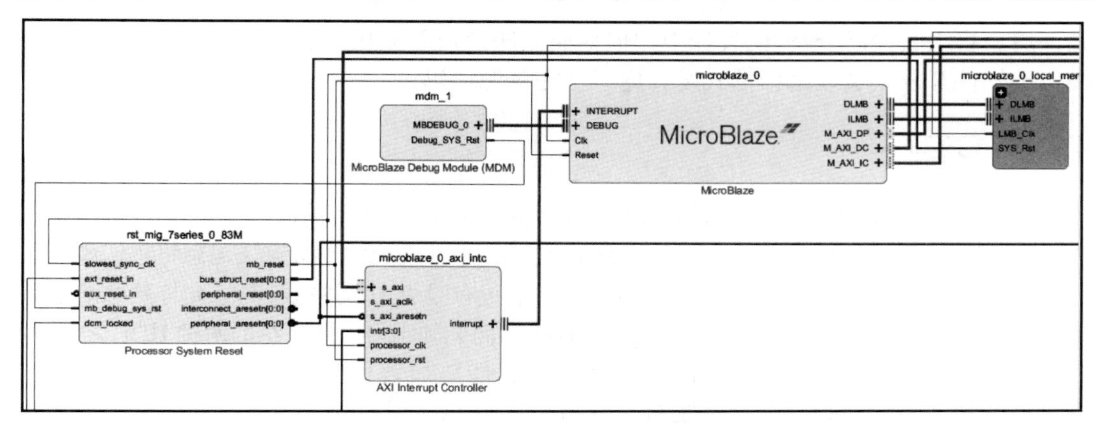

图 4.2　包含 MicroBlaze 软微处理器的原理图

开发原理图后，你可以检查生成的 HDL 代码，这些代码将包含在与项目关联的文件中。如图 4.2 所示，可从该图生成一个名为 design_1_microblaze_0_0_stub.vhdl 的文件。该文件以如下 VHDL 代码开头：

```
library IEEE;
use IEEE.STD_LOGIC_1164.ALL;

entity design_1_microblaze_0_0 is
  Port (
    Clk : in STD_LOGIC;
    Reset : in STD_LOGIC;
    Interrupt : in STD_LOGIC;
    Interrupt_Address : in STD_LOGIC_VECTOR ( 0 to 31 );
    Interrupt_Ack : out STD_LOGIC_VECTOR ( 0 to 1 );
    Instr_Addr : out STD_LOGIC_VECTOR ( 0 to 31 );
    Instr : in STD_LOGIC_VECTOR ( 0 to 31 );
```

上述代码首先引用了 IEEE 1164 标准库，然后定义了 MicroBlaze 处理器的接口，该接口公开了微处理器上预期的信号，包括系统时钟、复位、中断请求和中断向量输入；中断确认和指令地址输出；用于从内存中检索指令的总线。

该代码可将 IEEE 1164 库数据类型用于单位信号（STD_LOGIC）和多位总线信号（STD_LOGIC_VECTOR）。

上述清单中的代码定义了 MicroBlaze 处理器的接口，但不包含处理器本身的 HDL 定义。微处理器等组件的复杂 HDL 设计被认为是宝贵的知识产权（Intellectual Property，IP），开发这些设计的商业实体通常会采取措施确保在无适当许可的情况下不会用到它们。当供应商分发 IP 供其客户使用时，可能会以对最终用户不透明的编译格式提供。这允许用户将 IP 合并到他们的设计中，但他们无法检查用于开发 IP 的 HDL。这在概念上类似于软件开发人员以编译形式发布库但不提供源代码。

4.3.4　C/C++

许多供应商都提供软件工具，将传统的高级编程语言（通常是 C 和 C++）代码转换为 HDL 代码，以用于 FPGA 开发。如果你在 C 或 C++中有现成的复杂算法，想将它们添加到 FPGA 实现中以加快开发速度，那么这种方法可能很有吸引力。这些工具还允许熟悉 C/C++的软件开发人员立即开始实现用于 FPGA 的代码，而无须学习上面介绍的两种 HDL 之一。

虽然用于这些高级语言的 FPGA 开发工具能够显著优化 C/C++代码算法的最终 FPGA 实现，但仍然会存在一些脱节，因为 C/C++执行模型涉及顺序执行语句，而原生 FPGA 环境则由并行硬件组件组成。

由 C/C++代码生成的 FPGA 设计通常类似于一组状态机，用于管理编程语言语句中定义的操作的顺序执行。根据在 C/C++代码中并行执行机会的多寡，与在传统处理器上运行相同的代码相比，FPGA 实现可以提供显著的性能增强。

在现代 FPGA 开发工具套件中，如果需要，本节描述的所有 FPGA 实现方法（VHDL、Verilog、原理图和 C/C++）都可以组合在一个设计中。因此，在同一个团队中，成员甲可能喜欢在 VHDL 中工作，而成员乙则可能更精通使用 Verilog。如果在单个项目中不鼓励使用多个 HDL，那么这可能是项目管理方面的原因，但这些语言本身在单个设计中一起运行是没有问题的。项目经理可能希望避免使用多个 HDL 的原因之一是，该工作的未来维护将需要具有两种语言技能的开发人员的参与。

类似地，你也可以根据原理图为项目定义高级架构，然后使用所选的 HDL 实现详细的子系统功能。在同一设计中，还可以集成由 C/C++算法生成的 HDL。嵌入式系统架构师和开发人员应仔细考虑其含义，并为 FPGA 设计的每个部分选择合适的实现方法。

接下来，我们将详细阐释标准 FPGA 开发过程的步骤。

4.4　FPGA 开发过程

虽然 FPGA 可用于各种领域，但我们仍可以确定一组广泛适用于任何 FPGA 开发项目的标准步骤。本节将按项目期间一般会发生的顺序讨论常见的 FPGA 开发步骤。

4.4.1　定义系统需求

开发新系统或对现有系统进行重大升级时，第一步是对系统应该做什么有一个清晰而详细的了解。

需求定义过程从对系统预期功能、操作模式和关键特性的一般描述开始。此信息应以清晰明确的语言写出，并与所有和成功开发有关的各方共享。共享系统需求的目标是在各方之间就描述的完整性和正确性达成共识。

需求描述必须充实，其中包括所需系统性能水平的规范，例如，输入信号的采样率和执行器输出命令的更新率。而物理尺寸限制、最短电池寿命和可容忍的环境温度范围等其他细节将指导设计过程。

一般而言，必须制定一套全面的规范，描述被判断为与整体系统成功相关的所有系统参数的最低性能阈值。

整套系统需求必须完整，以至于任何符合所有规定规范的设计解决方案都必须是适当的解决方案。如果结果证明，满足所有规范的设计由于某种不相关的原因被认为是不可接受的，则表示未能完整说明系统需求。

例如，如果一个技术上足够的解决方案被确定为生产成本太高，那么问题的根源很可能是在需求开发过程中未能完整定义成本控制约束。

在定义并同意顶层系统需求之后，通常需要将整个系统配置划分为子系统的集合，每个子系统都有一个整体目的，并有自己的一组描述性要求和技术规范。在实时嵌入式系统架构中，数字处理能力很可能被表示为具有相应需求集合的子系统。

4.4.2　将功能分配给 FPGA

如果系统架构中对数字处理的要求超出了适用于系统的微控制器和微处理器的能力，则考虑在设计中加入 FPGA 是合适的。

一些系统架构，特别是那些受益于执行并行操作的高速数字硬件的系统架构，是 FPGA 实现的自然候选者。其他系统架构也许可以通过传统数字处理提供足够的性能，但仍可能有宝贵的机会在计划生命周期内利用 FPGA 实现所带来的灵活性和可扩展性，从而设想未来的大量系统升级。

决定在设计中加入 FPGA 之后，下一步是将整个系统数字处理需求的部分分配给 FPGA 器件。这通常包括 FPGA 输入和输出信号的规范、输入和输出的更新速率以及 FPGA 必须与之交互的组件的标识，包括 ADC 和 RAM 设备等部件。

4.4.3　确定所需的 FPGA 功能

定义了 FPGA 要执行的功能，并了解 FPGA 必须支持的其他设备的接口之后，就有可能开发出候选 FPGA 设备必须提供的功能列表。

一些 FPGA 系列专为低成本、不太复杂的应用而设计，因此仅为实现数字逻辑提供了一组有限的资源。这些设备可能使用电池供电，并且只需要被动冷却。

其他一些更强大的 FPGA 系列则支持大规模、全功能的数字设计，旨在以峰值性能运行，并且可能需要持续的主动冷却。

与嵌入式应用相关的系统需求可以为选择合适的 FPGA 系列提供指南。在该阶段，可能无法确定首选系列中的特定 FPGA 模型，因为尚未完全定义 FPGA 实现的资源需求。但是，根据经验，可以识别少数适合设计的 FPGA 模型。

除了用于数字电路实现的 FPGA 资源，许多 FPGA 模型还包括一些对系统设计很重要的附加功能。例如，内置 ADC 可能有助于最大限度地减少系统部件数量。所需 FPGA 特性列表将有助于进一步缩小合适的 FPGA 器件的选择范围。

4.4.4　实现 FPGA 设计

在确定了一个候选 FPGA 模型，并对分配给 FPGA 的功能有详细定义后，即可开始实现 FPGA 设计。这通常会涉及 FPGA 开发工具套件的使用，并且通常主要包括以项目的首选语言开发 HDL 代码。

如果合适的话，FPGA 实现可以从顶层 FPGA 设计的原理图表示开始。必要时，可以将用 HDL 或 C/C++开发的组件合并到模块设计中，以完成完整的系统实现。

或者，直接在 HDL 中开发整个系统设计也很常见。对于熟练掌握该语言并充分了解所用 FPGA 模型的特性和约束的开发人员来说，这可能会带来最佳资源效率和最高性能的设计结果。

随着初始设计变得更加详细，FPGA 开发将分阶段进行，直到生成 FPGA 器件的编程文件。对于一个大型项目来说，通常会多次迭代这些阶段，每迭代一遍都会推进整个设计开发的一小部分。

接下来，我们将深入讨论这些阶段。

4.4.5　设计入口

设计入口（design entry）阶段是系统开发人员使用 HDL 代码、原理图和/或 C/C++代码定义系统功能的阶段。

代码和其他工件（如原理图）将以抽象术语定义系统的逻辑功能。换句话说，设计工件定义了一个逻辑电路，但没有定义它如何与系统的其余部分集成。

4.4.6　输入/输出规划

FPGA 的输入/输出规划（I/O planning）是识别分配用于执行特定 I/O 功能的引脚并关联任何设备功能（如用于每个信号的 I/O 信号标准）的过程。

作为 I/O 规划过程的一部分，考虑诸如物理器件封装 I/O 引脚位于何处等问题可能很重要。这一步骤对于最大限度地减少高速信号的印刷电路板走线长度和避免迫使电路信号走线不必要地交叉很重要。

I/O 信号需求的定义是 FPGA 开发过程中的一种约束（constraint）形式。另一个主要的约束类别是决定 FPGA 解决方案性能的时序要求。

FPGA 综合过程将使用 HDL 代码和项目约束来开发满足所有定义约束且功能正确的 FPGA 解决方案。如果工具不能满足所有约束，则综合就会失败。

4.4.7　综合

所谓综合（synthesis），就是将源代码转换为称为网表（netlist）的电路设计。

无论你编写的是 VHDL 还是 Verilog 代码，它们其实都只是代码，只是对模块的行为级的描述。计算机不能直接识别它们，所以还要通过综合工具进行“翻译”。这个“翻译”的过程就是将对应的设计转化成网表。

所谓网表就是由目标 FPGA 模型的资源构建的电路。网表可表示电路的逻辑或原理图版本，但它没有定义电路将如何在物理 FPGA 设备中实现。

4.4.8　布局和布线

如前文所述，真正将 HDL 代码变为可用电路的过程如下（以 Xilinx 为例）。

- 综合（synthesis）。
- 布局和布线（place and route）。

布局（place）过程可以获取在网表中定义的 FPGA 资源，并将它们分配给所选 FPGA 内的特定逻辑元件。由此产生的资源布局必须满足限制这些元素分配的任何约束，包括前文提到的 I/O 约束和时序约束。

在布局过程中为逻辑元件分配物理位置后，即可在布线（route）过程中配置逻辑元件之间的一组连接。工具可以具体算出某个信号的延迟是多少，其中包括多少走线延迟和多少组合逻辑延迟。

布线过程实现了逻辑元件之间的所有连接，并使电路能够按照 HDL 代码中的描述运行。在布局和布线操作完成后，FPGA 的配置就完全确定了。

4.4.9　比特流生成

FPGA 开发过程的最后一步是生成比特流（bitstream）文件。为了实现最高性能，大多数现代 FPGA 设备使用静态 RAM（static RAM，SRAM）在内部存储其配置。

你可以将 FPGA 配置 SRAM 视为一个非常大的移位寄存器，可能包含数百万位。该移位寄存器的内容完全指定了 FPGA 器件配置和操作的所有方面。FPGA 开发期间生成的比特流文件代表移位寄存器的设置，这些设置可使设备执行 HDL 和约束指定的预期功能。比特流文件类似于在传统的软件开发过程中链接器产生的可执行程序。

SRAM 是易失的，每次设备断开电源时都会丢失其内容。因此，实时嵌入式系统架构必须提供一种在每次上电时将比特流文件加载到 FPGA 中的方法。

一般来说，比特流要么从位于设备内的闪存中加载，要么从在每个上电周期内连接到设备的外部源（如 PC）加载。

完成 FPGA 比特流的编译后，下一步就是测试实现以验证它是否能正确运行。这与传统软件构建过程结束时所需的测试没有什么不同。

4.4.10　测试实现

在传统软件开发过程中，容易受到各种类型错误的困扰和影响，FPGA 开发同样如此。在 FPGA 开发过程中，你可能会看到许多与错误语法、尝试使用当前无法访问的资源以及其他类型的违规行为相关的错误消息。与任何编程工作一样，你需要确定每个错误的来源并解决问题。

即使在 FPGA 应用程序成功通过上述所有阶段进行比特流生成之后，也不能保证设计将按预期执行。为了按照合理的时间进度表实现成功的设计，在开发的每个阶段进行充分的测试是绝对关键的。

测试的第一阶段就应该彻底演练 HDL 代码的行为，以证明它可以按预期执行。本章后面的示例项目将演示如何使用 Vivado 工具套件对设计中的 HDL 逻辑进行全面测试。

生成比特流后，在最终系统配置中实施 FPGA 综合测试是必不可少的步骤。该测试必须彻底测试 FPGA 的所有特性和模式，包括其对超出范围和错误条件的响应。

在设计、开发和测试过程的每个步骤中，项目人员必须始终注意考虑在不太可能或罕见的情况下易受不当行为影响的系统功能的可能性。此类问题的发生可能代表极难重现的错误，并且可能永远影响用户对嵌入式系统设计和生产它的企业的看法。如果你的测试工作出色，那么出现这种结果的可能性将大大降低。

接下来，我们将以一个 FPGA 项目为例，详细介绍使用 Arty A7 开发板和 Xilinx Vivado 工具套件开发、测试和实现简单 FPGA 项目的步骤。

4.5　开发第一个 FPGA 项目

本节将使用安装在 Digilent Arty A7 开发板上的 Xilinx Artix-7 FPGA 器件开发和实现一个简单但完整的项目。

该开发板有以下两种变体。

- 型号 Arty A7-35T：这是低成本版本。
- 型号 Arty A7-100T：这是功能更强大同时成本也更高的版本。

这两种开发板的唯一区别是板上安装的 Artix-7 FPGA 的型号不同。毫无疑问，-35T 型号的可用资源比-100T 型号要少。

你可以在此项目中使用-35T 或-100T 变体。开发过程中的唯一区别是在需要时指定正确的开发板模型。当然，在后续章节中，由于数字示波器项目设计示例的资源要求，将需要-100T 变体，因此建议你一步到位，购买使用功能更强大的开发板。当然，你也可以通过网络搜索选择其他购买来源。

就本项目而言，我们感兴趣的板上资源是 FPGA 设备本身，以及 4 个开关、4 个按钮和 5 个 LED。

本项目将演示如何安装 Vivado 工具套件、创建项目、输入 HDL 代码、测试代码，最终生成比特流并将其下载到开发板。将比特流下载到开发板上后，即可手动测试系统的运行情况。我们还将讨论如何将 FPGA 映像编程到 Arty A7 开发板上的闪存中，以便它在每次开发板上电时加载和运行。

4.5.1　项目描述

本项目将在 FPGA 中实现一个 4 位的二进制加法器。这是一个非常简单的设计，因为这里的重点是设置工具并学习如何使用它们，而不是实现复杂的 HDL 模型。

开发板上的 4 个开关代表一个 4 位二进制数，4 个按钮代表另一个 4 位数字。FPGA 逻辑将连续执行这两个数字之间的加法运算，并在 4 个 LED 上以 4 位二进制数的形式显示结果，第五个 LED 代表进位（carry）。

4 位加法器代码基于本书 1.8.1 节“硬件设计语言”中描述的单位全加器电路。

4.5.2　安装 Vivado 工具

本项目和后续章节中的项目均使用 Xilinx Vivado FPGA 开发工具套件。这些工具是免费提供的，并在 Windows 和 Linux 操作系统上受支持。你可以在任一操作系统上安装这些工具。本节中的说明涵盖了 Windows 版本的工具，但如果你在 Linux 上安装，应该也很容易明白它们之间的区别。在不同操作系统上使用 Vivado 工具的操作则几乎是相同的。

（1）首先你需要有一个 Xilinx 账户。如果没有的话，请访问以下网址创建一个账户。

https://www.xilinx.com/registration/create-account.html

（2）访问 https://xilinx.com 并登录你的账户。登录后，转到以下网址的工具下载页面。

https://www.xilinx.com/support/download.html

（3）下载 Xilinx Unified Installer: Windows Self-Extracting Web Installer（Xilinx 统一安装程序：Windows 自解压 Web 安装程序）。你可以选择可用的最新版本，但如果你想使用本书中使用的版本，请选择 Version（版本）列表中的 2020.1。

（4）安装程序文件的名称类似于 Xilinx_Unified_2020.1_0602_1208_Win64.exe，需要你在下载目录中找到此文件并运行它。如果对话框警告你安装未经 Microsoft 验证的应用程序，请单击 Install anyway（仍然安装）按钮。

（5）当出现 Welcome（欢迎）页面时，单击 Next（下一步）按钮，如图 4.3 所示。

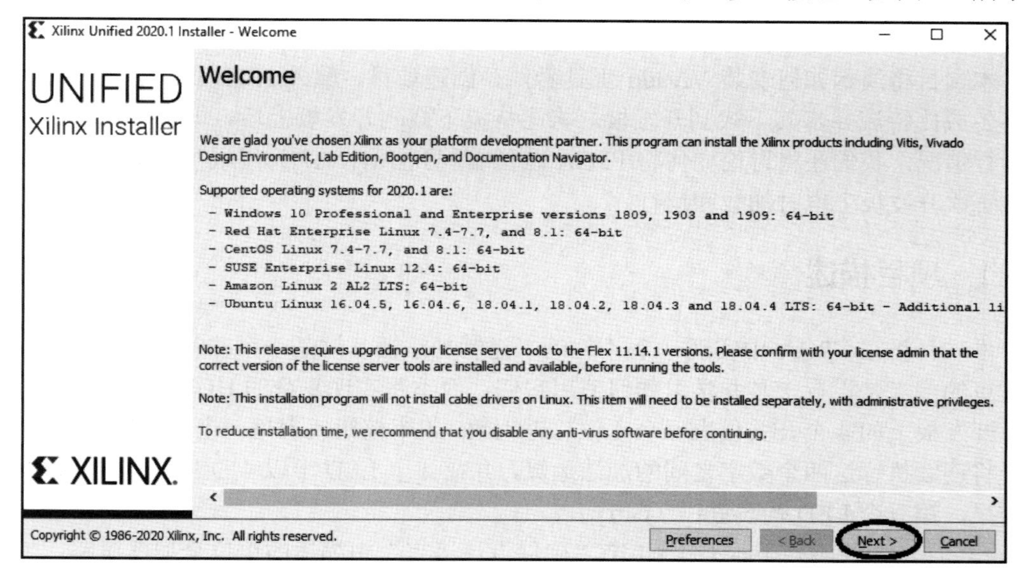

图 4.3　安装程序 Welcome（欢迎）对话框

（6）在图 4.4 所示页面中输入你的 xilinx.com 用户 ID 和密码，然后单击 Next（下一步）按钮。

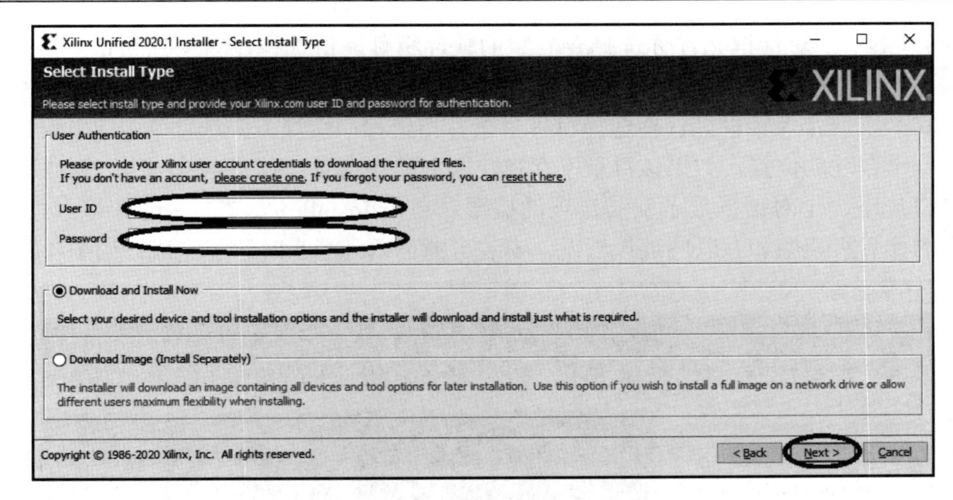

图 4.4　安装程序登录对话框

（7）下一个对话框询问你是否接受一些许可协议。选中 I Agree（我同意）复选框，然后单击 Next（下一步）按钮。

（8）在下一个对话框中，选择 Vitis 作为要安装的产品，然后单击 Next（下一步）按钮。Vitis 包括 Vivado 工具套件以及其他 Xilinx 开发工具的集合，如图 4.5 所示。

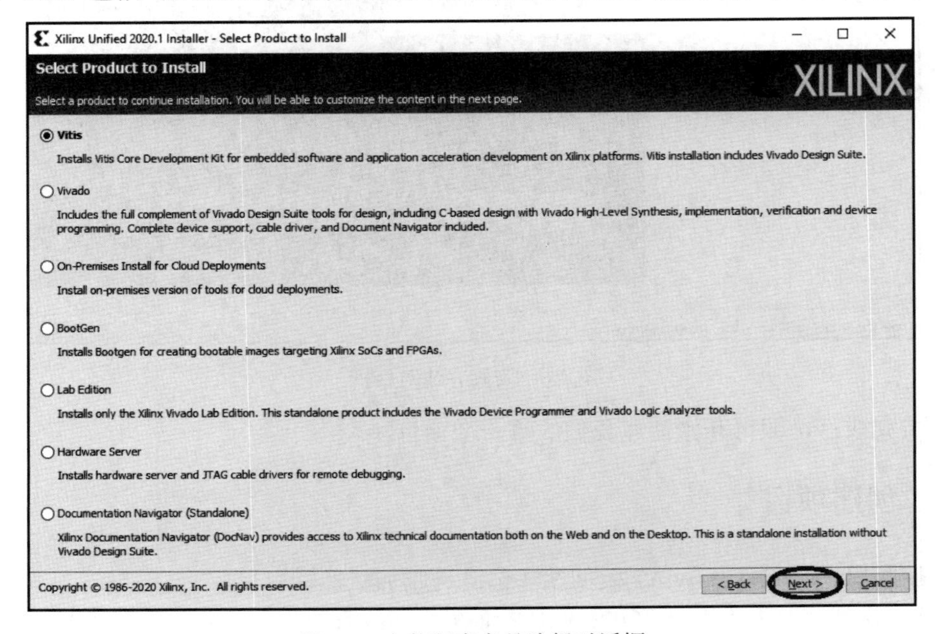

图 4.5　安装程序产品选择对话框

（9）下一个对话框允许你选择要安装的软件组件。将选择保留为默认值，然后单击 Next（下一步）按钮。

（10）下一个对话框允许你选择目标目录并指定程序快捷方式选项。C:\Xilinx 的目标目录是一个合适的位置。如果该目录不存在，则创建该目录。单击 Next（下一步）按钮。

（11）下一个对话框显示安装选项的摘要。单击 Install（安装）按钮即可继续安装。根据你的计算机速度和互联网连接情况，安装可能需要几个小时才能完成，如图 4.6 所示。

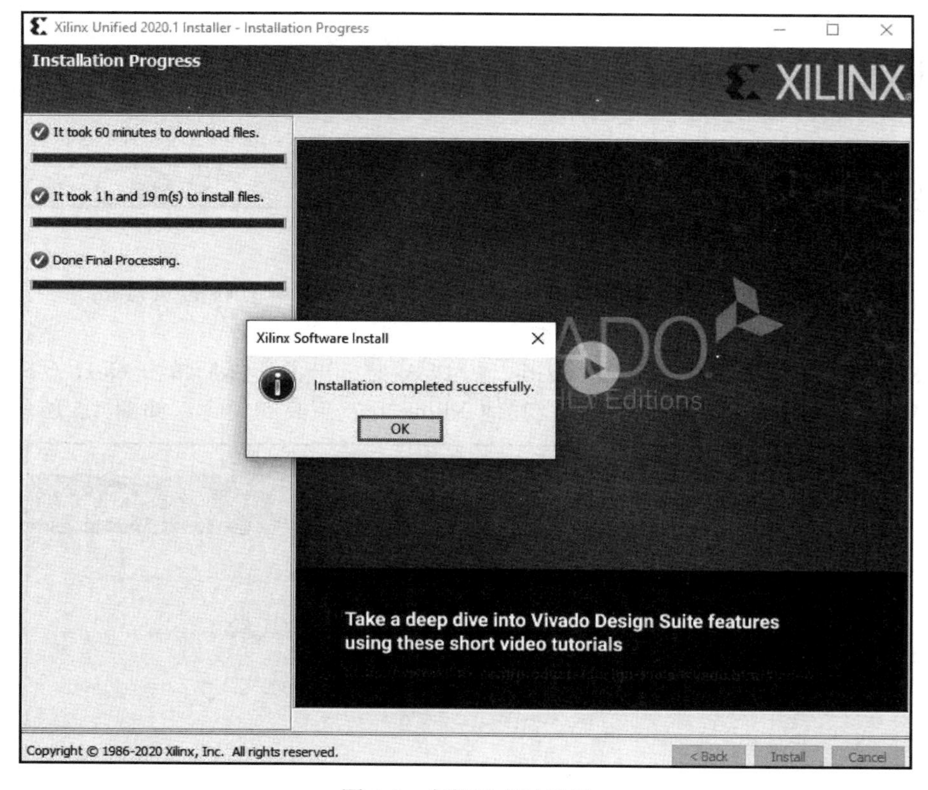

图 4.6　安装完成对话框

安装完成后，即可开始创建我们的第一个项目。

4.5.3　创建项目

请按照以下步骤为 Arty A7 板创建 4 位二进制加法器项目。

（1）找到标题为 Vivado 2020.1 的桌面图标（或查找你已经安装的版本号，当前最新版本为 2021.2）并双击它。

（2）当 Vivado 显示其主页面时，单击 Quick Start（快速启动）部分中的 Create Project（创建项目），如图 4.7 所示。

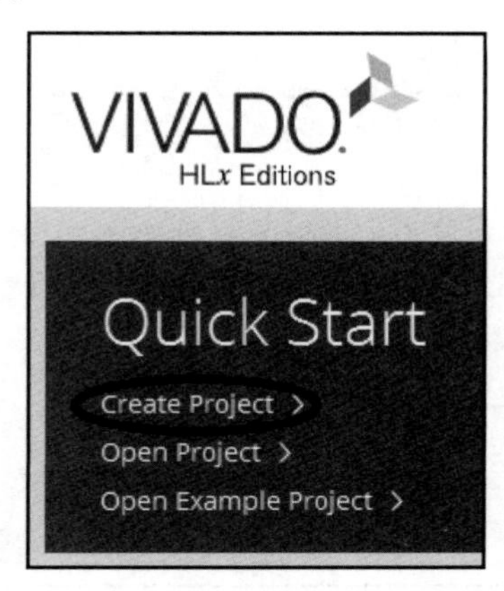

图 4.7　Vivado Quick Start（快速启动）对话框

（3）这将启动 Create a New Vivado Project（创建新 Vivado 项目）向导。单击 Next（下一步）按钮进入 Project Name（项目名称）页面，输入 ArtyAdder 作为项目名称。为项目选择合适的目录位置并选中 Create project subdirectory（创建项目子目录）复选框以创建子目录，然后单击 Next（下一步）按钮。

本书中的示例将使用 C:/Projects 目录作为所有项目的位置，如图 4.8 所示。

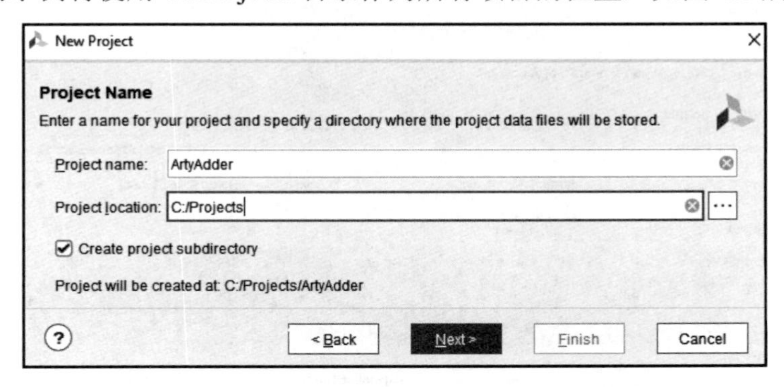

图 4.8　Project Name（项目名称）对话框

（4）在出现的 Project Type（项目类型）对话框中，选择 RTL Project（RTL 项目）并选中 Do not specify sources at this time（此时暂不指定源）复选框。然后单击 Next（下一步）按钮，如图 4.9 所示。

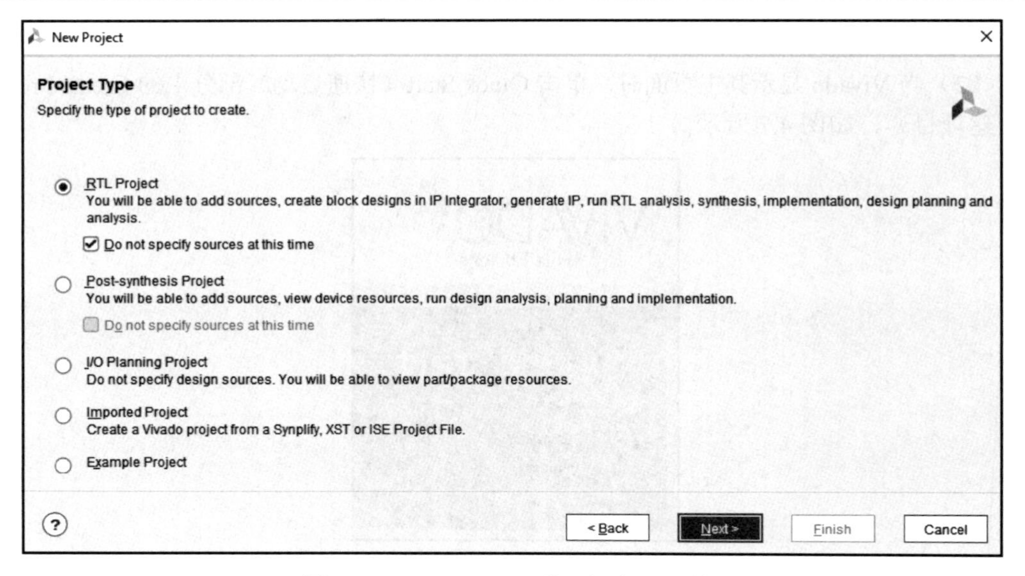

图 4.9　Project Type（项目类型）对话框

（5）在出现的 Default Part（默认部件）对话框中，选择 Boards（开发板）选项卡并在 Search（搜索）字段中输入 Arty。根据你拥有的开发板类型（或者如果你目前还没有开发板），选择 Arty A7-100 或 Arty A7-35，然后单击 Next（下一步）按钮，如图 4.10 所示。

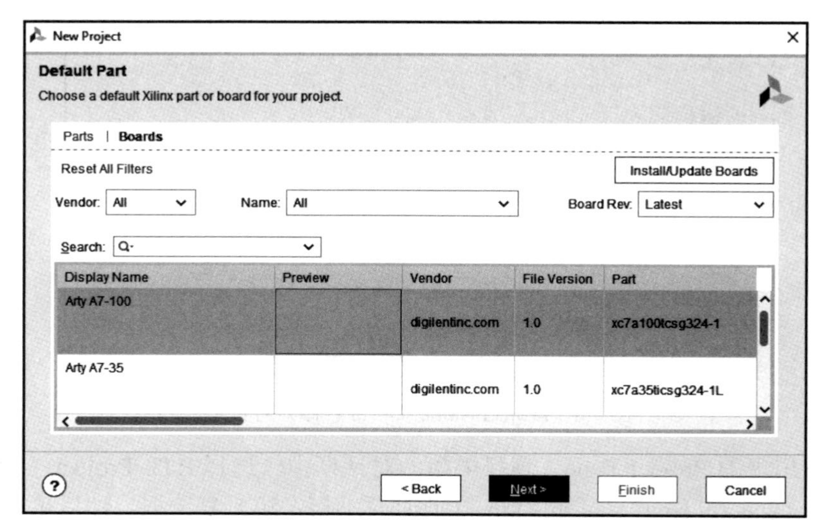

图 4.10　Default Part（默认部件）对话框

（6）在出现 New Project Summary（新项目摘要）对话框时，单击 Finish（完成）按钮。

现在我们已经创建一个空项目。接下来，将创建包含该项目的逻辑电路设计的 VHDL 源文件。

4.5.4　创建 VHDL 源文件

以下步骤描述了创建 VHDL 源文件、输入源代码和编译 FPGA 设计的过程。

（1）在 Sources（源）子窗口中，右击 Design Sources（设计源）并选择 Add Sources（添加源）选项，如图 4.11 所示。

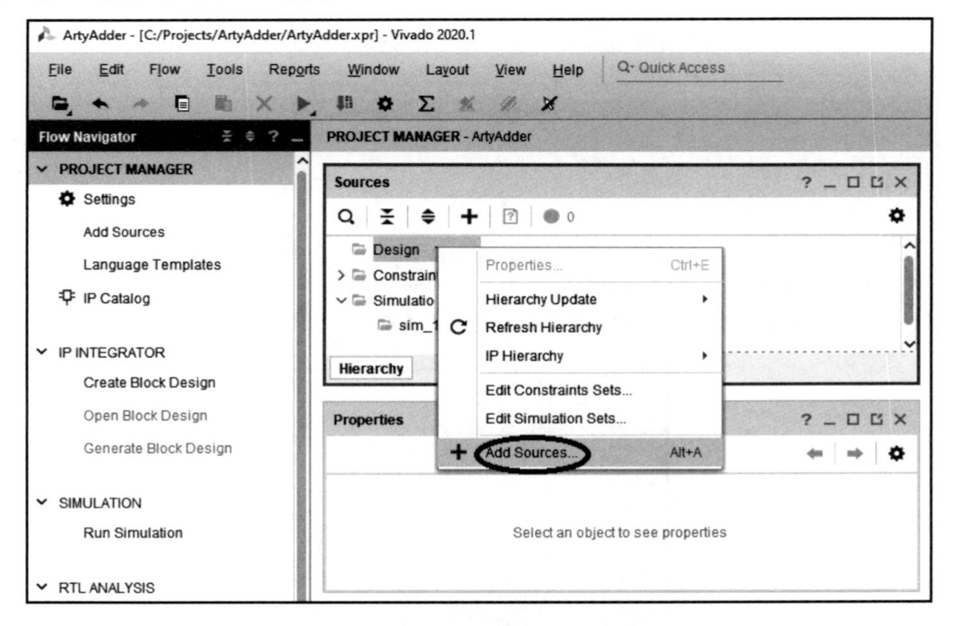

图 4.11　添加源

（2）在 Add Sources（添加源）对话框中，确保选中 Add or create design sources（添加或创建设计源），然后单击 Next（下一步）按钮。

（3）在出现的 Add or Create Design Sources（添加或创建设计源）对话框中，单击 Create File（创建文件）按钮，如图 4.12 所示。

（4）在出现的 Create Source File（创建源文件）对话框中，输入 File name（文件名）为 FullAdder.vhdl，然后单击 OK（确定）按钮，如图 4.13 所示。

（5）重复前两个步骤，创建另一个名为 Adder4.vhdl 的文件，然后在 Add or Create

Design Sources（添加或创建设计源）对话框中单击 Finish（完成）按钮。

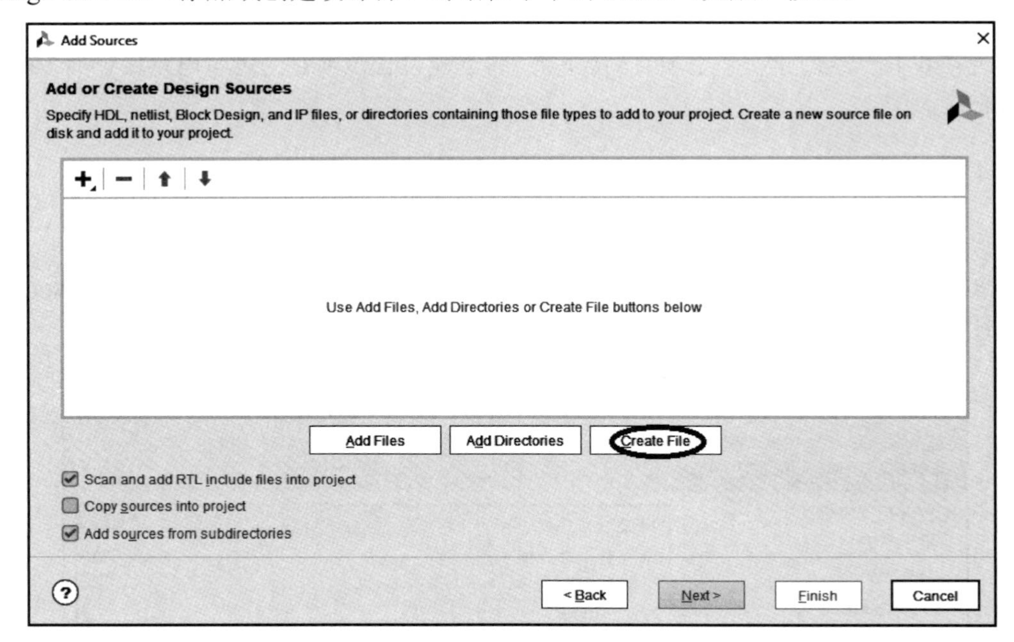

图 4.12　Add or Create Design Sources（添加或创建设计源）对话框

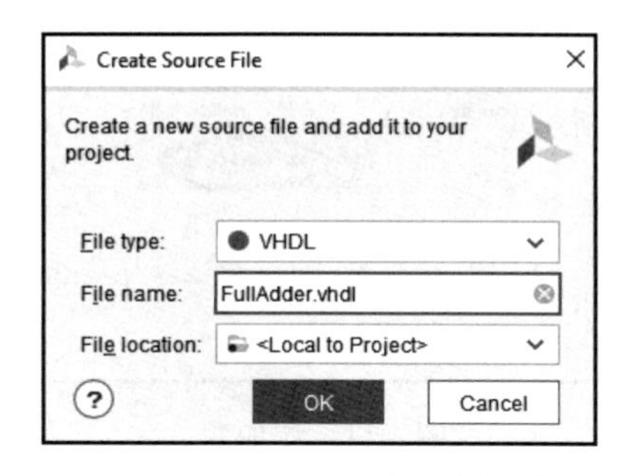

图 4.13　Create Source File（创建源文件）对话框

（6）接下来将出现如图 4.14 所示的 Define Modules（定义模块）对话框。在这里无须输入任何内容，直接单击 OK（确定）按钮关闭此对话框即可。当系统询问你是否确定要使用这些值时，单击 Yes（是）按钮。

（7）如图 4.15 所示，现在可以展开 Design Sources（设计源）下的 Non-module Files（非模块文件），然后双击 FullAdder.vhdl 文件。此时将打开一个编辑器窗口，显示空的 FullAdder.vhdl 文件。

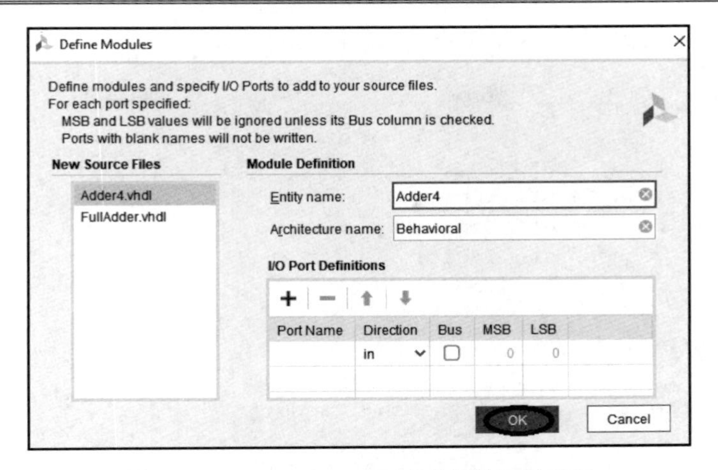

图 4.14　Define Modules（定义模块）对话框

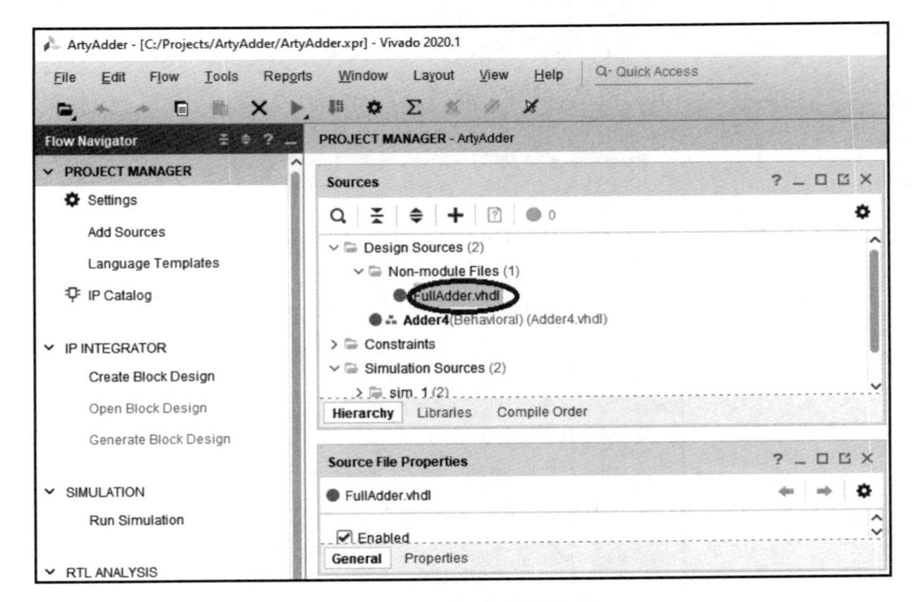

图 4.15　新创建的源文件

（8）在 FullAdder.vhdl 编辑器窗口中输入以下 VHDL 代码：

```
-- Load the standard libraries

library IEEE;
  use IEEE.STD_LOGIC_1164.ALL;
```

```
-- Define the full adder inputs and outputs

entity FULL_ADDER is
  port (
    A       : in    std_logic;
    B       : in    std_logic;
    C_IN    : in    std_logic;
    S       : out   std_logic;
    C_OUT   : out   std_logic
  );
end entity FULL_ADDER;

-- Define the behavior of the full adder

architecture BEHAVIORAL of FULL_ADDER is

begin

  S     <= (A XOR B) XOR C_IN;
  C_OUT <= (A AND B) OR ((A XOR B) AND C_IN);

end architecture BEHAVIORAL;
```

这与 1.8.1 节“硬件设计语言”中的单位全加器代码相同。图 4.16 显示了 Vivado 编辑器窗口中的代码。

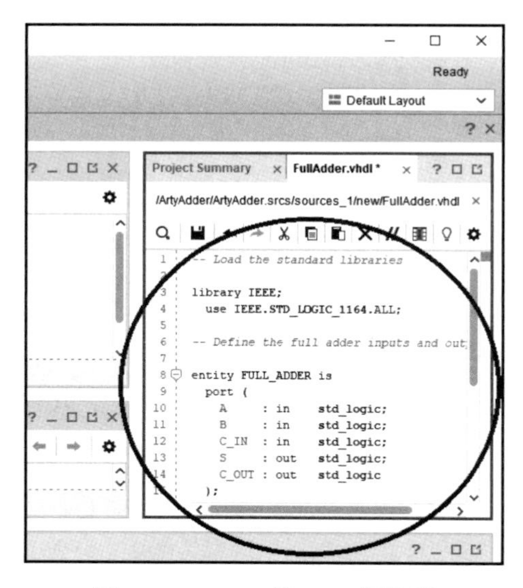

图 4.16　FullAdder.vhdl 源代码

（9）以同样的方式，双击 Design Sources（设计源）下的 Adder4(Behavioral) (Adder4.vhdl)文件。删除 Adder4.vhdl 编辑器窗口自动填充的内容，然后在 Adder4.vhdl 编辑器中输入以下代码：

```
-- Load the standard libraries

library IEEE;
  use IEEE.STD_LOGIC_1164.ALL;

-- Define the 4-bit adder inputs and outputs

entity ADDER4 is
  port (
    A4       : in    std_logic_vector(3 downto 0);
    B4       : in    std_logic_vector(3 downto 0);
    SUM4     : out   std_logic_vector(3 downto 0);
    C_OUT4   : out   std_logic
  );
end entity ADDER4;

-- Define the behavior of the 4-bit adder

architecture BEHAVIORAL of ADDER4 is

  -- Reference the previous definition of the full adder

  component FULL_ADDER is
    port (
      A                  : in    std_logic;
      B                  : in    std_logic;
      C_IN               : in    std_logic;
      S                  : out   std_logic;
      C_OUT              : out   std_logic
    );
  end component;

  -- Define the signals used internally in the 4-bit adder
  signal c0, c1, c2 : std_logic;

begin

  -- The carry input to the first adder is set to 0
```

```
 FULL_ADDER0 : FULL_ADDER
   port map (
     A               => A4(0),
     B               => B4(0),
     C_IN            => '0',
     S               => SUM4(0),
     C_OUT           => c0
   );

 FULL_ADDER1 : FULL_ADDER
   port map (
     A               => A4(1),
     B               => B4(1),
     C_IN            => c0,
     S               => SUM4(1),
     C_OUT           => c1
   );

 FULL_ADDER2 : FULL_ADDER
   port map (
     A               => A4(2),
     B               => B4(2),
     C_IN            => c1,
     S               => SUM4(2),
     C_OUT           => c2
   );

 FULL_ADDER3 : FULL_ADDER
   port map (
     A               => A4(3),
     B               => B4(3),
     C_IN            => c2,
     S               => SUM4(3),
     C_OUT           => C_OUT4
   );

end architecture BEHAVIORAL;
```

上述代码实例化了单位全加器的 4 个副本。最低有效加法器的进位（carry）设置为零，每个加法器的进位带入到下一个最高有效加法器。两个 4 位数字相加的结果是一个 4 位结果和一个单位进位。图 4.17 显示了 Adder4.vhdl 源代码。

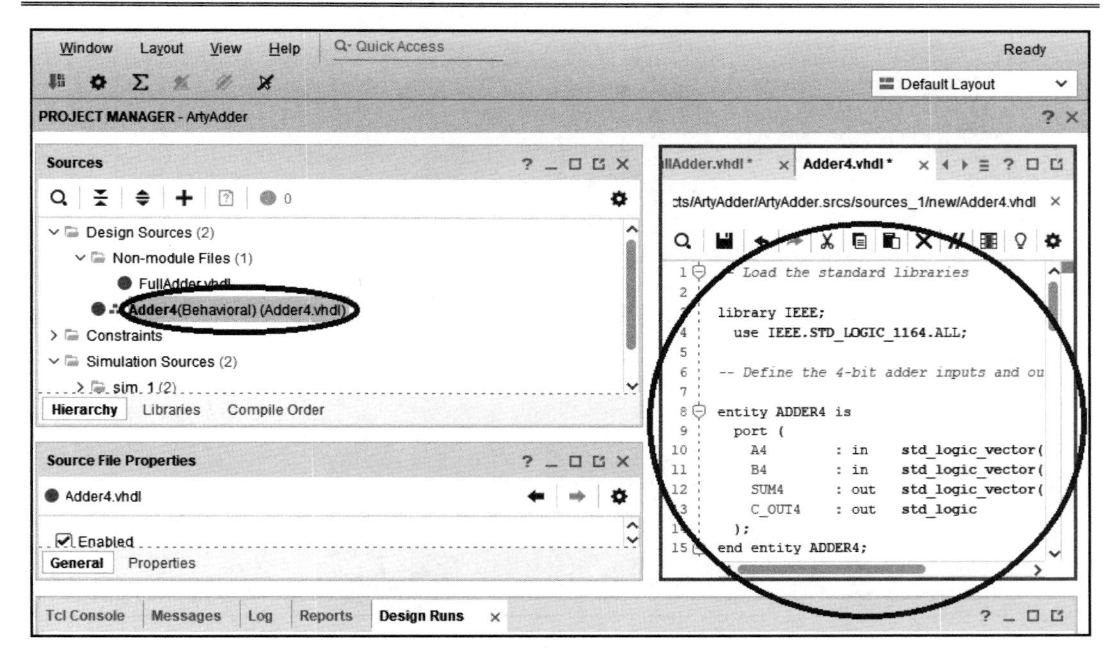

图 4.17　Adder4.vhdl 源代码

至此，我们已经输入 VHDL 代码，该代码定义了一个由 4 个单位全加器构成的 4 位二进制加法器。

接下来，我们将测试该实现是否能正确工作。

4.5.5　测试逻辑行为

编写完 VHDL 代码之后，不要着急在 FPGA 中运行，在此之前，使用仿真测试逻辑的行为非常重要。这是因为在仿真环境中检测和修复问题比在 FPGA 内部运行逻辑要容易得多。Vivado 仿真工具在表示电路行为方面具有显著优势。

请按以下步骤操作。

（1）在 Sources（源）子窗口中，右击 Simulation Sources（仿真源）并选择 Add Sources（添加源）选项，如图 4.18 所示。

（2）在 Add Source（添加源）对话框中，确保选中 Add or create simulation sources（添加或创建仿真源），然后单击 Next（下一步）按钮。

（3）在 Add or Create Simulation Sources（添加或创建仿真源）对话框中，单击 Create File（创建文件）按钮。

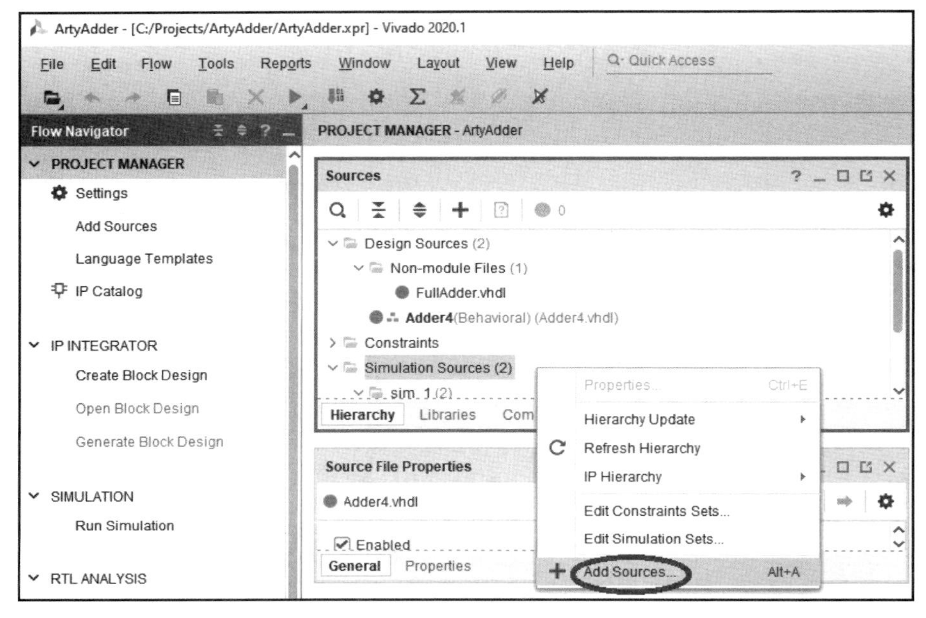

图 4.18　添加源

（4）输入文件名 Adder4TestBench.vhdl 并单击 OK（确定）按钮。

（5）单击 Finish（完成）按钮关闭 Add or Create Simulation Sources（添加或创建仿真源）对话框，然后在 Define Module（定义模块）对话框中单击 OK（确定）按钮，并在询问是否确定要使用这些值时单击 Yes（是）按钮。

（6）在 Simulation Sources（仿真源）下双击 Adder4 TestBench (Behavioral) (Adder4TestBench.vhdl)。删除 Adder4TestBench.vhdl 编辑器窗口中自动填充的内容，并在 Adder4TestBench.vhdl 编辑器中输入以下代码：

```
library IEEE;
  use IEEE.STD_LOGIC_1164.ALL;
  use IEEE.NUMERIC_STD.ALL;

entity ADDER4_TESTBENCH is
end entity ADDER4_TESTBENCH;

architecture BEHAVIORAL of ADDER4_TESTBENCH is

  component ADDER4 is
    port (
      A4        : in    std_logic_vector(3 downto 0);
```

```
    B4        : in    std_logic_vector(3 downto 0);
    SUM4      : out   std_logic_vector(3 downto 0);
    C_OUT4    : out   std_logic
  );
end component;

signal a              : std_logic_vector(3 downto 0);
signal b              : std_logic_vector(3 downto 0);
signal s              : std_logic_vector(3 downto 0);
signal c_out          : std_logic;

signal expected_sum5  : unsigned(4 downto 0);
signal expected_sum4  : unsigned(3 downto 0);
signal expected_c     : std_logic;
signal error          : std_logic;

begin

  TESTED_DEVICE : ADDER4
    port map (
      A4        => a,
      B4        => b,
      SUM4      => s,
      C_OUT4    => c_out
    );

  TEST : process
  begin

    -- Test all combinations of two 4-bit addends (256 total tests)
    for a_val in 0 to 15 loop
      for b_val in 0 to 15 loop
        -- Set the inputs to the ADDER4 component
        a <= std_logic_vector(to_unsigned(a_val, a'length));
        b <= std_logic_vector(to_unsigned(b_val, b'length));
        wait for 1 ns;

        -- Compute the 5-bit sum of the two 4-bit values
        expected_sum5 <= unsigned('0' & a) + unsigned('0' & b);
        wait for 1 ns;

        -- Break the sum into a 4-bit output and a carry bit
```

```
        expected_sum4  <= expected_sum5(3 downto 0);
        expected_c     <= expected_sum5(4);
        wait for 1 ns;

        -- The 'error' signal will only go to 1 if an error occurs
        if ((unsigned(s) = unsigned(expected_sum4)) and
            (c_out = expected_c)) then
          error <= '0';
        else
          error <= '1';
        end if;

        -- Each pass through the inner loop takes 10 ns
        wait for 7 ns;

      end loop;
    end loop;

    wait;

  end process TEST;

end architecture BEHAVIORAL;
```

上述代码通过向 Adder4 组件的每个 A4 和 B4 输入提供了 4 位数字的所有组合来练习 4 位加法器功能。

它将 Adder4 组件的 SUM4 和 C_OUT4 输出与相同输入的独立计算值进行比较。每次加法运算后，如果 Adder4 输出与预期值匹配，则将 error 信号设置为 0；如果不匹配，则设置 error 信号为 1。

可以看到，Adder4TestBench.vhdl 中的代码在使用嵌套 for 循环将所有测试输入组合应用于被测 Adder4 组件时，其方式类似于传统软件代码。在仿真模式下运行测试的代码是不可综合的，这意味着它并不纯粹代表硬件逻辑电路，并且能够进行传统的类似软件的操作，如 for 循环的迭代执行。

当然，与物理电路一样，在测试台代码中使用“<=”运算符分配值的信号不能在随后的表达式中同时使用。这是因为仿真环境代表了传播延迟的实际影响，这即使在微型 FPGA 器件中也很明显。

在该测试台代码中，有 3 个 wait for 1 ns; 语句暂停电路操作以允许传播延迟。这些 1ns 的延迟恰好为在 wait 语句传播之前计算的信号值提供了时间，因此它们可以在接下来的语句中使用。

最后，在内循环中的 wait for 7 ns; 语句是一个暂停，使我们能够在信号轨迹显示中清楚地看到仿真循环每次迭代的结果。

（7）右击 Simulation Sources（仿真源）下的 ADDER4 TESTBENCH (BEHAVIORAL) (Adder4TestBench.vhdl)，然后选择 Hierarchy Update（分层更新）| Automatic Update and Compile Order（自动更新和编译顺序）选项。这会将 ADDER4_TESTBENCH 设置为仿真运行的顶级对象，如图 4.19 所示。

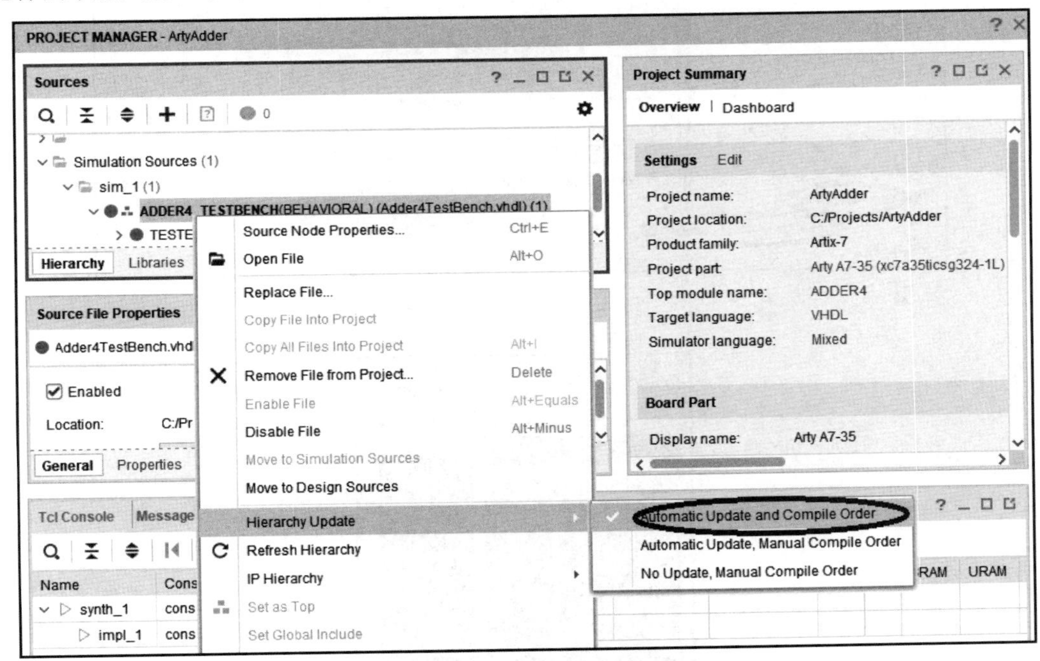

图 4.19　设置自动更新和编译顺序

（8）在 Flow Navigator（流导航）窗口中单击 Run Simulation（运行仿真）| Run Behavioral Simulation（运行行为仿真）选项以进入仿真模式，如图 4.20 所示。如果此时尚未保存编辑器文件，则系统将出现提示。单击 Save（保存）按钮，然后仿真将开始运行。

（9）在打开的 SIMULATION（仿真）窗口中，单击标题为 Untitled 1 的仿真输出窗口中的“最大化”按钮，如图 4.21 所示。

每次遍历内循环的总仿真时间为 10ns。因为 Adder4TestBench.vhdl 中有 256 次循环遍历，所以运行仿真的时间为 2560ns。

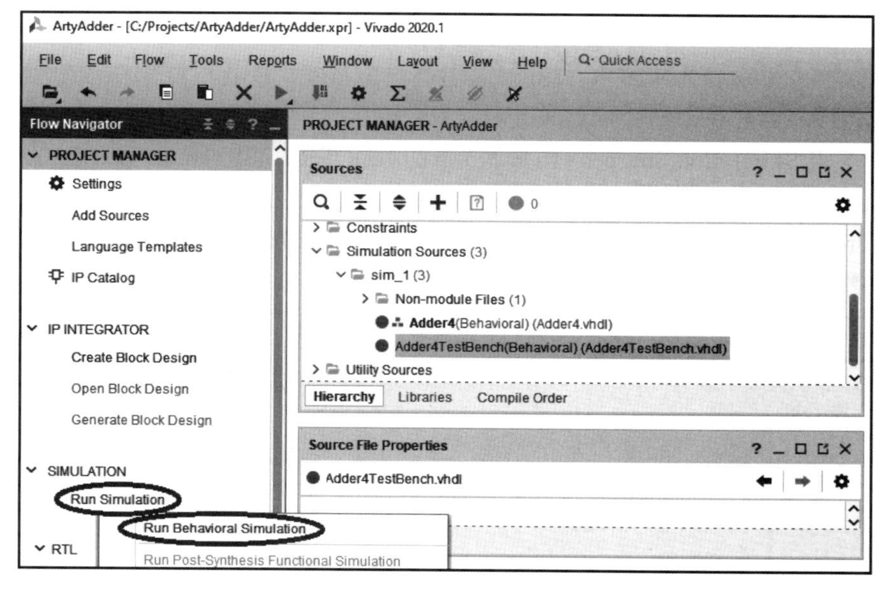

图 4.20　运行行为仿真

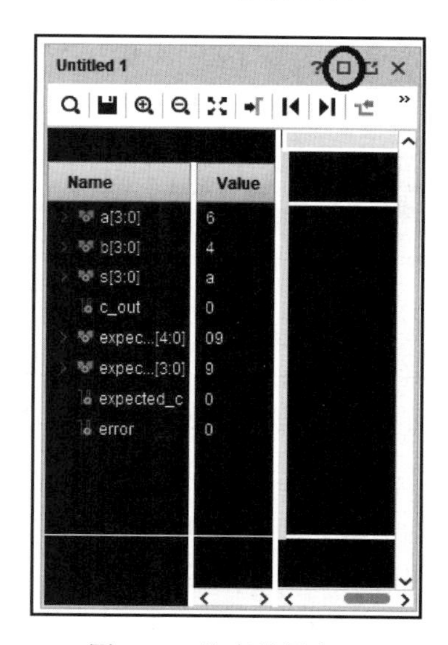

图 4.21　仿真结果窗口

（10）在顶部工具栏中将仿真运行时间设置为 2560ns（见图 4.22 中的步骤 1），单击向左的重启按钮（步骤 2），然后单击向右的按钮运行 2560ns 的仿真（步骤 3），最后单击 Zoom Fit（缩放适合）按钮（步骤 4）缩放仿真输出数据范围以适合窗口。

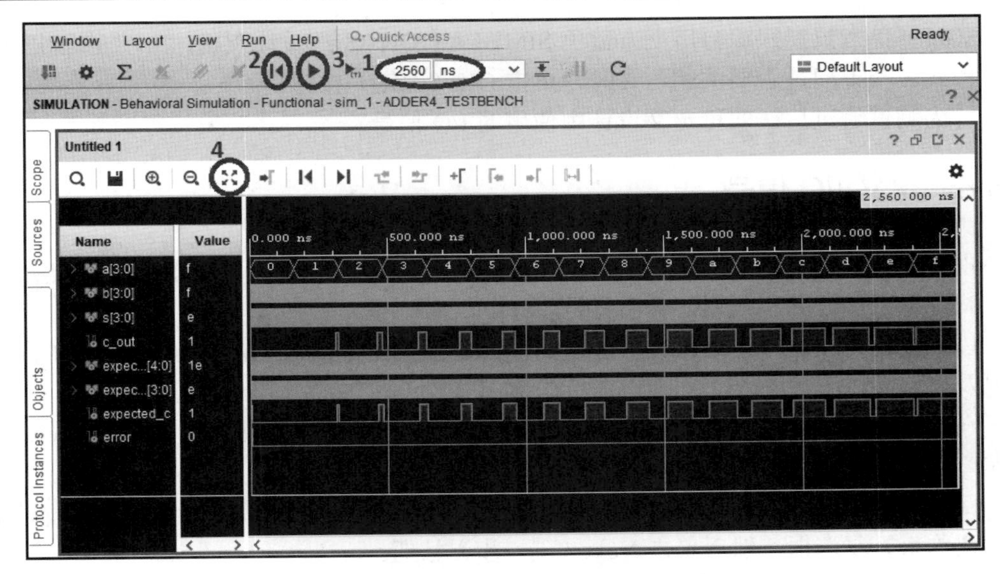

图 4.22　从开始到结束的仿真运行结果

可以使用放大镜图标放大走线的任何点并观察测试期间执行的每个加法操作的结果。例如，图 4.23 显示了十进制值 6 和 2 相加产生结果 8，并且进位为 0。这些值显然与预期结果是匹配的，所以 error 设置为 0。所有 256 个测试用例的 error 信号均为 0，表明我们的逻辑电路通过了所有测试。

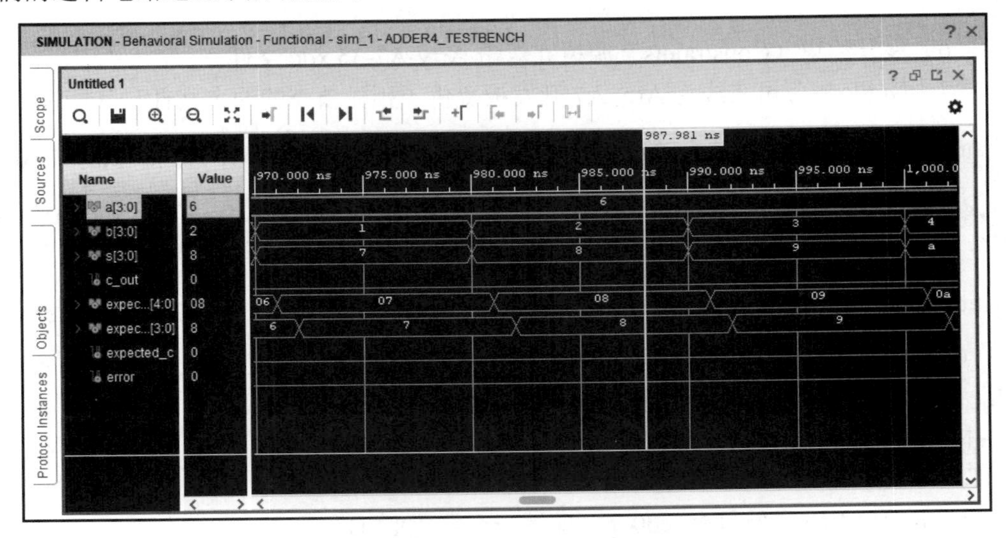

图 4.23　仿真结果的放大视图

（11）单击数据跟踪窗口上方蓝色 SIMULATION（仿真）栏中的“×”图标以关闭仿真模式。当询问是否要关闭仿真时，单击 OK（确定）按钮。

行为测试通过后，即可定义设计中使用的 I/O 信号。

4.5.6 定义 I/O 信号

现在要做的是将电路的输入和输出连接到 Arty 开发板上的硬件设备。如前文所述，输入将是板上的开关和按钮，输出将是 LED。

以下步骤将创建一个约束文件，该文件描述了我们将在 FPGA 设备上使用的 I/O 引脚以及连接到 Arty 板上这些引脚的功能。约束文件的扩展名为.xdc。

（1）在 Sources（源）子窗口中，右击 Constraints（约束）并选择 Add Sources（添加源）选项。

（2）在 Add Sources（添加源）对话框中，确保选中 Add or create constraints（添加或创建约束）复选框，然后单击 Next（下一步）按钮。

（3）在 Add or Create Constraints（添加或创建约束）对话框中，单击 Create File（创建文件）按钮。

（4）输入文件名为 Arty-A7-100.xdc（或 Arty-A7-35.xdc，如果你使用的是该型号设备）并单击 OK（确定）按钮。

（5）单击 Finish（完成）按钮关闭 Add or Create Constraints（添加或创建约束）对话框。

（6）展开约束（Constraints）源树并双击 Arty-A7-35.xdc 文件。

（7）Digilent 公司在线为 Arty A7 开发板提供了预先填充的约束文件。其网址如下：

https://raw.githubusercontent.com/Digilent/digilent-xdc/master/Arty-A7-35-Master.xdc

访问上述网址并将浏览器窗口的全部内容复制到 Vivado 的 Arty-A7-35.xdc 编辑器窗口中。如果你的设备型号是 Arty A7-100T，则可以改用以下网址的文件：

https://raw.githubusercontent.com/Digilent/digilent-xdc/master/Arty-A7-100-Master.xdc

（8）默认情况下，约束文件中的所有 I/O 引脚都被注释掉了。通过删除每行开头的“#”字符即可取消对文件中相应行的注释。

本示例将使用 Arty-A7-100.xdc 文件以下部分中列出的引脚。

- Switches。
- RGB LEDs（但只有 led0_g，即第一个绿色 LED）。

- LEDs。
- Buttons。

图 4.24 显示了这些取消注释后的行。

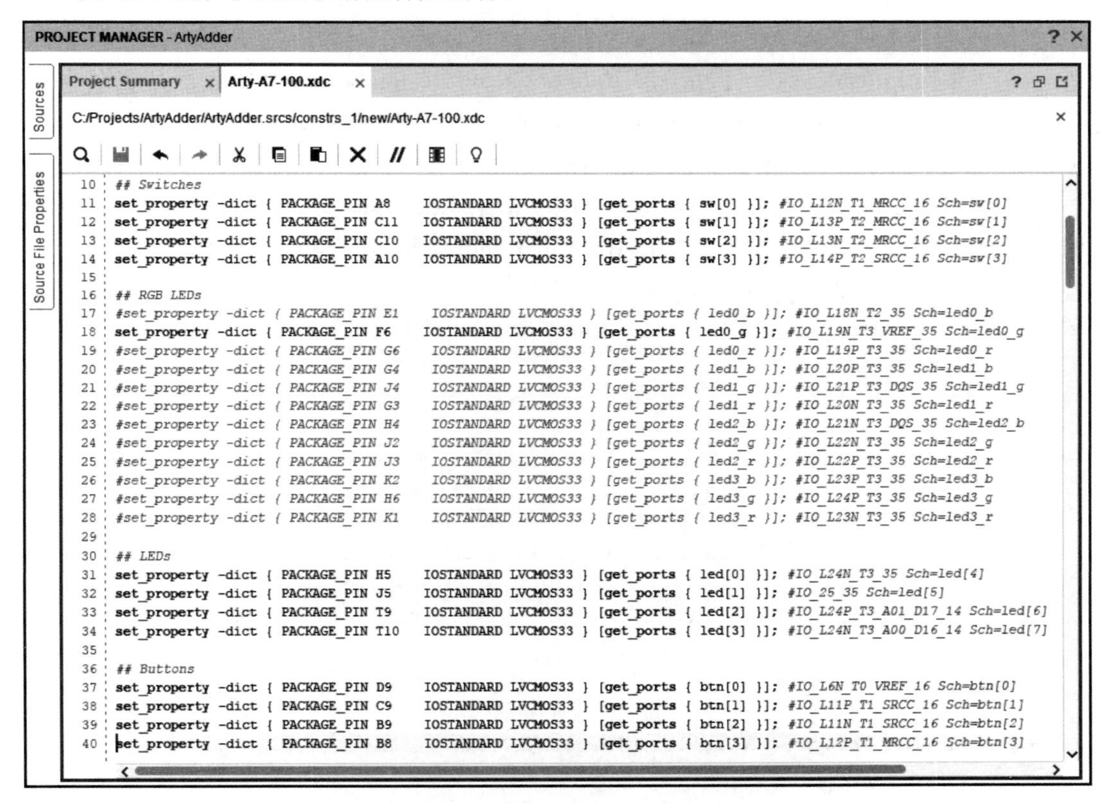

图 4.24　约束编辑器窗口

接下来，我们将创建一个顶级 VHDL 文件，它可以将加法器代码与 I/O 设备连接起来。

4.5.7　创建顶级 VHDL 文件

现在我们将创建一个顶级 VHDL 文件，将 4 位加法器组件连接到相应的开发板 I/O 信号。请按以下步骤操作。

（1）在 Sources（源）子窗口中，右击 Design Sources（设计源）并选择 Add Sources（添加源）选项。

（2）在 Add Sources（添加源）对话框中，确保选中 Add or create design sources（添

加或创建设计源），然后单击 Next（下一步）按钮。

（3）在 Add or Create Design Sources（添加或创建设计源）对话框中，单击 Create File（创建文件）按钮。

（4）输入文件名为 ArtyAdder.vhdl 并单击 OK（确定）按钮。

（5）单击 Finish（完成）按钮关闭 Add or Create Design Sources（添加或创建设计源）对话框，然后在 Define Module（定义模块）对话框中单击 OK（确定）按钮，并在询问是否确定要使用这些值时单击 Yes（是）按钮。

（6）双击 Design Sources（设计源）下的 ArtyAdder.vhdl 文件。删除 ArtyAdder.vhdl 编辑器窗口中自动填充的内容，并在 ArtyAdder.vhdl 编辑器中输入以下代码：

```
-- Load the standard libraries

library IEEE;
  use IEEE.STD_LOGIC_1164.ALL;

entity ARTY_ADDER is
   port (
       sw           : in    STD_LOGIC_VECTOR (3 downto 0);
       btn          : in    STD_LOGIC_VECTOR (3 downto 0);
       led          : out   STD_LOGIC_VECTOR (3 downto 0);
       led0_g       : out   STD_LOGIC
   );
end entity ARTY_ADDER;

architecture BEHAVIORAL of ARTY_ADDER is

  -- Reference the previous definition of the 4-bit adder

  component ADDER4 is
  port (
    A4           : in    std_logic_vector(3 downto 0);
    B4           : in    std_logic_vector(3 downto 0);
    SUM4         : out   std_logic_vector(3 downto 0);
    C_OUT4       : out   std_logic
  );
  end component;

begin
  ADDER : ADDER4
```

```
    port map (
      A4         => sw,
      B4         => btn,
      SUM4       => led,
      C_OUT4     => led0_g
    );

end architecture BEHAVIORAL;
```

上述代码将 Arty-A7-100.xdc 中命名为 sw（4 个开关）、btn（4 个按钮）、led（4 个单色 LED）和 led0_g（多色 LED 中的第一个绿色通道）的 I/O 设备的信号名称映射连接到 ADDER4 输入和输出。

虽然 VHDL 不区分大小写，但 Vivado 中 xdc 约束文件的处理区分大小写。因此，当在 VHDL 文件中引用时，xdc 文件中定义的 I/O 设备名称中使用的大小写必须相同。具体来说，VHDL 中的 I/O 信号名称在此文件中必须是小写的，因为它们在约束文件中是小写的。

接下来，我们将对 Arty 开发板的设计进行综合、实现和编程。

4.5.8　综合和实现 FPGA 比特流

现在可以使用 Vivado 主对话框的 Flow Navigator（流导航）部分中的选项单独执行综合和实现（布局和布线）步骤。

或者，你也可以选择 Generation Bitstream（生成比特流），Vivado 将执行所有必需的步骤，包括综合、实现和比特流生成，而无须用户的进一步干预。如果发生致命错误，进程将停止并显示错误消息。

请执行以下步骤来生成比特流。

（1）单击如图 4.25 左下角所示 Generate Bitstream（生成比特流）开始构建过程。当系统询问你是否要保存文本编辑器时，单击 Save（保存）按钮。当被告知没有可用的实施结果，并询问是否可以启动综合和实现时，单击 Yes（是）按钮。

（2）随后将出现 Launch Runs（启动运行）对话框。你可以为 Number of jobs（作业数）选择一个值，最高可达你计算机中的处理器核心数。使用更多处理器核心可以加快进程，但如果你想在漫长的构建过程中继续使用它，那么它可能会使你的机器陷入困境。单击 OK（确定）按钮开始构建，如图 4.26 所示。

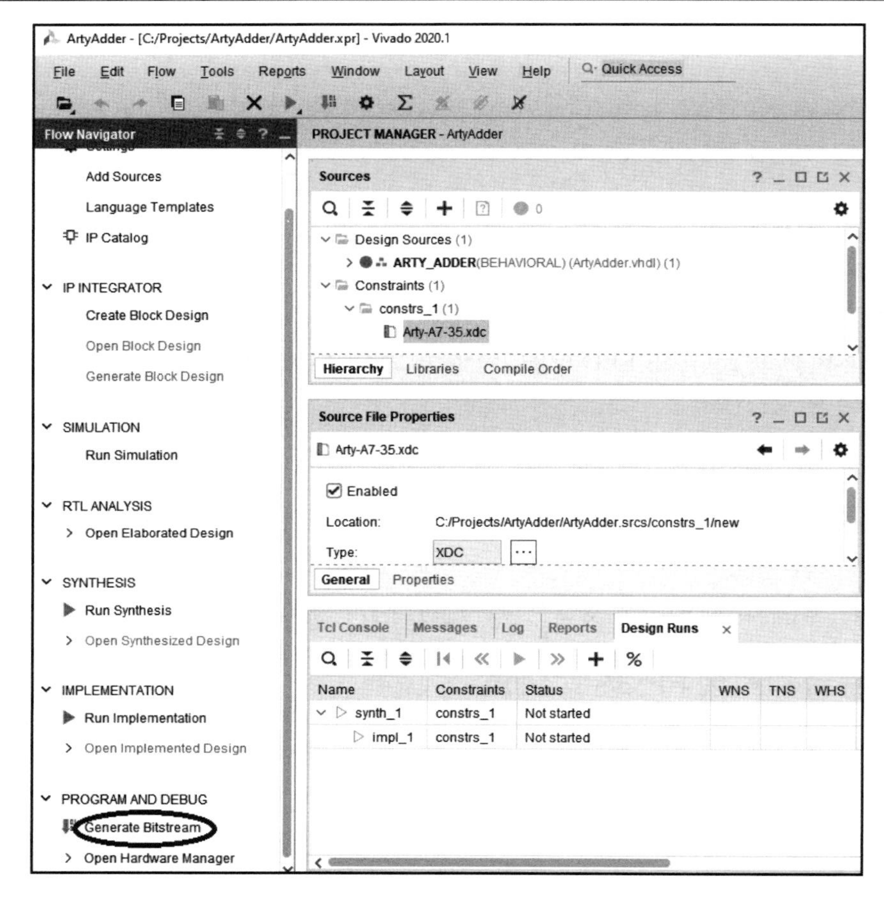

图 4.25　生成比特流

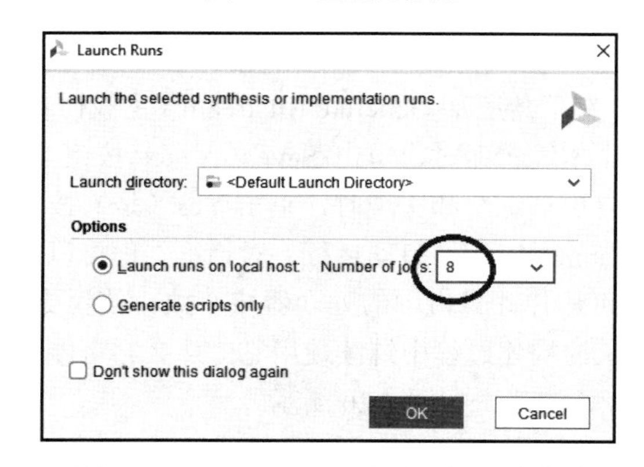

图 4.26　Launch Runs（启动运行）对话框

（3）在构建过程中，Vivado 会在主窗口的右上角显示状态。如有必要，可以通过单击状态显示旁边的 Cancel（取消）按钮来取消构建过程，如图 4.27 所示。

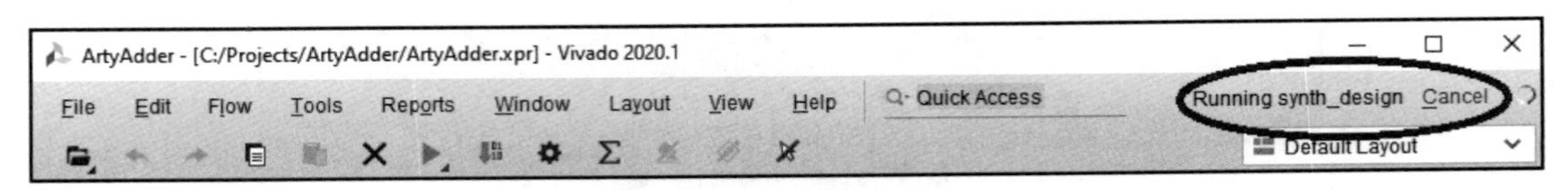

图 4.27　编译状态显示

（4）当构建过程完成时，假设没有致命错误，则会出现 Bitstream Generation Completed（比特流生成完成）对话框。尽管也提供了其他选项，但我们选择直接将比特流下载到 Arty 板。选中 Open Hardware Manager（打开硬件管理器）单选按钮并单击 OK（确定）按钮，如图 4.28 所示。

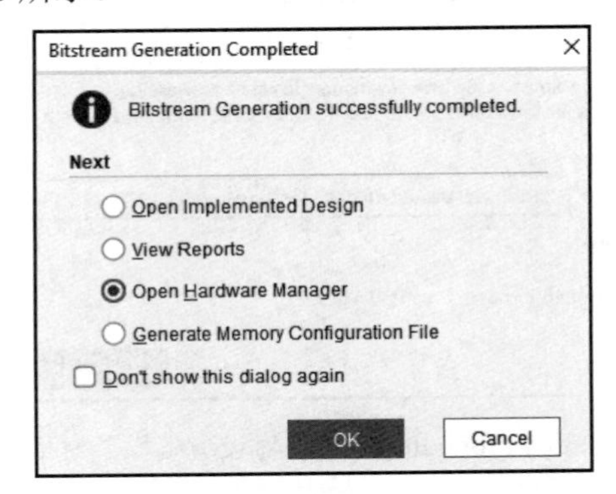

图 4.28　Bitstream Generation Completed（比特流生成完成）对话框

接下来，我们将把比特流下载到 FPGA 中。

4.5.9　将比特流下载到板上

请执行以下步骤将比特流下载到 Arty A7 板。

（1）接续 4.5.8 节的步骤，此时将出现 HARDWARE MANAGER（硬件管理器）对话框并指示 No hardware target is open（没有打开硬件目标）。

（2）使用 USB 线将 Arty A7-35T 或 A7-100T 开发板连接到计算机。等待几秒钟以便计算机识别开发板，然后选择 Open target（打开目标）| Auto Connect（自动连接）选项，如图 4.29 所示。

（3）几秒钟后，Vivado 应指示开发板已连接。单击 Program device（对设备编程）将 FPGA 比特流下载到 Arty 板。系统将提示你选择比特流文件。如果你使用了与本示例相同的目录结构，则该文件将位于 C:/Projects/ArtyAdder/ArtyAdder.runs/impl_1/ARTY_

ADDER.bit，如图 4.30 所示。

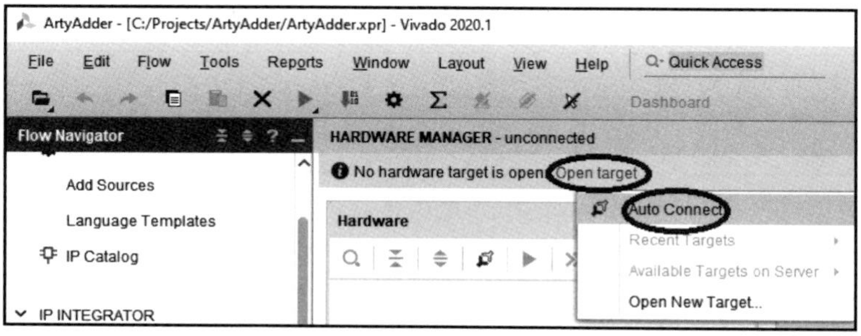

图 4.29　打开目标并自动连接

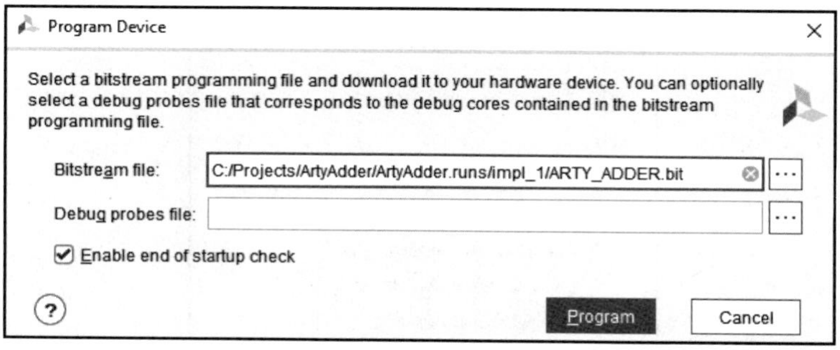

图 4.30　Program device（对设备编程）对话框

（4）单击 Program（编程）按钮将程序下载到 FPGA 设备并开始执行。

（5）现在可以使用 Arty I/O 设备测试程序的操作。将 4 个开关都置于关闭位置（即将开关移向靠近开发板的边缘）并且不要按下 4 个按钮中的任何一个，则 4 个绿色 LED 都应熄灭。

（6）如果你打开任何一个开关或按下任何一个按钮，则相应的绿色 LED 应亮起。在按下任意数量按钮的同时打开任意开关组合，会将相应的 4 位数字加在一起并用结果点亮 LED。如果有进位（如打开 SW3 并同时按下 BTN3），则绿色进位 LED 将亮起。

此处执行的编程过程可将程序存储在 FPGA RAM 中。如果你在 FPGA 板上循环上电，则需要重复编程过程以重新加载程序。因此，你也可以考虑将 FPGA 配置文件存储在板载闪存中，这正是接下来我们将要介绍的操作。

4.5.10　将比特流编程到板载闪存

为了在每次给 Arty 板加电时配置 FPGA，FPGA 配置文件必须存储到开发板的闪存中。如果安装了 MODE 跳线，则 FPGA 将在上电时尝试从板载闪存中下载配置文件。该存储器位于与 Artix-7 FPGA 相邻的单独芯片中。

请按以下步骤将配置文件编程到闪存。

（1）如果尚未安装到位，请将 MODE 跳线安装到 Arty 开发板上。

（2）右击 Generation Bitstream（生成比特流）并选择 Bitstream Settings（比特流设置）选项。

（3）在出现的 Settings（设置）对话框中，选中 -bin_file 右侧的复选框，然后单击 OK（确定）按钮，如图 4.31 所示。

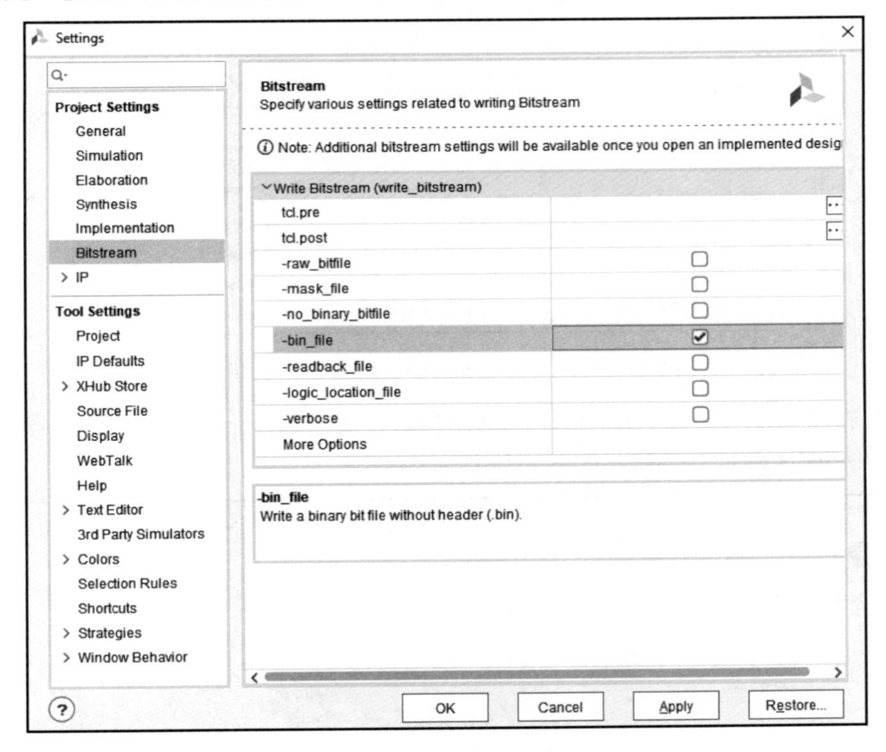

图 4.31　比特流设置

（4）在 Vivado 主对话框中，单击 Generate Bitstream（生成比特流）并重复比特流生成过程。当 Bitstream Generation Completed（比特流生成完成）对话框出现时，单击 Cancel（取消）按钮。

（5）在 Hardware（硬件）对话框中，右击 FPGA 部件号（xc7a100t_0）并选择 Add Configuration Memory Device（添加配置存储设备）选项，如图 4.32 所示。

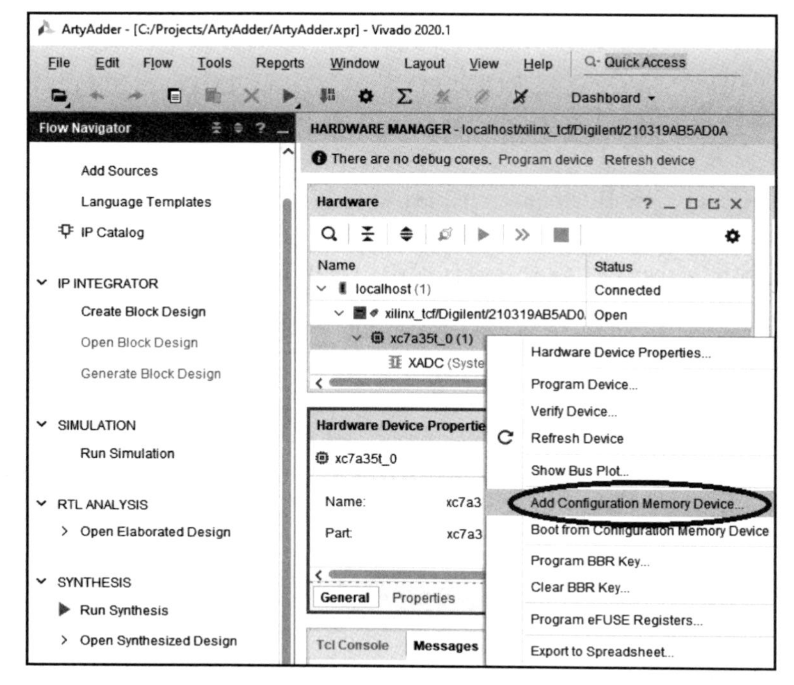

图 4.32　Add Configuration Memory Device（添加配置存储设备）选项

（6）在 Search（搜索）框中输入 s25fl127，此时会显示一个匹配的部件号。选择该部件并单击 OK（确定）按钮，如图 4.33 所示。

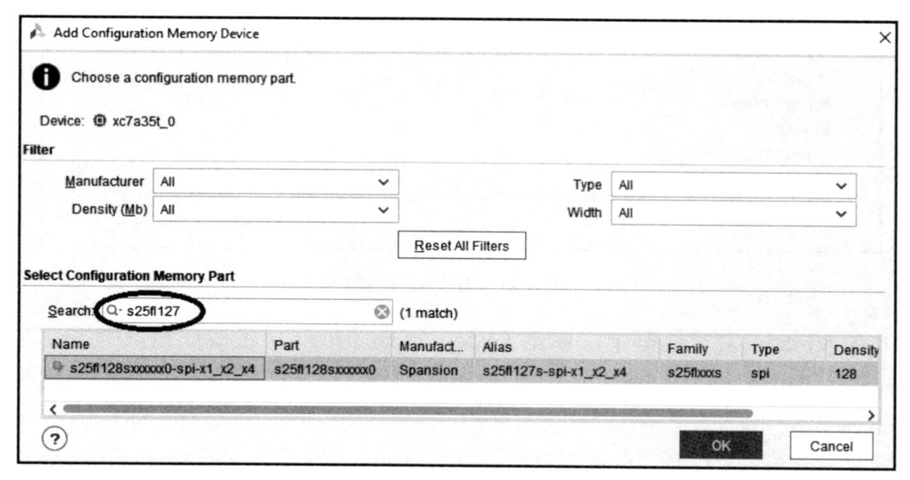

图 4.33　Add Configuration Memory Device（添加配置存储设备）对话框

（7）此时你将看到一个对话框，询问 Do you want to program the configuration memory device now?（是否要立即对配置存储设备进行编程？），单击 OK（确定）按钮关闭对话框。

（8）这将打开一个 Program Configuration Memory Device（对配置存储设备进行编程）对话框，要求选择配置文件名。单击 Configuration file（配置文件）右侧的浏览（...）按钮，选择 C:/Projects/ArtyAdder/ArtyAdder.runs/impl_1/ARTY_ADDER.bin。单击 OK（确定）按钮，如图 4.34 所示。

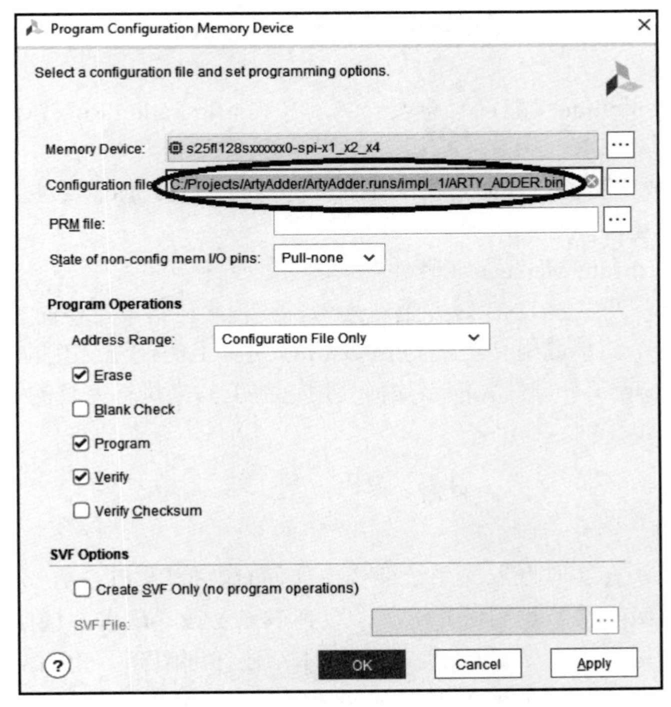

图 4.34　Program Configuration Memory Device（对配置存储设备进行编程）对话框

（9）编程过程需要几秒钟才能完成。在将文件编程到开发板的闪存后，你应该会收到一条指示闪存编程成功的消息，如图 4.35 所示。

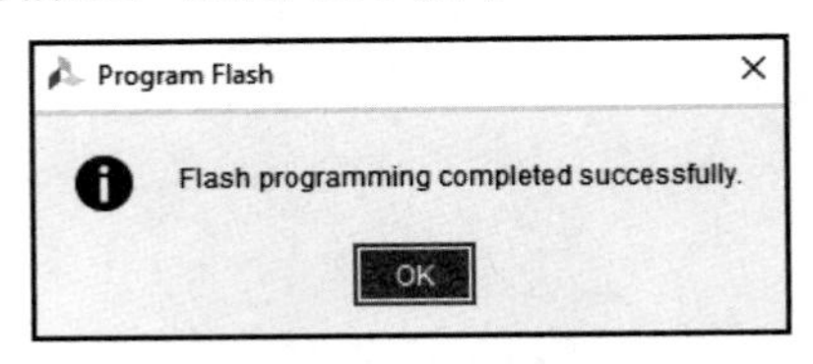

图 4.35　指示闪存编程成功的消息

在此之后，每次循环电路板电源时，4 位加法器程序将加载并运行。该程序需要很长时间才能加载我们用于加载配置文件的设置。为了避免等待 FPGA 加载程序，可以通过执行以下步骤来提高配置文件加载的速度。

（1）在 Flow Navigator（流导航）中选择 Open Synthesized Design（打开已综合设计）选项。

（2）在 Vivado 主菜单中，选择 Tools（工具）| Edit Devices Properties（编辑设备属性）选项。

（3）在 General（常规）选项卡中，将 Enable Bitstream Compression（启用比特流压缩）设置为 TRUE。

（4）在 Configuration（配置）选项卡中，将 Configuration Rate (MHz)（配置速率）设置为 33，然后单击 OK（确定）按钮。

（5）再次生成比特流，并如前文所述对闪存进行编程。你需要移除配置存储设备并重新添加它以显示重新编程选项。

（6）关闭 Hardware Manager（硬件管理器）。

（7）拔下 Arty 开发板 USB 线并重新插入。该程序应该在上电时立即开始运行。

本节介绍了一个简单的组合逻辑与 FPGA I/O 引脚上的信号交互的示例。该示例的目的是让你熟悉 Vivado 工具套件并演示如何使用这些工具来执行完整的 FPGA 开发周期。

4.6　小　　结

本章首先讨论了在实时嵌入式系统架构中如何有效使用 FPGA，介绍了标准 FPGA 设备及其包含的低级组件。我们还介绍了一系列 FPGA 设计语言，包括 HDL、原理图方法和流行的软件编程语言，如 C/C++。此外，本章还详细阐释了 FPGA 开发过程。

本章提供了一个完整的 FPGA 开发周期示例，该示例从需求声明开始，以在低成本 FPGA 开发板上实现一个简单的功能系统结束。

第 5 章将扩展介绍 FPGA 开发过程，以讨论构建包含 FPGA 的实时嵌入式系统的完整方法。

第 5 章　使用 FPGA 实现系统

本章将深入探讨使用 FPGA 设计和实现系统的过程。我们将从 FPGA 编译软件工具的应用开始，这些工具可将编程语言中的逻辑设计描述转换为可执行的 FPGA 配置。然后，我们将讨论最适合 FPGA 实现的算法类型，并提供一种决策方法，以确定某个特定的嵌入式系统算法究竟适合使用传统处理器还是使用 FPGA 实现。

本章将详细演示如何开发一个基于 FPGA 的处理器项目，该项目在后续章节中还将继续扩展，以实现一个高速数字示波器。

通读完本章之后，你将熟悉 FPGA 编译工具执行的处理步骤，并了解最适合 FPGA 实现的算法类型。你将知道如何确定 FPGA 实现是否适合给定的设计，并实际完成一个高性能处理应用的真实 FPGA 系统开发项目。

本章包含以下主题。

- ❑ FPGA 编译过程。
- ❑ 最适合 FPGA 实现的算法类型。
- ❑ 启动示波器 FPGA 项目。

5.1　技 术 要 求

本章将使用 Xilinx Vivado 和 Arty A7-100T 开发板。有关 Vivado 下载和安装的信息，参见本书第 4 章“开发你的第一个 FPGA 项目”。

本章文件可从以下网址获得：

https://github.com/PacktPublishing/Architecting-High-Performance-Embedded-Systems

5.2　FPGA 编译过程

编译数字电路模型的过程从硬件描述语言（如 VHDL 或 Verilog）中的电路行为规范开始，并将生成该电路的实现作为其输出，该电路的实现可以在 FPGA 中下载和执行。执行综合过程的软件工具集有时被称为硅编译器（silicon compiler）或硬件编译器

（hardware compiler）。

FPGA 编译分 3 步进行：综合、布局和布线。本书第 4 章“开发你的第一个 FPGA 项目”已经详细介绍了这些步骤。在幕后，执行这些步骤的软件工具会实施一系列复杂的算法，以生成优化的 FPGA 配置，从而正确实现源代码所描述的电路。

在开始编译过程之前，第一步是创建电路的完整描述，这通常是 VHDL 或 Verilog 语言文件的集合。它被称为设计输入（design entry）。

5.2.1 设计输入

这里将继续使用在本书第 4 章“开发你的第一个 FPGA 项目”示例项目中的 4 位加法器电路。这个例子非常简单，但是也足够帮助我们理解一些概念，并且也可以让我们明白，和传统的软件开发一样，有多种方法可以解决硬件描述语言中的给定问题。正如接下来你将看到的，一般来说，最好选择对开发人员而言清晰易懂的实现，而不是尝试创建更复杂的设计。此外，我们还将介绍 VHDL 语言中的一些新结构。

通过查看 Adder4.vhdl 中的代码（详见本书 4.5.4 节“创建 VHDL 源文件”），你将观察到每个全加器的进位输出（名为 C_OUT 的信号）被用作下一个全加器的输入（作为名为 C_IN 的信号）。这种配置被称为纹波进位加法器（ripple-carry adder），在这种情况下，来自最低有效加法器的进位有可能通过所有高阶加法器传播。例如，当我们将 1 加到二进制值 1111 时，就会发生这种情况。因此，与加法器交互的电路在向加法器提供输入之后必须等待最大传播延迟，然后才能可靠地读取加法器输出。

如果在更高的抽象层次上看待这个问题，可检查以不同方式产生相同计算结果的替代实现。这不是像我们在 FullAdder.vhdl 中所做的那样，根据 AND、OR 和 XOR 运算符指定执行加法运算的确切逻辑运算集，而是创建一个使用 8 位输入的查找表（lookup table，LUT），该查找表通过连接两个 4 位的加数形成，输出由 4 位的和（sum）和 1 位的进位（carry）组成。以下代码清单显示了该表在 VHDL 中的表示方式：

```
-- Load the standard libraries

library IEEE;
  use IEEE.STD_LOGIC_1164.ALL;

-- Define the 4-bit adder inputs and outputs

entity ADDER4LUT is
  port (
    A4      : in        std_logic_vector(3 downto 0);
```

```
    B4      : in        std_logic_vector(3 downto 0);
    SUM4    : out       std_logic_vector(3 downto 0);
    C_OUT4  : out       std_logic
  );
end entity ADDER4LUT;

-- Define the behavior of the 4-bit adder

architecture BEHAVIORAL of ADDER4LUT is

begin

  ADDER_LUT : process (A4, B4) is

    variable concat_input : std_logic_vector(7 downto 0);

  begin

    concat_input := A4 & B4;

    case concat_input is

      when "00000000" =>
        SUM4 <= "0000"; C_OUT4 <= '0';
      when "00000001" =>
        SUM4 <= "0001"; C_OUT4 <= '0';
      when "00000010" =>
        SUM4 <= "0010"; C_OUT4 <= '0';
      .
      .
      .
      when "11111110" =>
        SUM4 <= "1101"; C_OUT4 <= '1';
      when "11111111" =>
        SUM4 <= "1110"; C_OUT4 <= '1';
      when others =>
        SUM4 <= "UUUU"; C_OUT4 <= 'U';

    end case;

  end process ADDER_LUT;

end architecture BEHAVIORAL;
```

请注意，在该列表中，省略了 256 个表条目中的 250 个（以纵向的“...”表示）。

可以看到，此代码中的 case 语句包含在 process 语句中。process 语句提供了一种在并发执行语句的正常 VHDL 构造中插入顺序执行语句集合的方法。process 语句包括了一个敏感度列表（sensitivity list）——在此示例中包含 A4 和 B4，该列表标识了在状态发生变化时触发 process 语句执行的信号。

尽管 process 语句包含一组顺序执行的语句，但 process 语句本身是一个并发语句，一旦其被敏感列表中的信号更改触发执行，它就会与设计中的其他并发语句并行执行。如果同一个信号在一个 process 语句内多次被分配不同的值，则只有最后的赋值才会生效。

你可能想知道，为什么有必要在 case 语句的结论中包括 when others 条件。这个很好解释，因为尽管 when 条件涵盖了 0 和 1 位值的所有 256 种可能组合，但 VHDL std_logic 数据类型还包括其他信号条件的表示，如未初始化的输入。

如果任何输入的值不是 0 或 1，则 when others 条件会导致加法器的输出返回未知值。这是一种防御性编码形式，如果我们忘记连接任何此逻辑组件的输入，或使用未初始化或不适当的值作为输入，则统一纳入该条件。

熟悉传统编程语言的人都有可能不熟悉这些规则和行为。在实现和测试 VHDL 设计时，你可能会遇到一些无法按你的预期工作的令人困惑的东西。

你需要牢记的是，使用 VHDL 语言时，你定义的是并行操作的数字逻辑，而不是顺序执行的算法。

尝试在 FPGA 中运行之前，彻底模拟电路行为并确保代码正常运行也很重要。

回到我们的例子，虽然在 4 位加法器的设计中包含 256 个元素的查找表是合理的，但如果要相加的数据字由 16 位、32 位或 64 位组成，则查找表的大小很快就会变得难以控制。实际的数字加法器电路显然不能使用大型查找表，而是使用比纹波进位加法器更复杂的逻辑——进位超前加法器（carry look-ahead adder）的形式来提高执行速度。进位超前加法器包括预测进位传播的逻辑，从而减少产生最终结果所需的时间。

本书无意深入讨论进位超前加法器构造的细节，但我们会注意到，VHDL 语言包含一个加法运算符，可以使用该运算符针对目标 FPGA 进行高度优化。

以下代码展示了一个 4 位加法器，它使用了原生 VHDL 加法运算符，而不是一组门级单位加法器或查找表来执行加法运算：

```
-- Load the standard libraries

library IEEE;
  use IEEE.STD_LOGIC_1164.ALL;
  use IEEE.NUMERIC_STD.ALL;
```

```
-- Define the 4-bit adder inputs and outputs

entity ADDER4NATIVE is
  port (
    A4      : in        std_logic_vector(3 downto 0);
    B4      : in        std_logic_vector(3 downto 0);
    SUM4    : out       std_logic_vector(3 downto 0);
    C_OUT4  : out       std_logic
  );
end entity ADDER4NATIVE;

-- Define the behavior of the 4-bit adder

architecture BEHAVIORAL of ADDER4NATIVE is

begin

  ADDER_NATIVE : process (A4, B4) is

    variable sum5 : unsigned(4 downto 0);

  begin

    sum5 := unsigned('0' & A4) + unsigned('0' & B4);

    SUM4 <= std_logic_vector(sum5(3 downto 0));
    C_OUT4 <= std_logic(sum5(4));

  end process ADDER_NATIVE;

end architecture BEHAVIORAL;
```

该示例包括 IEEE.NUMERIC_STD 包，除了 IEEE.STD_LOGIC_1164 包中定义的逻辑数据类型，它还能使用数字数据类型，如有符号整数和无符号整数。

该示例代码可执行从 std_logic_vector 数据类型到 unsigned（无符号）整数类型的类型转换，并使用这些数值计算 sum5 中间值，即 A4 和 B4 加数的 5 位总和。

每个加数从 4 位扩展到 5 位，方法是使用语法'0' & A4 以在该加数前面加上一个零位。无符号结果被转换回 4 位 std_logic_vector 结果 SUM4 和 1 位 std_logic 进位输出 C_OUT4。

总结这一系列的 VHDL 示例，我们已经看到了 4 位加法器电路的 3 种不同实现，具体如下。

（1）作为 4 个单位加法器逻辑电路的集合。

（2）作为一个查找表，通过简单地查找给定输入的结果来生成其输出。

（3）使用原生的 VHDL 加法运算符。

虽然这只是一个简单的刻意设计的示例，但通过该示例可以清楚地看到，任何给定的算法都可以在 VHDL 或其他硬件描述语言（hardware description language，HDL）中以多种方式进行描述。

设计输入完成后，接下来即可执行逻辑综合。

5.2.2　逻辑综合

中级到高级复杂度的 FPGA 电路通常由组合逻辑和时序逻辑组成。组合逻辑电路的输出仅取决于给定时刻的输入，例如，在本书第 4 章“开发你的第一个 FPGA 项目”的项目示例中，在 Arty A7 开发板上执行加法运算时即可看到开关和按钮输入的各种组合。

另一方面，时序电路维护着状态信息，这些状态信息表示可影响未来操作的过去操作的结果。电路内或电路的功能子集内的时序逻辑几乎总是使用共享时钟信号来触发协调数据存储元件的更新。通过使用时钟信号，这些更新会以时钟频率定义的规则间隔同时发生。基于公共时钟信号更新状态信息的时序逻辑被称为同步时序逻辑（synchronous sequential logic）。大多数复杂的数字电路都可以表示为由组合逻辑和同步时序逻辑组成的低级组件的分层排列。

FPGA 设备通常使用查找表来实现组合逻辑，查找表表示使用小型 RAM 逻辑门配置的输出。对于典型的 6 输入查找表，RAM 包含 4 个单位条目，其中每个条目包含输入值的一种可能组合的单位电路输出。图 5.1 显示了这个简单查找表的输入和输出。

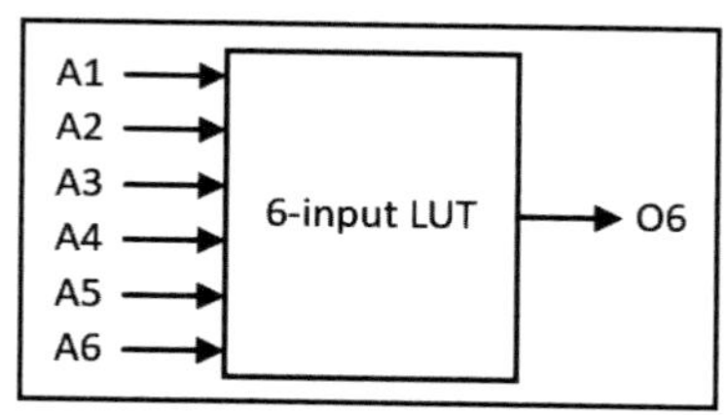

图 5.1　典型的 6 输入查找表

原　文	译　文
6-input LUT	6 输入查找表

可以通过并联和串联多个查找表来构建更复杂的组合电路。综合工具会自动为你执行此步骤。

FPGA 使用触发器、块 RAM 和分布式 RAM 来保存状态信息。查找表和包含状态信息的组件构成了硅编译器构建复杂电路设计的原材料。

时钟信号将驱动数字电路中同步时序逻辑的操作。在典型的 FPGA 设计中，将定义多个时钟信号，其频率因使用每个信号的功能而异。

FPGA 内部的时钟信号可以按数百兆赫兹的频率驱动高速操作。驱动与外围器件（如以太网接口或 DDR3 RAM）连接的其他时钟信号可能具有根据外部硬件需求定制的频率。FPGA 通常包含时钟生成硬件，支持为各种用途生成多个时钟频率。

使用供应商提供的 FPGA 开发工具，系统设计人员可定义逻辑电路（通常采用 VHDL 或 Verilog），并提供描述电路时钟需求的信息，以及与 I/O 接口和时序相关的约束。然后，利用供应商提供的编译工具来执行综合、布局和布线步骤。

FPGA 综合中涉及的处理工作的很大一部分集中在最大限度地减少实现所消耗的 FPGA 资源量，同时满足时序约束。通过最大限度地减少资源消耗，这些工具可以在更小、更便宜的设备中实现更复杂的设计。

接下来，我们将讨论设计优化过程的某些方面。

5.2.3 设计优化

在综合、实现和布线期间发生的处理的很大一部分专门用于优化电路的性能。这个优化过程有多个目标，包括最小化资源使用、实现最大性能（就最大时钟速度和最小传播延迟而言）以及最小化功耗。

通过使用适当的约束选择（本节稍后将详细讨论），设计人员可以将优化过程集中在最适合正在开发的系统的目标上。例如，通过电池供电的系统可能会更加重视功耗，而不太关心实现峰值性能。

对于不熟悉 FPGA 工具功能的用户来说，可能会对这些工具执行的优化结果感到非常惊讶。重要的是，你需要了解，这些工具并不局限于实现一个与 VHDL 代码中布局的电路相似的电路。综合工具必须遵守的唯一要求是确保实现的电路在输入和输出方面与代码中描述的设计功能相同。

为了强调这一点，我们可以从性能（就最大传播延迟而言）、资源利用率（就使用的查找表的数量而言）和功耗（以毫瓦为单位）这 3 个方面来比较我们在前面的例子中开发的 4 位加法器的 3 种形式的电路设计。

我们将继续使用本章前面列出的原生 VHDL 加法运算符来处理 4 位加法器。在此之前，需要在 Arty-A7-100.xdc 约束文件的末尾添加两行代码：

```
create_clock -period 10 -name virtual_clock
set_max_delay 12.0 -from [all_inputs] -to [all_outputs]
```

create_clock 语句可创建一个虚拟时钟，将其命名为 virtual_clock，周期为 10ns。这是必要的，因为我们的电路没有任何实际的时钟信号，但 Vivado 需要一个参考时钟来执行时序分析，即使该时钟实际上并不存在。

set_max_delay 语句定义了一个约束，声明该 FPGA 实现可以容忍的最大传播延迟是任何输入和任何输出之间的 12ns。请注意，这里并不是真的需要传播时间不超过 12ns。选择这个限制是因为它在 FPGA 设备的能力范围内。

请执行以下步骤来实现该设计。

（1）将上面的更改保存到 xdc 文件中。

（2）选择 Run Implementation（运行实现）选项。系统将提示你重新运行综合步骤，这是合并已更改的约束所必须执行的操作。

（3）实现完成后，选择 Open Implementation Design（打开实现设计）选项。

（4）在主窗口右上角附近的下拉列表中选择 Timing Analysis（时序分析）选项。

（5）单击 Project Summary（项目摘要）选项卡并最大化窗口。

（6）如有必要，可滚动到底部以找到 Timing（时序）、Utilization（利用率）和 Power（功率）摘要信息。

图 5.2 突出显示了 Timing（时序）、Utilization（利用率）和 Power（功率）摘要信息中的关键项目。

在图 5.2 中可以看到，最差负时序裕量（Worst Negative Slack，WNS）为 0.43ns。该值指示的是设计与时序要求相差多少。如果为正值，则说明能达到时序要求；如果为负值，则说明达不到时序要求。从数字上讲，该值表示设计中相对于我们的最大延迟约束 12ns 的最边缘传播路径。由于 WNS 为正值，说明设计已满足所有时序约束。电路中实际最坏情况的传播延迟是我们的最大延迟约束（12ns）减去 WNS（0.43ns），即 11.57ns。

Utilization（利用率）摘要信息显示了在查找表和 I/O 引脚方面的 FPGA 资源消耗。单击 Table（表格）按钮即可显示使用的每个项目的数量。在本示例中，我们的设计使用了 6 个查找表（LUT），并使用了 13 个 I/O 引脚（4 个开关、4 个按钮、4 个绿色 LED 和 1 个多色 LED）。

Power（功率）摘要信息表明我们的设计消耗了 0.07W 的功率。

如果你还没有这样做，那么现在请将名为 Adder4LUT.vhdl 和 Adder4Native.vhdl 的设计源文件添加到你的项目中。如前文所述，将 4 位加法器定义插入包含模型源代码的每个文件中。对于 Adder4LUT.vhdl 模型来说，由于 case 语句中的代码非常冗长且重复，因此你可以考虑使用你喜欢的编程语言来生成 case 语句的文本内容。

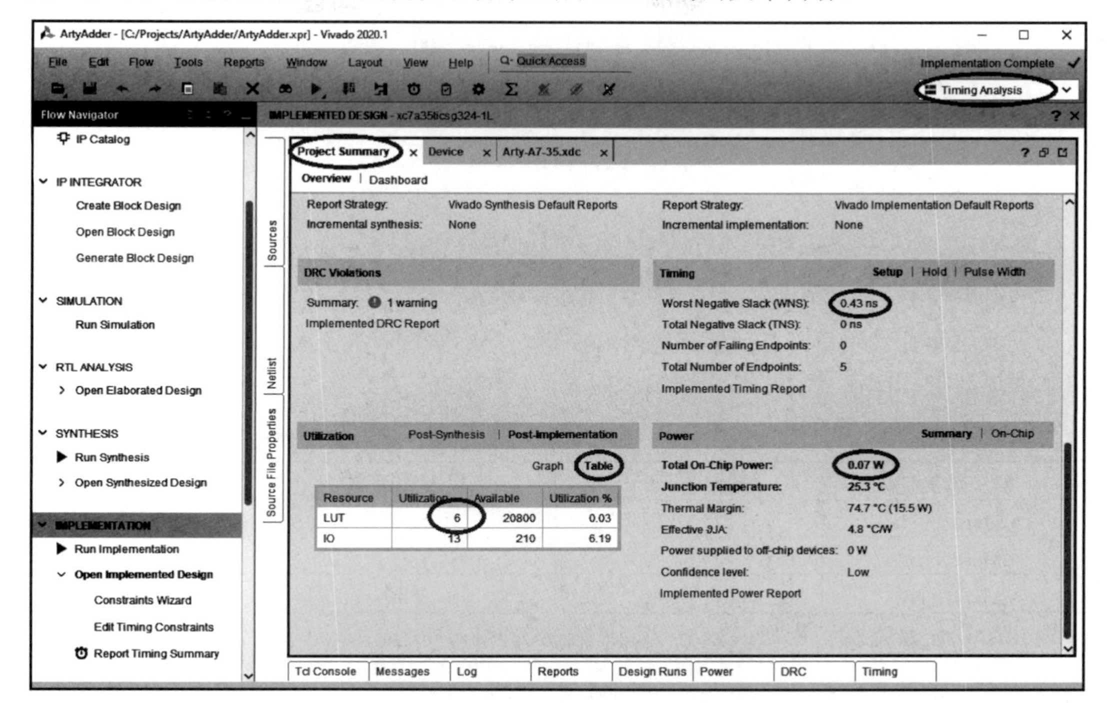

图 5.2　查看 Timing（时序）、Utilization（利用率）和 Power（功率）摘要信息

现在可以通过更改 ArtyAdder.vhdl 文件中的两行代码，在这 3 种设计之间切换加法器实现。以下示例代码显示了 ArtyAdder.vhdl 的架构部分，其中的两行代码已经更改为选择 ADDER4NATIVE 作为 4 位加法器实现：

```
architecture BEHAVIORAL of ARTY_ADDER is

  -- Reference the previous definition of the 4-bit adder

  component ADDER4NATIVE is
    port (
      A4         : in    std_logic_vector(3 downto 0);
      B4         : in    std_logic_vector(3 downto 0);
      SUM4       : out   std_logic_vector(3 downto 0);
      C_OUT4     : out   std_logic
    );
  end component;
```

```
begin

  ADDER : ADDER4NATIVE
    port map (
      A4        => sw,
      B4        => btn,
      SUM4      => led,
      C_OUT4    => led0_g
    );

end architecture BEHAVIORAL;
```

更改这两行代码后，重新运行综合和实现，然后查看时序、利用率和功耗摘要信息。对于上述 3 种加法器设计，其比较结果如表 5.1 所示。

表 5.1　本示例 3 种加法器设计所产生的时序、利用率和功耗对比

加法器类型	最大延迟/ns	查找表利用率	功耗/W
Adder4	11.708	6	0.07
Adder4Native	11.57	6	0.07
Adder4LUT	11.638	7	0.07

从这些结果中可以清楚地看出，尽管这 3 种设计变体基于完全不同的定义 4 位加法运算的方法，并且它们需要大量不同的源代码，但每种设计的优化形式都产生了在性能和资源利用率方面非常相似的 FPGA 实现。

上述分析的关键结论是，开发人员不应花费大量精力去尝试布局过于复杂、完全优化的设计。相反，创建一个易于理解、可维护且功能正确的设计即可，优化工作可以留给编译工具，它们对此非常擅长。

接下来，我们将介绍另一种设计输入方法：高级综合。

5.2.4　高级综合

到目前为止，我们的示例仅包括基于 VHDL 代码的电路设计，但正如本书第 4 章“开发你的第一个 FPGA 项目”中所讨论的那样，其实你也可以使用 C 和 C++等传统编程语言来实现 FPGA 设计。

尽管其他语言也可用于高级综合，但我们讨论的重点将集中在 C 和 C++上。Xilinx 的高级综合工具可在名为 Vitis HLS 的集成开发环境中使用。如果你已经将 Vitis 与 Vivado 一起安装，则可以通过双击桌面上包含 Vitis HLS 名称的图标来启动它。

尽管 Vitis HLS 提供了 C 和 C++语言的大部分功能，但你必须牢记如下一些重要限制。

- ❑ 不允许动态内存分配。所有数据项都必须分配为自动（基于栈）值或静态数据。所有依赖堆内存的 C 和 C++的功能都不可用。
- ❑ 假定存在操作系统的库函数都不可用。因此，没有文件读取或写入，也不能通过控制台与用户交互。
- ❑ 不允许递归函数调用。
- ❑ 禁止某些形式的指针转换。不允许使用函数指针。

Vitis HLS 中可用但在标准 C/C++中不可用的一项重要功能是支持任意精度整数和定点数。定点数（fixed-point number）是可以通过将小数点放置在数据位内的固定位置来表示小数值的整数。例如，小数点位于两个最低有效位之前的 16 位定点数的小数分辨率为 1/4。在这种格式中，数字 4642.25 由二进制值 01001000100010.01 表示。

要熟悉高级综合，可以在 Vitis HLS 中用 C++实现 4 位加法器示例。为此，请按照下列步骤操作。

（1）双击 Vitis HLS 图标以启动它。

（2）在 Vitis 主对话框中单击 Create Project（创建项目）按钮。

（3）输入 Project name（项目名称）为 ArtyAdder4HLS，并将 Location（位置）设置为 C:\Projects，单击 Next（下一步）按钮，如图 5.3 所示。

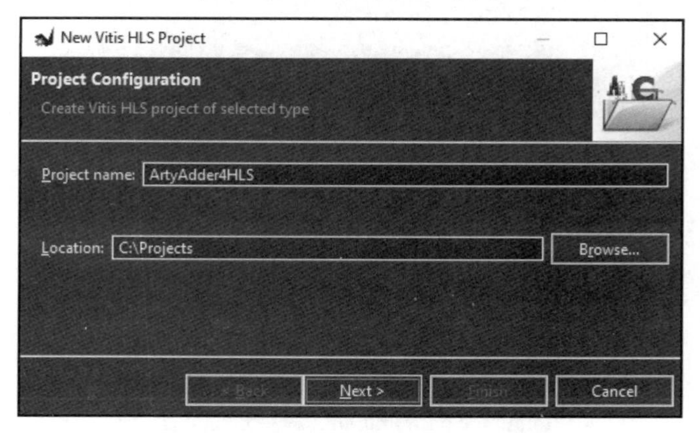

图 5.3　Vitis HLS Project Configuration（项目配置）对话框

（4）设置 Top Function（顶层函数）为 ArtyAdder4HLS，然后单击 Next（下一步）按钮，如图 5.4 所示。

（5）跳过 Add/remove C-based testbench files（添加/删除基于 C 的测试平台文件）对话框，单击 Next（下一步）按钮。

（6）设置 Solution Name（解决方案名称）为 ArtyAdder4HLS，然后单击 Finish（完成）按钮，如图 5.5 所示。

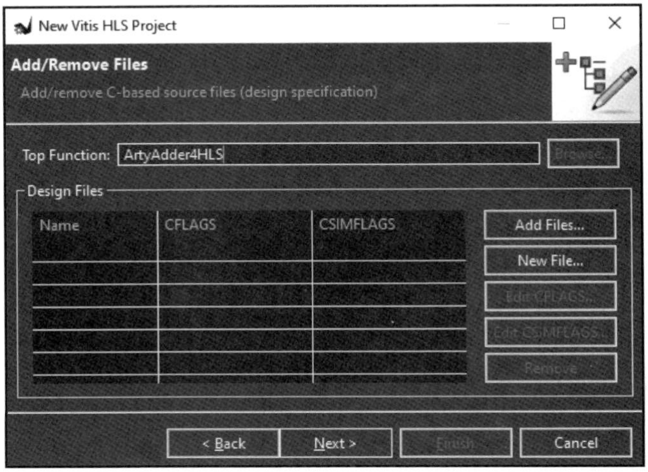

图 5.4　Add/Remove Files（添加/删除文件）对话框

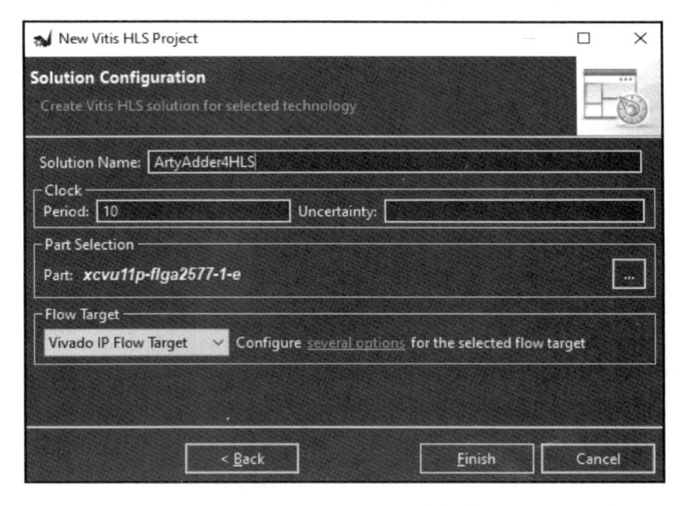

图 5.5　Solution Configuration（解决方案配置）对话框

（7）在 Vitis Explorer（资源管理器）子窗口中，右击 Source（源）并选择 New File（新文件）选项。输入文件名为 ArtyAdder4HLS.cpp 并将其存储在 C:\Projects\ArtyAdder4HLS。

（8）在 ArtyAdder4HLS.cpp 文件中插入以下代码：

```
#include <ap_int.h>

void ArtyAdder4HLS(ap_uint<4> a, ap_uint<4> b,
            ap_uint<4> *sum, ap_uint<1> *c_out)
```

```
{
    unsigned sum5 = a + b;

    *sum = sum5;
    *c_out = sum5 >> 4;
}
```

（9）在上述代码中，标识为 ap_uint<>的数据类型是任意精度的无符号整数，尖括号之间指示的是位数。可以看到，该函数体中的 C++语句与 4 位加法器的 Adder4Native 版本中的语句非常相似。

（10）单击图标功能区中的绿色三角形开始综合过程。如果出现保存编辑器文件的提示，单击 Yes（是）按钮即可。

Vitis HLS 将生成模型的 Verilog 和 VHDL 版本。在 Vitis Explorer（资源管理器）中展开 ArtyAdder4HLS 文件夹并双击 ArtyAdder4HLS.vhd 文件即可在编辑器中打开它以查看其内容，如图 5.6 所示。

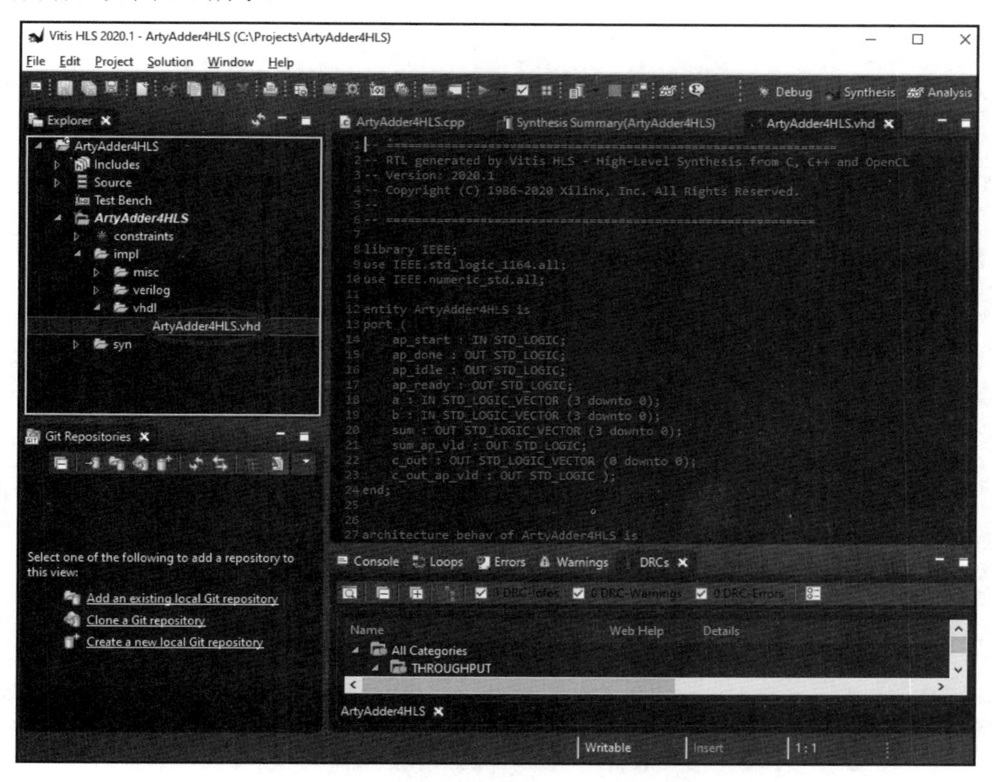

图 5.6　ArtyAdder4HLS.vhd 文件的内容

可以看到，Vitis HLS 已经将控制输入（ap_start）和状态输出（ap_done、ap_idle、sum_ap_vld 和 c_out_ap_vld）添加到为 4 位加法器定义的输入和输出列表中。这些信号与我们的电路无关，它包含纯组合逻辑。

选择可以将 ArtyAdder4HLS.vhd 文件复制到包含 ArtyAdder 项目 VHDL 文件的文件夹（即 C:\Projects\ArtyAdder\ArtyAdder.srcs\sources_1\new）。将该文件添加到项目并创建一个名为 ArtyAdder4HLSWrapper.vhdl 的新文件，其内容如下：

```
-- Load the standard libraries

library IEEE;
  use IEEE.STD_LOGIC_1164.ALL;
  use IEEE.NUMERIC_STD.ALL;

-- Define the 4-bit adder inputs and outputs

entity ADDER4HLSWRAPPER is
  port (
    A4      : in    std_logic_vector(3 downto 0);
    B4      : in    std_logic_vector(3 downto 0);
    SUM4    : out   std_logic_vector(3 downto 0);
    C_OUT4  : out   std_logic
  );
end entity ADDER4HLSWRAPPER;

-- Define the behavior of the 4-bit adder

architecture BEHAVIORAL of ADDER4HLSWRAPPER is

  component ARTYADDER4HLS is
    port (
      AP_START      : in    std_logic;
      AP_DONE       : out   std_logic;
      AP_IDLE       : out   std_logic;
      AP_READY      : out   std_logic;
      A             : in    std_logic_vector(3 downto 0);
      B             : in    std_logic_vector(3 downto 0);
      SUM           : out   std_logic_vector(3 downto 0);
      SUM_AP_VLD    : out   std_logic;
      C_OUT         : out   std_logic_vector(0 downto 0);
      C_OUT_AP_VLD  : out   std_logic
```

```
    );
  end component;

  signal c_out_vec : std_logic_vector(0 downto 0);

begin

  -- The carry input to the first adder is set to 0
  ARTYADDER4HLS_INSTANCE : ARTYADDER4HLS
    port map (
      AP_START      => '1',
      AP_DONE       => open,
      AP_IDLE       => open,
      AP_READY      => open,
      A             => A4,
      B             => B4,
      SUM           => SUM4,
      SUM_AP_VLD    => open,
      C_OUT         => c_out_vec,
      C_OUT_AP_VLD => open
    );

  C_OUT4 <= c_out_vec(0);

end architecture BEHAVIORAL;
```

在这里，我们将 ARTYADDER4HLS_INSTANCE 组件未使用的输入设置为 1，并将未使用的输出设置为 open，这意味着信号未连接。

完成此设计的实现后，即可扩充本书 5.2.3 节“设计优化”中的表 5.1，添加一行，加入 C++ HLS 版本 4 位加法器的参数，如表 5.2 所示。

表 5.2　新增 C++ HLS 版本加法器设计所产生的时序、利用率和功耗对比

加法器类型	最大延迟/ns	查找表利用率	功耗/W
Adder4	11.708	6	0.07
Adder4Native	11.57	6	0.07
Adder4LUT	11.638	7	0.07
Adder4HLS	11.485	6	0.07

可以看到，4 位加法器的 C++ HLS 版本在最小化传播延迟和最小化资源使用方面产

生了最佳性能。如果你认为直接在 HDL 中编码会产生更好的性能结果，那么这个结果可能会让你感到惊讶。当然，这只是一个非常简单的例子，如果以此判断类似的结果也适用于非常复杂的设计，虽然比较武断，但也不是没有可能。

5.2.5 优化和约束

一般来说，给定特定型号的 FPGA 中可用的大量资源，开发人员可以按多种变体方式实现特定的逻辑电路源代码定义。尽管这些变体中的每一个都将以相同的方式执行电路的逻辑功能，但每个实现在各个方面都是独一无二的。例如，有些配置可能需要使用更多的 FPGA 资源，而有些配置则可能使用较少的资源即可达到同样的效果；就传播延迟和可达到的时钟速度而言，有些配置会很快，有些配置则会稍慢；就功率而言，有些配置会消耗非常多的电量，而有些配置则可能仅需要很少的电量。那么，在给定 FPGA 中实现特定电路的所有可能方式中，工具应如何选择要实现的配置呢？

默认情况下，Vivado 工具通过最小化路径最慢的信号的传播时间，将优化时序置于最高优先级。

次要优化目标则是面积（就 FPGA 资源使用而言）的最小化和功耗的最小化。

对于高级用户来说，可以使用配置选项来调整优化目标的相对优先级，并调整执行时间方面的工作量，以用于搜索最佳设计。

鉴于可能的配置数量非常多，工具不可能评估每一种配置。一般来说，优化过程的结果也许在设计上并不是最佳配置，但是，该结果一定是符合规范的设计，并且在性能指标方面可能与绝对最佳设计也相差不远。

实际的 FPGA 设计需要对优化过程添加约束。一类明显的约束是为信号选择 I/O 引脚。通过指示特定信号必须连接到特定 I/O 引脚，综合和实现过程必须限制它们的搜索以仅考虑将该信号连接到给定引脚的配置。

FPGA 逻辑使用的每个 I/O 信号都必须有一个 I/O 引脚约束。这些约束定义了 FPGA 和外部电路之间的接口。

另一个主要类别的约束与时序有关。在实现同步时序逻辑的 FPGA 设计中，电路的正确运行取决于基于触发器的寄存器的可靠运行。

触发器是时钟器件，这意味着它们在时钟边沿捕获输入信号。为了可靠地捕获输入数据，输入信号必须在时钟边沿之前的一段时间内保持稳定，并且必须在时钟边沿之后的一段额外时间内保持稳定。

图 5.7 显示了本书第 1 章“高性能嵌入式系统”中讨论的 D 触发器的简化版本，以

及触发器的 D 和 Clock 输入的时序图。

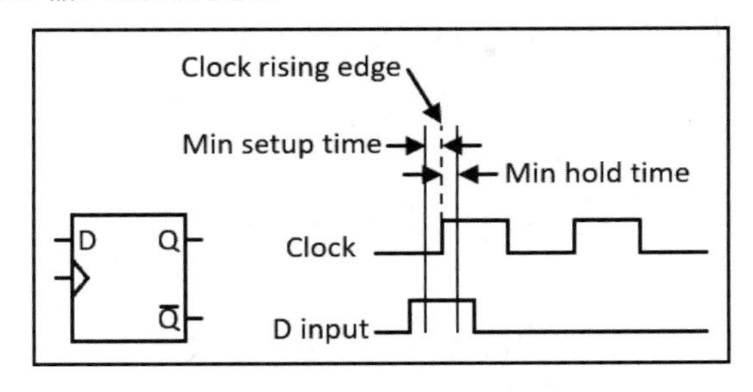

图 5.7　D 触发器输入时序约束

原　　文	译　　文
Clock rising edge	时钟上升沿
Min setup time	最小建立时间
Min hold time	最小保持时间

该触发器在时钟的上升沿读取 D 信号。为了让触发器更可靠地读取信号，输入必须至少在时钟边沿之前的最小建立时间（setup time，T_{su}）处于所需电平，并且必须至少在时钟边沿之后的最小保持时间（hold time，T_h）内保持在相同电平。如果建立时间不够，数据将不能在这个时钟上升沿被稳定地读入触发器，T_{su} 就是指这个最小的稳定时间。在触发器的时钟信号上升沿到来以后，如果数据稳定不变的保持时间不够，则数据同样不能被稳定地读入触发器，T_h 就是指这个最小的保持时间。

在图 5.7 中，D 输入满足时序约束，将在第一个时钟上升沿将高值（二进制 1）加载到触发器中，并在第二个上升沿加载 0。

在优化过程中，综合和实现工具会评估所有同步逻辑元件的建立时间要求和保持时间要求，并尝试生成满足电路中所有器件时序要求的设计。

如果设计要连接到具有严格时序要求的外部设备，或者如果你知道自动化工具默认情况下可能无法满足 FPGA 内部特定时序约束，则可以定义额外的时序约束来满足要求。基本时序约束包括 FPGA 电路使用的时钟频率以及到 FPGA 的 I/O 连接的建立和保持时间。时序约束的更高级用途则包括可用于声明与 FPGA 内部通信路径相关的需求。

有效的 FPGA 设计包含所有使用中的 I/O 信号引脚的约束定义，以及与这些引脚相关的时序要求。约束集还包括电路的内部时序要求，例如，电路各个部分中使用的时钟频率以及电路必须满足的任何其他特定时序目标。综合和实现工具将使用该信息来生成满足所有约束的近乎最优的电路设计。

有了对 FPGA 开发过程的这种理解之后，系统架构师在开发新系统时必须考虑的第一件事，就是使用 FPGA 解决方案对于该项目是否有意义。为了协助你完成这一决策过程，接下来我们将介绍最适合在 FPGA 实现中使用的算法类型。

5.3　最适合 FPGA 实现的算法类型

算法是否适用基于 FPGA 的解决方案，其中一个关键差异化因素是：数据到达的速度比标准处理器更快（即使是高速设备也是如此）。在这种情况下，可以使用 FPGA 接收数据，执行必要的处理，并将输出写入预期的目的地。

如果是在特定系统架构的情况下，那么接下来要思考的问题是：是否有可用的现成解决方案来支持所需的数据速率并且能够执行必要的处理。如果不存在此类可接受的解决方案，则在设计中探索使用 FPGA 将是明智之举。

接下来我们将详细讨论一些通常涉及 FPGA 应用的处理算法类别。

5.3.1　处理高速数据流的算法

高速数据源的一个典型示例是视频，高分辨率视频将以数十吉比特每秒（gigabits per second，Gbps）的速率到达。如果你的应用程序涉及标准视频操作，如信号增强、帧速率转换或运动补偿，则使用现有解决方案而不是开发自己的解决方案可能更有意义。但是，如果现成的视频信号处理器不能满足你的需求，那么你可能需要考虑使用定制的 FPGA 设计来实现你的解决方案。

另一类高速数据流由高速 ADC 产生，其比特率也可达到吉比特每秒（也称为千兆比特每秒，因为 1024Mbps = 1Gbps）。这些 ADC 用于雷达和无线电通信等系统。普通处理器无法处理这些设备产生的海量数据，因此需要使用 FPGA 或其他门阵列设备来执行初始数据接收和处理操作，最终产生较低的数据速率输出供处理器使用。

在高速数据系统中使用 FPGA 的一般方法要求由 FPGA 执行的处理来处理系统操作的最高速度方面，而与系统处理器和其他外围设备的交互则以低得多的数据速率进行。

5.3.2　并行算法

通过在 FPGA 上执行，可以显著加速具有高度并行性的计算算法。HDL 的自然并行特性与高级综合功能相结合，为加快执行速度提供了直接途径。

一些可能适用于 FPGA 加速的并行算法示例包括：对大型数据集进行排序、矩阵运算、遗传算法和神经网络算法等。

如果你拥有包含并行功能的现有软件算法，则可以通过使用高级综合工具编译代码来生成性能显著提高的 FPGA 实现。这种方法要求算法采用高级综合工具支持的编程语言，如前文介绍过的 C/C++。

一个完整的系统设计可能将基于 FPGA 的加速算法实现为一个协处理器，与一个标准处理器一起运行，由标准处理器执行系统的所有剩余工作。

5.3.3　使用非标准数据大小的算法

处理器通常在 8 位、16 位、32 位，有时甚至是 64 位的数据大小上执行原生操作。当使用以其他大小生成或接收数据的器件时，如 12 位 ADC，通常会选择支持的下一个更大的数据大小（例如，对于 12 位 ADC 将选择 16 位），而多余的数据位将被直接无视，并直接追加到实际数据位的后面。

虽然这种方法在很多情况下是可以接受的，但在处理这些数据值时，它也会导致 25%的内存存储空间和通信带宽的浪费，除非采取额外的步骤来分解数据值并将它们存储在系统支持的 8 位数据块上。

如果可以在系统处理器上运行的软件中以原生方式声明使用 12 位数据类型的变量，这不是很好吗？一般情况下你不能这样做，但你可以在 FPGA 模型中定义 12 位数据类型，并将该类型用于数据存储、传输和数学运算。在与外部设备通信时，这种数据类型的变量只需要组织成 8 位数据块或 8 位的某个倍数即可。

以上就是我们总结的一些可在 FPGA 中实现加速的候选算法类型。当然，这里提到的例子仅仅是一部分，在实际应用中还会有更多的示例。在计算吞吐量成为瓶颈的任何情况下，系统设计人员都可以考虑使用 FPGA。

接下来，我们将利用目前已经掌握的在高性能嵌入式系统中使用 FPGA 的知识，实现一个特定项目：高速、高分辨率的数字示波器。

5.4　示波器 FPGA 项目

本节将开始一个 FPGA 设计项目，该项目需要使用到目前为止我们讨论过的 FPGA 开发过程知识。当然，这也只是一个开始，后续章节还将扩展该项目。

5.4.1　项目描述

本项目将开发基于 Arty A7-100T 开发板的数字示波器，使用标准示波器探头测量被测系统上的电压。

本项目的关键需求如下。

- 使用设置为 1X 范围的示波器探头时，输入电压范围为±10V。
- 输入电压以 14 位分辨率按 100MHz 采样。
- 输入触发基于输入信号的上升沿或下降沿以及触发电压电平。还支持脉冲长度触发。
- 一旦触发，最多可捕获 248MB 的连续样本数据。每个捕获序列完成后，这些数据将传输到主机 PC 进行显示。
- 硬件包括我们将在本书后续章节中设计和构建的一个小型附加板，它将插入 Arty A7-100T 开发板上的连接头。Arty 提供了系统中使用的 FPGA 设备。附加板包含 ADC、示波器探头输入连接器和模拟信号处理。
- 收集每个样本序列后，Arty 可将收集的数据通过以太网传输到主机系统。

本示例似乎是一个不寻常的功能组合，所以我们将尝试为这些需求提供一个基本原理的说明。本示例的主要目的是展示基于 FPGA 的高性能解决方案的架构和开发技术，而不是生产畅销的产品。如果你完成并理解了用于开发该系统的流程，那么你也应该能够轻松地转向其他高性能 FPGA 设计。

本示例中的示波器采样速度（100MHz）对于数字示波器来说并不是特别快。将 ADC 采样速度保持在这一水平的原因，首先是为了降低部件成本，因为极高速的 ADC 非常昂贵，用于此设计的 ADC 的成本约为 37 美元；其次是高速电路的设计难度很大，极高速的电路设计更是难上加难。我们只是试图在此项目中介绍与高速电路设计相关的问题，因此将最大电路频率限制在合理水平将有助于防止初学者受挫，打击其学习热情。

以太网通信机制的使用将使该架构可用作物联网设备。大多数的数字示波器可能使用 USB 连接到物理距离比较接近的主机，但如果采用以太网连接方案，则示波器及其用户接口即使位于地球的两端也没关系。

接下来，我们将为此项目建立 Vivado 基准设计。

5.4.2　基准 Vivado 项目

本项目将使用运行 FreeRTOS 实时操作系统的 Xilinx MicroBlaze 软处理器，通过 Arty

A7-100T 开发板上的以太网端口执行 TCP/IP 通信。

要完成项目的这一阶段，你需要做以下准备。

- Arty A7-100T 开发板。
- 一根 USB 线，将 Arty 开发板连接到你的计算机。
- 将 Arty 开发板连接到本地网络的以太网线。
- 在计算机上安装 Vivado。

我们假设你现在已经熟悉了 Vivado 的基本操作，因此，在接下来的操作说明中，屏幕截图将仅用于演示之前示例中未出现的功能。

将要执行的步骤概述如下。

- 创建一个新的 Vivado 项目。
- 创建 MicroBlaze 微控制器系统的原理图表示，该系统具有与 Arty A7 开发板上以下组件的接口：DDR3 SDRAM、以太网接口、4 个 LED、4 个按钮、4 个 RGB LED、4 个开关、SPI 连接器（在 Arty A7 开发板上的 J6）和 USB UART。
- 定义一个 25MHz 时钟作为以太网接口的参考时钟。使用约束将该时钟信号分配给 FPGA 封装上的适当引脚。
- 从设计中生成比特流。
- 将项目从 Vivado 中导出到 Vitis 软件开发环境。
- 创建一个实现简单 TCP 回显服务器的 Vitis 项目。
- 在 Arty 板上运行软件并观察通过 UART 发送的消息。
- 使用 Telnet 验证 TCP 回显服务器是否能正常工作。

5.4.3　原理图设计

请按以下步骤操作。

（1）首先按照本书 4.5.3 节“创建项目”中列出的步骤创建一个项目。建议此项目的名称设置为 oscilloscope-fpga，位置为 C:\Projects\oscilloscope-fpga。

（2）如图 5.8 所示，单击 Create Block Design（创建块设计）打开块设计窗口。系统将提示你输入设计名称。本示例按默认值 design_1 即可。

（3）在 Block Design（块设计）窗口中选择 Board（开发板）选项卡。将 System Clock（系统时钟）拖到 Diagram（原理图）窗口中。

（4）双击 Clocking Wizard（时钟向导）组件以打开 Re-customize IP（重新自定义 IP）对话框。确保双击组件的背景而不是引脚名称之一。

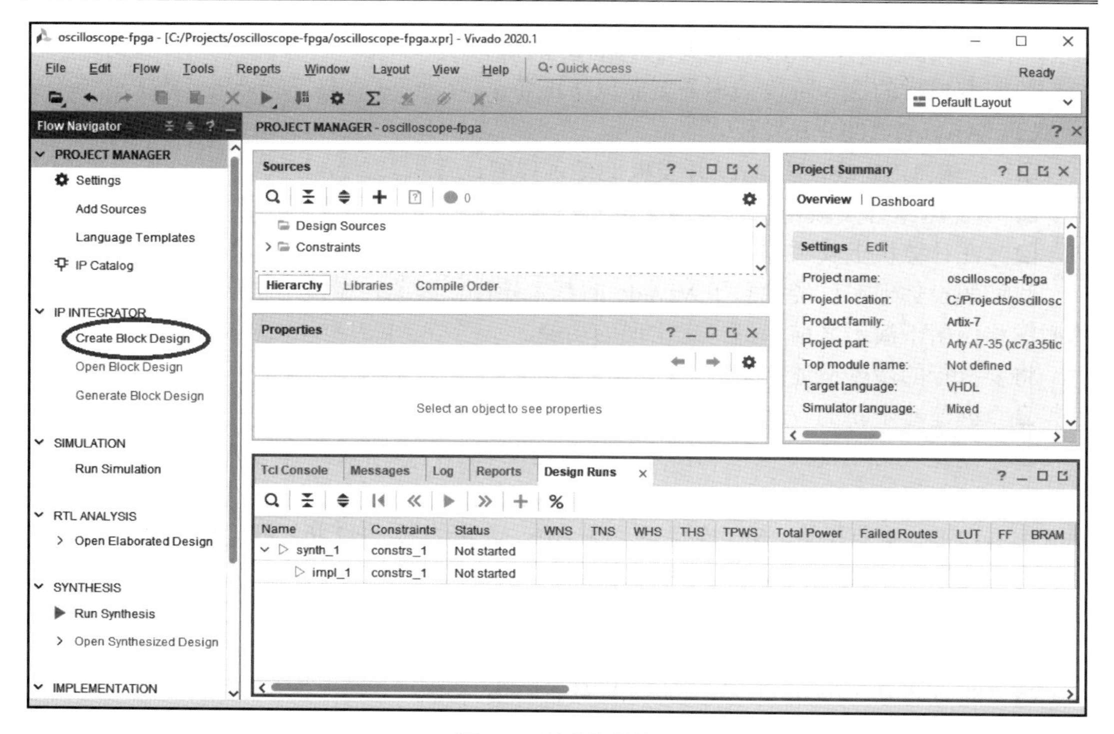

图 5.8　创建块设计

（5）在打开的对话框中选择 Output Clocks（输出时钟）选项卡。选中 clk_out2 和 clk_out3 旁边的复选框（clk_out1 复选框应该已经选中了）。将 clk_out1 的输出频率设置为 166.66667MHz，将 clk_out2 设置为 200MHz，将 clk_out3 设置为 25MHz，如图 5.9 所示。

（6）将 Output Clocks（输出时钟）窗口滚动到底部，并将 Reset Type（复位类型）设置为 Active Low（激活低电平）。单击 OK（确定）按钮。

（7）在 Clocking Wizard（时钟向导）组件上，右击 clk_out3 并从菜单中选择 Make External（制作外部端口）。原理图中会出现一个端口。

（8）单击 Diagram（原理图）窗口中的文本 clk_out3_0。在 External Port Properties（外部端口属性）窗口中，将 clk_out3_0 重命名为 eth_ref_clk。

（9）单击绿色栏中的 Run Connection Automation（运行连接自动化）按钮。在出现的对话框中单击 OK（确定）按钮。

（10）将 DDR3 SDRAM 从 Board（开发板）选项卡拖动到 Diagram（原理图）窗口中。

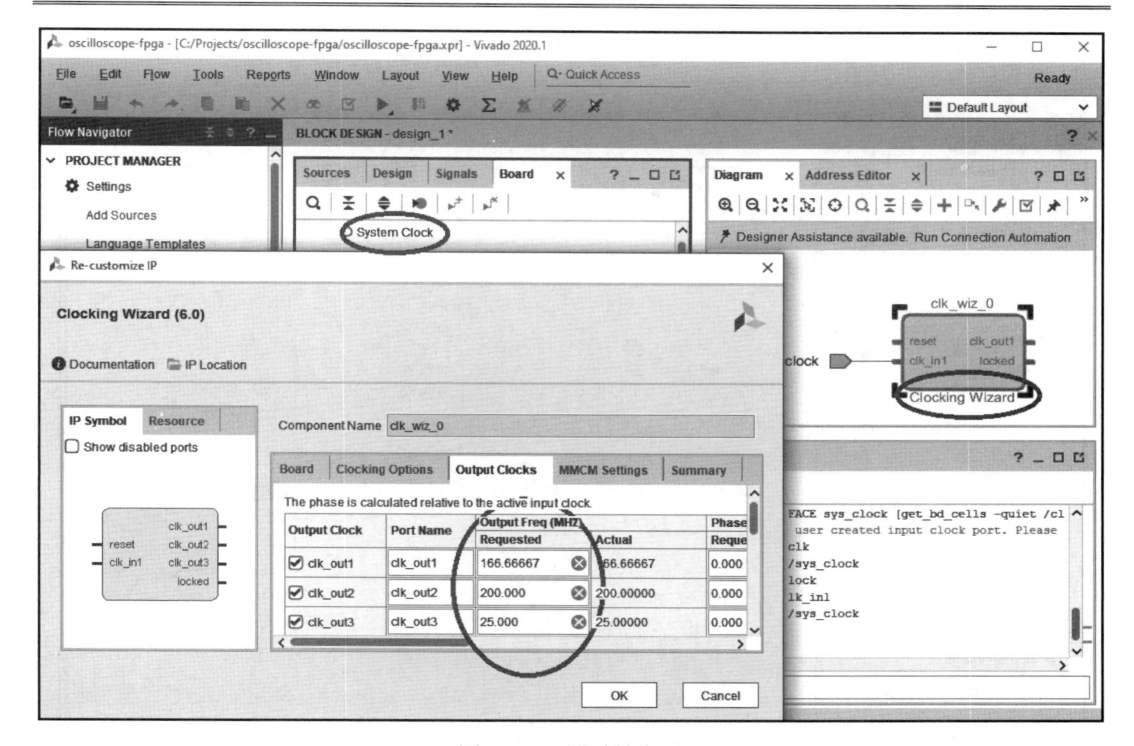

图 5.9　配置时钟向导

（11）从 Memory Interface Generator（存储器接口生成器）中删除 clk_ref_i 和 sys_clk_i 外部端口。具体操作方法是：单击以选择要删除的每个端口，然后按 Delete 键。

（12）单击并拖动 Clocking Wizard（时钟向导）上的 clk_out1 引脚，将它拖动到 Memory Interface Generator（存储器接口生成器）上的 sys_clk_i 引脚，这样就可以在它们之间创建一条连接线。

（13）类似地，单击并拖动 Clocking Wizard（时钟向导）上的 clk_out2 引脚，将它拖动到 Memory Interface Generator（存储器接口生成器）上的 clk_ref_i 引脚，以在它们之间创建一条连接线。

（14）将鼠标放在连接到 Clocking Wizard（时钟向导）的 reset（复位）端口上，当它显示为铅笔时，单击并拖动到 Memory Interface Generator（存储器接口生成器）上的 sys_rst 输入，这将创建另一条连接线。

完成上述步骤后，此时的原理图如图 5.10 所示。

（15）单击 Diagram（原理图）窗口顶部的“+”图标，然后在出现的搜索框中输入 micro。选择 MicroBlaze 条目并按 Enter 键。

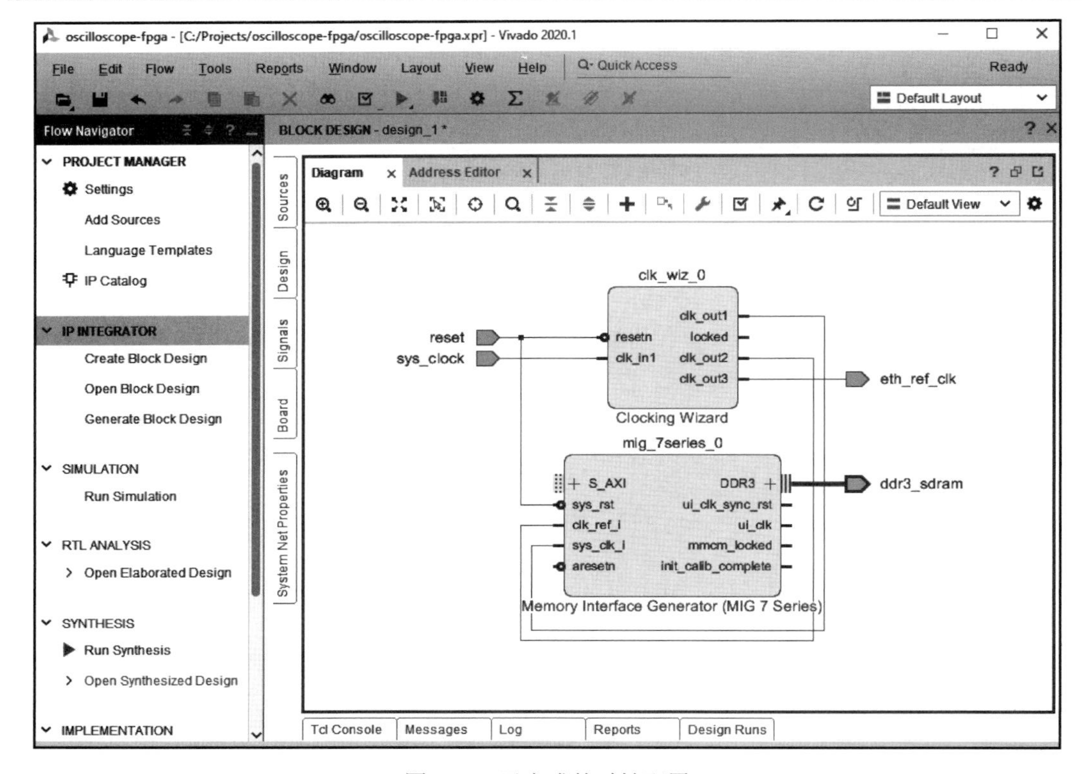

图 5.10　已完成的时钟配置

（16）单击绿色栏中的 Run Block Automation（运行块自动化）按钮。选择 Real-time（实时）作为 Preset（预设），将 Local Memory（本地存储器）设置为 32KB，并将 Clock Connection（时钟连接）设置为 /mig_7series0/ui_clk (83MHz)。单击 OK（确定）按钮。

（17）单击绿色栏中的 Run Connection Automation（运行连接自动化）按钮。在出现的对话框中，选中 All Automation（所有自动化）旁边的复选框，然后单击 OK（确定）按钮。

（18）双击原理图中的 MicroBlaze 组件，逐步浏览对话框中的编号页面，然后进行以下更改。

① 在 Page 2（第 2 页）上，取消选中 Enable Integer Divider（启用整数除法器）和 Enable Additional Machine Status Register Instructions（启用其他机器状态寄存器指令）复选框，然后选中 Enable Branch Target Cache（启用分支目标缓存）复选框。

② 在 Page 3（第 3 页）上，不需要进行任何更改。

③ 在 Page 4（第 4 页）上，将 Instruction（指令）和 Data Cache（数据缓存）大小

都设置为 32KB。

④ 在 Page 5（第 5 页）上，将 Number of PC Breakpoints（PC 断点数）设置为 6。

⑤ 在 Page 6（第 6 页）上，不需要进行任何更改。

⑥ 单击 OK（确定）按钮。

（19）将以下项目从 Board（开发板）窗口拖到 Diagram（原理图）窗口中：Ethernet MII、4 个 LED、4 个按钮、4 个 RGB LED、4 个开关、SPI 连接器 J6 和 USB UART。添加完成后单击 OK（确定）按钮。

（20）单击 Diagram（原理图）窗口顶部的“+”图标，然后在出现的搜索框中输入 timer。选择 AXI Timer 条目并按 Enter 键。

（21）单击绿色栏中的 Run Connection Automation（运行连接自动化）按钮。在出现的对话框中，选中 All Automation（所有自动化）旁边的复选框，然后单击 OK（确定）按钮。

（22）找到原理图中的 Concat（连接）模块并双击它以打开 Re-customize IP（重新自定义 IP）对话框。将 Number of Ports（端口数）更改为 3，然后单击 OK（确定）按钮。

（23）将 Concat（连接）模块的 In0～In2 端口依次连接到以下引脚：AXI EthernetLite/ip2intc_irpt、AXI UartLite/interrupt 和 AXI Timer/interrupt。

（24）按 Ctrl+S 快捷键保存设计。

（25）按 F6 键验证设计。确保验证成功且没有错误。

（26）在 Block Design（块设计）窗口中选择 Sources（源）选项卡。右击 Design Sources（设计源）下的 design_1，然后选择 Create HDL Wrapper（创建 HDL 包装器）选项，最后单击 OK（确定）按钮。

至此，项目初始阶段的原理图设计完成。

5.4.4　定义时钟

接下来，我们将添加约束以指定以太网接口时钟输出引脚的特性。

请按以下步骤操作。

（1）仍然在 Sources（源）选项卡中展开 Constraints（约束），然后右击 constrs_1 并选择 Add Sources（添加源）选项。

（2）在 Add Sources（添加源）对话框中，单击 Next（下一步）按钮，然后单击 Create File（创建文件）按钮。将文件命名为 arty 并单击 OK（确定）按钮，然后单击 Finish（完成）按钮。

（3）展开 constrs_1 项，双击 arty.xdc 打开该文件。

（4）在 arty.xdc 中插入以下文本：

```
set_property IOSTANDARD LVCMOS33 [get_ports eth_ref_clk]
set_property PACKAGE_PIN G18 [get_ports eth_ref_clk]
```

（5）按 Ctrl+S 快捷键保存文件。

至此，项目的设计输入已经完成。

5.4.5　生成比特流

现在我们将执行合成、实现和生成比特流步骤。

请按以下步骤操作。

（1）在 Flow Navigator（流导航）下，单击 Generate Bitstream（生成比特流）。在 No Implementation Results Available（无实现结果可用）对话框中单击 Yes（是）按钮，然后在 Launch Runs（启动运行）对话框中单击 OK（确定）按钮。此过程可能需要几分钟才能完成。

（2）当 Bitstream Generation Completed（比特流生成完成）对话框出现时，单击 Cancel（取消）按钮。

如果没有错误报告，这将完成示波器 FPGA 开发项目的第一阶段。虽然目前还没有实现任何与 ADC 接口相关的逻辑，但当前的设计应该能够启动和运行软件程序。

5.4.6　创建并运行 TCP 回显服务器

现在按照以下步骤创建并运行 TCP 回显服务器。

（1）在 Vivado 中选择 File（文件）| Export（导出）| Export Hardware（导出硬件）选项，选择 Fixed Platform type（固定平台类型）选项，然后单击 Next（下一步）按钮。

（2）在 Output（输出）对话框中选择 Include Bitstream（包括比特流）选项，然后单击 Next（下一步）按钮。

（3）在 Files（文件）对话框中选择目录为 C:/Projects/oscilloscope-software，然后单击 Next（下一步）按钮。

单击 Finish（完成）按钮以完成导出。

（4）找到标题为 Xilinx Vitis 2020.1 的桌面图标（你的版本号也许不同）并双击它。

（5）选择 Workspace（工作区）目录为 C:\Projects\oscilloscope-software 并单击 Launch（启动）按钮以启动 Vitis，如图 5.11 所示。

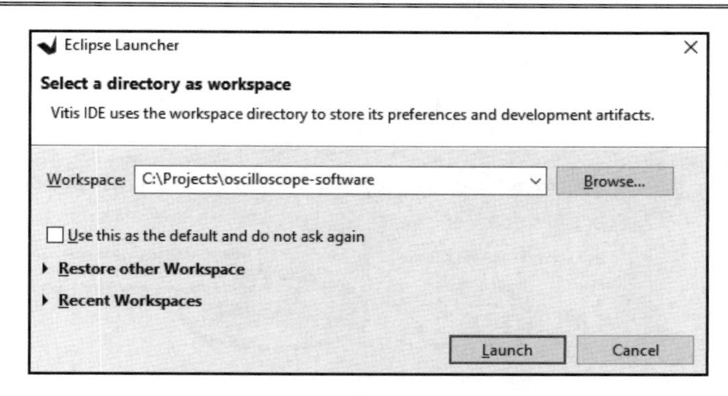

图 5.11　选择 Vitis 工作区的目录

（6）在 Vitis 主窗口中单击 Create Application Project（创建应用程序项目）。

（7）在 Create a New Application Project（创建新应用程序项目）窗口中单击 Next（下一步）按钮。

（8）在 Platform（平台）对话框中选择 Create a new platform from hardware (XSA)（从硬件创建新平台）选项卡。

（9）单击 Browse（浏览）按钮并找到硬件定义文件。它位于如下地址：C:\Projects\oscilloscope-software\design_1_wrapper.xsa。

选择该文件后，在 Platform（平台）对话框中单击 Next（下一步）按钮。

（10）在 Application Project Details（应用程序项目细节）屏幕上输入 oscilloscope-software 作为 Application project name（应用程序项目名称），然后单击 Next（下一步）按钮。

（11）在 Domain（域）对话框中，在 Operating System（操作系统）下拉列表框中选择 freertos10_xilinx 选项，然后单击 Next（下一步）按钮。

（12）在 Template（模板）对话框中选择 FreeRTOS lwIP Echo Server（FreeRTOS lwIP 回显服务器），然后单击 Finish（完成）按钮。

（13）Vitis 完成项目设置后，需要更改以太网接口的配置设置，否则应用程序将无法正常工作。单击 Navigate to BSP Settings（导航到 BSP 设置）按钮，如图 5.12 所示。

（14）在 Board Support Package（板级支持包）窗口中单击 Modify BSP Settings（修改 BSP 设置），然后在左侧的树中选择 lwip211。在主窗口中找到 temac_adapter_options 部分并展开它，将 phy_link_speed 更改为 100Mbps (CONFIG_LINKSPEED100)并单击 OK（确定）按钮，如图 5.13 所示。该步骤是必要的，因为链接速度的自动协商无法正常工作。

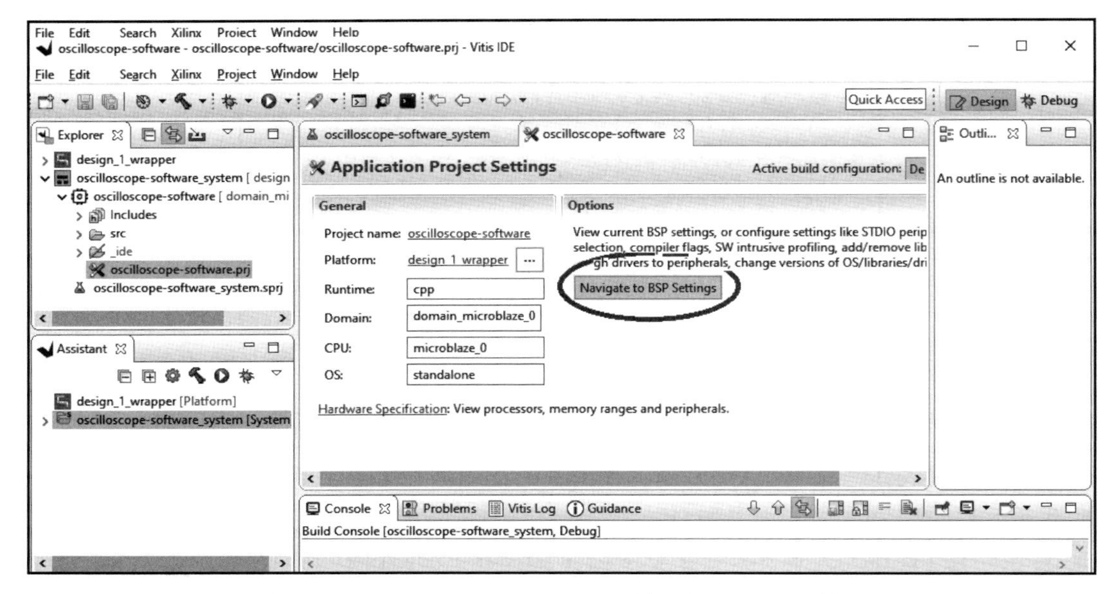

图 5.12　Navigate to BSP Settings（导航到 BSP 设置）按钮

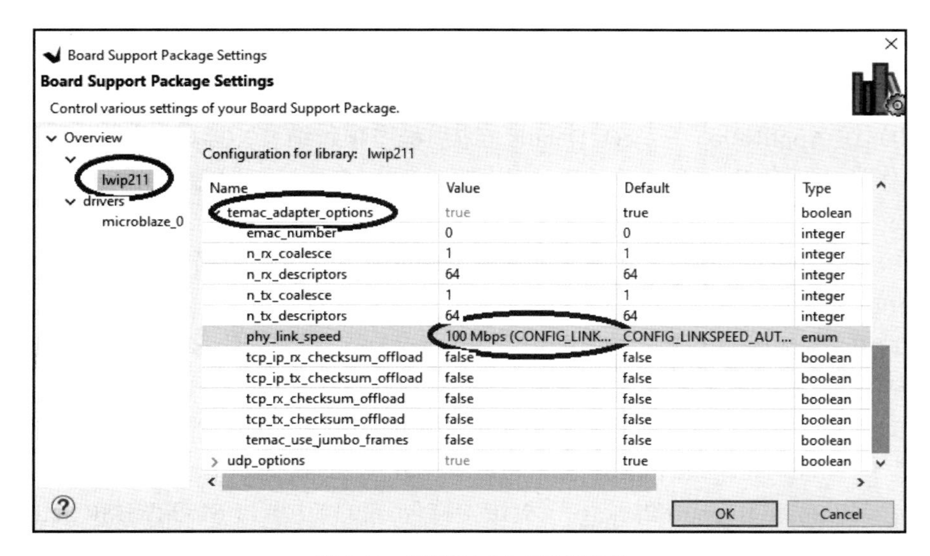

图 5.13　配置以太网链接速度

（15）按 Ctrl+B 快捷键以构建项目。

如果构建过程完成且没有错误，则其结果将是一个可执行文件（应用程序），该文件将在 Arty FPGA 的软处理器上运行。

5.4.7　调试程序

按照以下步骤在调试器中运行程序。

（1）使用 USB 线将 Arty A7 开发板连接到你的 PC 上，并使用以太网线将 Arty 以太网端口连接到你的 PC 使用的交换机上。

（2）使用 Windows“设备管理器”识别 Arty 开发板的 COM 端口号。为此，可在 Windows 搜索框中输入 device 并选择“设备管理器”——也可以右击 Windows 10 操作系统桌面上的“此电脑”图标，在弹出的快捷菜单中选择“管理”选项，然后双击左侧窗格“计算机管理（本地）”下面的“设备管理器”选项。展开“端口（COM 和 LPT）”部分。观察断开并重新连接 Arty 开发板 USB 线时消失并重新出现的 COM 端口号。

（3）单击工具栏中的 Debug（调试）图标，如图 5.14 所示。这将加载配置比特流和刚刚构建到 FPGA 中的应用程序。

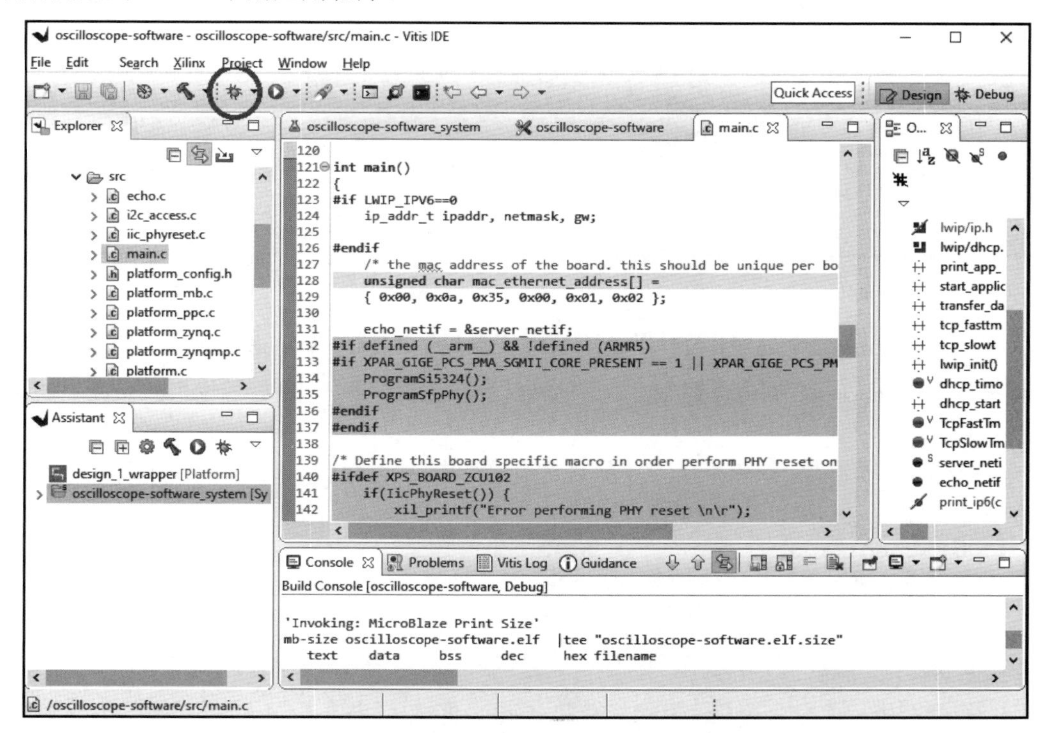

图 5.14　启动调试器

（4）在底部中间的对话框区域中，找到 Vitis Serial Terminal（Vitis 串行终端）选项卡，然后单击绿色“+”图标以添加串行端口，如图 5.15 所示。

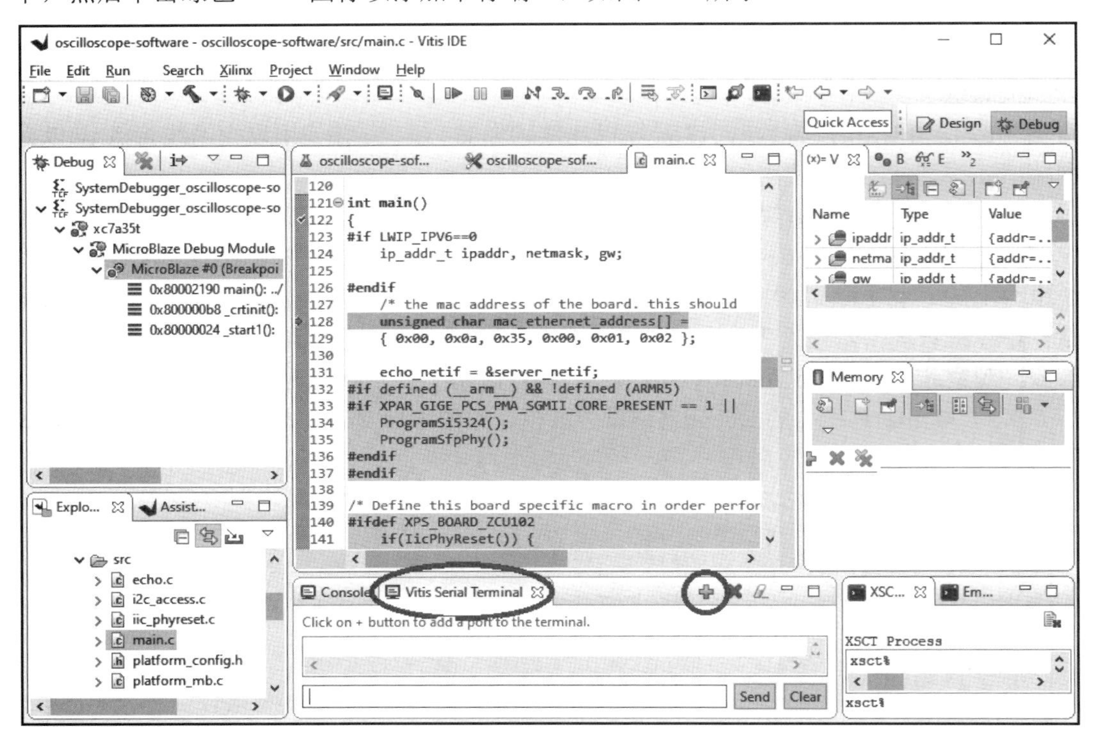

图 5.15　配置串行终端

（5）在 Connect to serial port（连接到串行端口）对话框中，选择你在 Windows“设备管理器”中识别的 COM 端口号，并将 Baud Rate（波特率）设置为 9600，单击 OK（确定）按钮。

（6）按 F8 键启动应用程序。你应该会在串行终端窗口中看到类似以下内容的输出：

```
-----lwIP Socket Mode Echo server Demo Application ------
link speed: 100
DHCP request success
Board IP: 192.168.1.188

Netmask : 255.255.255.0

Gateway : 192.168.1.1

        echo server 7 $ telnet <board_ip> 7
```

（7）如果你的 Windows 计算机上没有启用 telnet，则可以使用管理员身份运行“命令提示符”，并输入以下命令：

```
dism /online /Enable-Feature /FeatureName:TelnetClient
```

（8）上述 dism 命令完成后，关闭管理员“命令提示符”并打开用户级“命令提示符”。

（9）使用串行终端窗口中显示的开发板 IP 地址（本示例中为 192.168.1.188），使用以下命令运行 telnet：

```
telent 192.168.1.188 7
```

（10）在 telnet 窗口中输入文本。例如，输入 abcdefgh 会产生以下输出，其中包含除第一个字符外的每个字符的回显：

```
abbccddeeffgghh
```

（11）要验证回显字符来自 Arty 开发板，可通过单击 Suspend（挂起）按钮来中断应用程序执行，如图 5.16 所示。

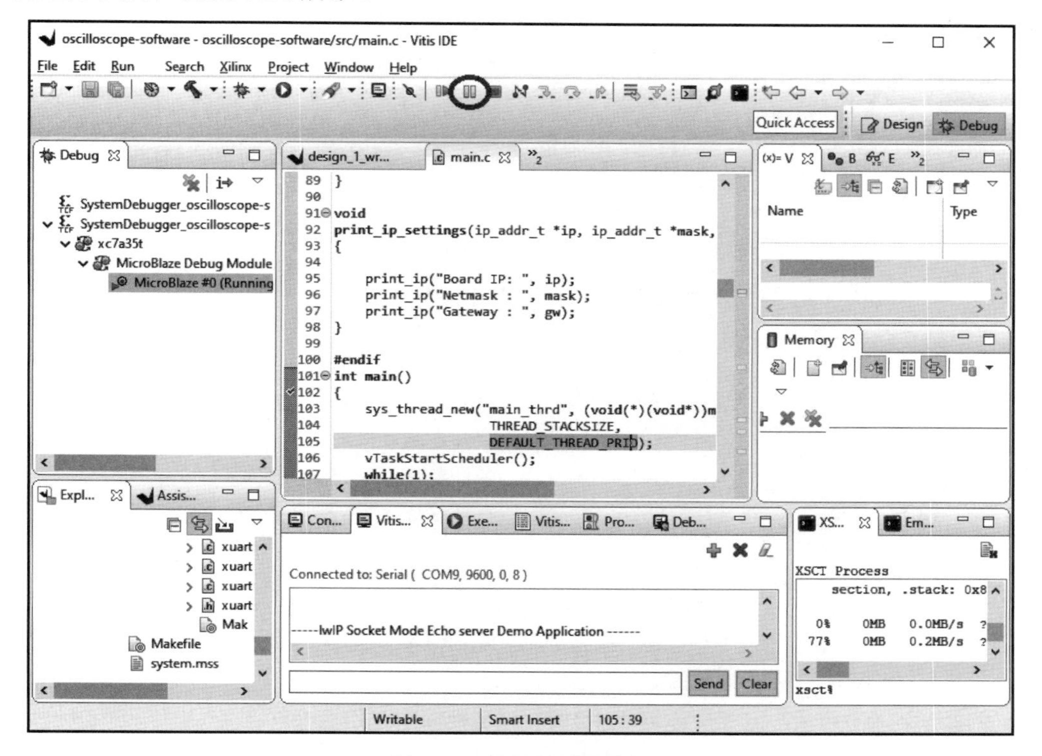

图 5.16　挂起调试器执行

（12）在 telnet 窗口中输入更多字符，可以看到它们已经不再被回显（即每次按键只出现一个字符）。

至此，我们已经完成了 FPGA 设计和将在其上运行的软件应用程序的初始实现。

5.5　小　　结

本章描述了使用 FPGA 设计和实现系统的过程。我们首先介绍了 FPGA 编译软件工具，了解了 FPGA 编译的具体过程。我们还罗列了一些最适合 FPGA 的算法类型。最后，本章开发了一个基准 Arty A7 MicroBlaze 处理器系统，该项目将在后面的章节中进一步细化为高性能联网数字示波器。

学习完本章之后，你将掌握 FPGA 编译软件工具的操作，了解最适合 FPGA 实现的算法类型以及如何确定 FPGA 实现是否适合给定应用。

第 6 章将介绍优秀的开源 KiCad 电子设计和自动化套件，并描述如何使用它来开发高性能数字电路。

第 6 章　使用 KiCad 设计电路

本章将介绍优秀的开源 KiCad 电子设计和自动化套件。在 KiCad 中工作时，可以使用原理图设计电路并开发相应的印刷电路板布局。你将学习如何以非常合理的成本将电路板设计转变为原型。本章还将提供示波器电路项目的原理图示例。

通读完本章之后，你将了解如何下载并安装 KiCad、如何在 KiCad 中创建电路原理图以及如何在 KiCad 中开发电路板布局，并完成数字示波器项目的部分电路板设计。

本章包含以下主题。

- KiCad 简介。
- KiCad 设计基础。
- 开发项目原理图。
- 印刷电路板布局。
- 电路板原型制作。

6.1　技 术 要 求

本章文件可从以下网址获得：

https://github.com/PacktPublishing/Architecting-High-Performance-Embedded-Systems

KiCad 可从以下网址免费下载。它支持多种操作系统，因此，请确保在开始下载之前选择正确的发行版本。

https://kicad-pcb.org/download/

下载完成后，可运行安装程序并根据提示接受默认设置。

6.2　关于 KiCad

KiCad 套件包含一组应用程序，可执行以下功能。

- 原理图输入：原理图输入是使用显示电路元件及其之间连接的示意图来描述电路的过程。在 KiCad 中，可以从一组基于调色板的工具中选择电气元件，将它们排列在绘图画布上，并用代表电线的线将它们连接在一起。

- 元件定义：KiCad 包含大量常见电气元件的定义。还有其他库可从各种在线资源免费获得。尽管 KiCad 有大量预定义设备可用，但有时仍需要定义库中没有的元件。KiCad 提供了工具来根据引脚及其功能描述设备的电气连接，并定义设备的封装。电气元件的封装（footprint）描述了将元件安装在电路板上所需的连接，例如，所需孔的数量和位置以及金属焊盘（solder pad）的尺寸和位置等。
- 印刷电路板（printed circuit board，PCB）开发：在原理图输入期间定义的电路可标识电路所需的元件和连接。为了在电路板上实现设计，需要指定每个元件的物理位置并布置元件之间的连接。这些连接可用作元件之间的导线，称为走线（trace）。
- 生成 PCB 制造文件：在 KiCad 中定义了 PCB 的所有方面后，下一步是生成一个文件或一组文件，PCB 制造商可以使用这些文件来生产用于设计的电路板。PCB 行业使用称为 Gerber 格式（Gerber format）的标准来指定 PCB 设计。KiCad 能够生成 Gerber 格式的输出以用于 PCB 制造。一些 PCB 制造商则直接支持 KiCad 文件格式作为其 PCB 生产的输入，从而为开发人员节省了生成 Gerber 格式输出的步骤。

KiCad 支持多层 PCB 的设计。PCB 中的每一层都包含一个金属片，可以在制造过程中选择性地去除该金属片，从而能够在二维表面上创建任意布线连接。

层之间的连接称为过孔（via），它允许走线相互交叉，并在密集放置的元件之间实现复杂的互连。

KiCad 支持同时使用通孔技术（through-hole technology，THT）和表面贴装技术（surface-mount technology，SMT）的 PCB。

顾名思义，THT 设备可通过将电线或金属引脚插入 PCB 中的孔来连接到 PCB，然后应用焊料在每个器件引脚和 PCB 之间建立牢固的物理和电气连接。

另一方面，SMT 设备则不需要在 PCB 上打孔。每个 SMT 设备都焊接到 PCB 表面的一组金属焊盘上，以在电路板和设备之间建立机械和电气连接。

图 6.1 是 SMT 设备和 THT 设备的示例。左下角矮的是 SMT 设备，右上角高的是 THT 设备。

用于集成电路的 THT 器件技术较旧，在现代电路设计中使用频率较低。使用 SMT 设备生产的 PCB 通常比使用相应 THT 设备构建的电路小。

虽然我们将要使用的集成电路通常是 SMT 类型的，但 PCB 上的其他元件（如连接到外部设备或电源的连接器）经常依赖于 THT 元件。

THT 和 SMT 封装都提供不太复杂的电路元件，如电阻器和电容器。与集成电路一样，SMT 电阻器和电容器通常都比相应的 THT 器件小。这些 SMT 器件有多种物理封装尺寸，如图 6.2 所示。

图 6.1　SMT 设备和 THT 设备

图 6.2　各种 SMT 电阻器封装

由于我们将要设计的电路具有高性能特性，因此需要使用到 KiCad 的一些更高级的功能。举例来说，电路中的 ADC 就将在一组高速差分线对上生成输出数据。为了在这些信号通过 PCB 走线时保持信号的完整性，有必要使用本章后面讨论的 PCB 布局技术。

接下来，我们将逐步完成创建电路设计、元件定义以及在原理图中连接电路元素的过程。

6.3　KiCad 设计基础

安装 KiCad 后，在 Windows 桌面上可找到一个 KiCad 图标。双击 KiCad 图标以启动 KiCad 项目管理窗口。该窗口如图 6.3 所示。

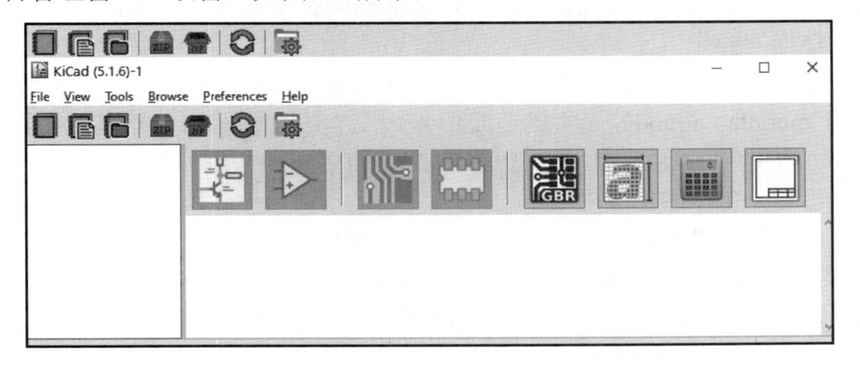

图 6.3　KiCad 项目管理器窗口

在 File（文件）菜单中选择 New（新建）| Project（项目）选项创建一个项目。系统将提示你为项目选择文件名和目录位置。要为本书第 5 章“使用 FPGA 实现系统”中开始的示波器项目设计电路板，可选择 C:\Projects\oscilloscope-circuit 目录并输入 oscilloscope 作

为文件名。这将创建原理图和 PCB 文件，如图 6.4 所示。

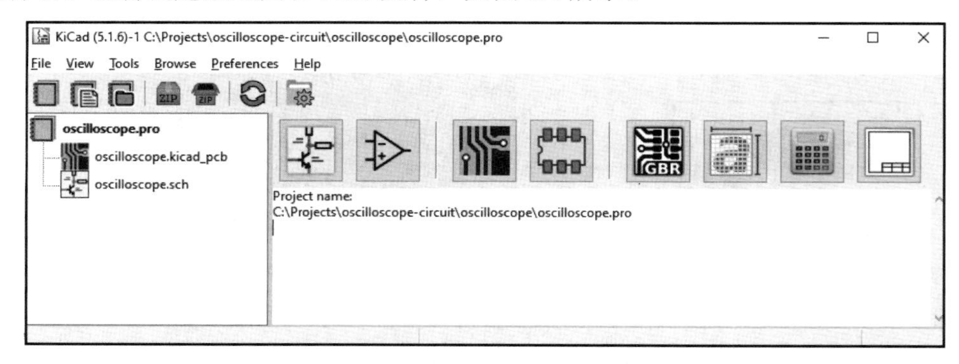

图 6.4　示波器 KiCad 项目文件

顾名思义，.pcb 文件扩展名包含印刷电路板（PCB）的描述，而.sch 文件扩展名则包含原理图（schematic）。

接下来，我们将开始绘制两个示波器电源电压的示意图。

6.3.1　放置和连接电路元件

双击 oscilloscope.sch 图标打开原理图编辑器。在开始电路设计之前，首先可利用 KiCad 提供的用于组织更大项目的功能：分层图纸（hierarchical sheet）。

虽然默认绘图区域为相当复杂的电路提供了足够的空间，但一般来说，最好还是将较大的电路设计组织成一组绘图，并在它们之间明确指示连接。在 KiCad 中使用分层图纸即可执行这样的操作。

开始电路设计的良好起点是电源。我们的电路将通过沿板边缘的矩形外围模块（peripheral module，Pmod）连接器连接到 Arty A7-100T 开发板。这些连接器中的每一个都提供+3.3VDC 和接地连接。我们使用的电路将需要一些额外的电源电压，这意味着需要提供输出这些电压的稳压电源。

请执行以下步骤以将电源原理图创建为单独的图纸。

（1）在 KiCad 原理图编辑器（名为 Eeschema）中，选择 Place（放置）| Hierarchical Sheet（分层图纸）选项。将光标移动到要放置的位置并单击鼠标左键，然后移动鼠标并再次单击左键以完成矩形的绘制。

（2）此时将出现一个对话框，提示输入文件名和图纸名称。输入 Power Supply.sch 作为文件名，输入 Power Supply 作为图纸名称。

（3）按 Esc 键退出分层图纸创建模式。你还可以单击主窗口右侧工具条顶部的箭头图标退出任何模式。

（4）双击你刚刚创建的矩形以打开 Power Supply（电源）图纸。

（5）首先我们将创建一个接地符号。单击图 6.5 右侧所示的接地图标，然后单击 Eeschema 的绘图区。

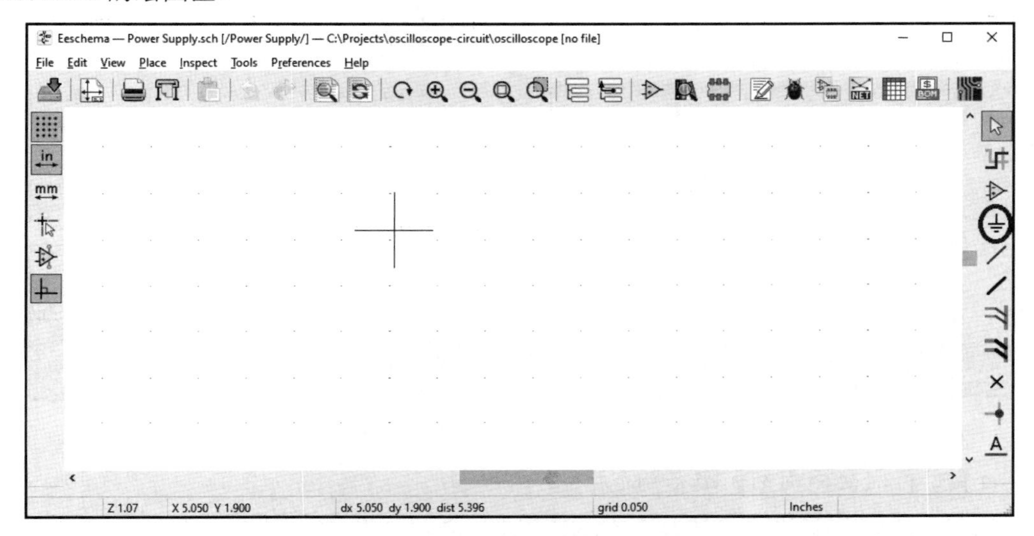

图 6.5　KiCad 工具栏中的接地图标

（6）此时将加载电源符号库，这可能需要几秒钟。加载完成后，单击 power（电源）旁边的“+”以展开电源符号列表。向下滚动以找到名为 GND（Ground，接地）的符号并单击以将其选中。单击 OK（确定）按钮，然后在绘图区域中单击以放置该符号。

（7）目前仅需要放置一个符号。按 Esc 键退出符号放置模式。

（8）重复单击接地符号图标并在绘图区域中单击的过程，但这次选择滚动符号列表中名为+3.3V 的符号。将此符号添加到图形中并按 Esc 键退出符号放置模式。

（9）要将+3.3V 定义为电源网络（这意味着我们可以通过使用+3.3V 符号在原理图中的任何位置连接到该电源），需要为这些符号中的每一个添加一个标志。这个标志只是一个 KiCad 元件（而不是真正的电路元件），它告诉 KiCad，需要使与这些符号相关的电源连接在整个电路中全局可用。

要开始此过程，可单击如图 6.6 所示的 Place symbol（放置符号）图标，然后在绘图区域中单击即可。

（10）此时将出现 Choose Symbol（选择符号）对话框。在 Filter（过滤器）字段中输入 pwr。

PWR_FLAG 符号将出现在列表中。单击选择此符号，然后单击 OK（确定）按钮。在绘图区域中单击两次以放置元件两次。按 Esc 键退出放置模式。

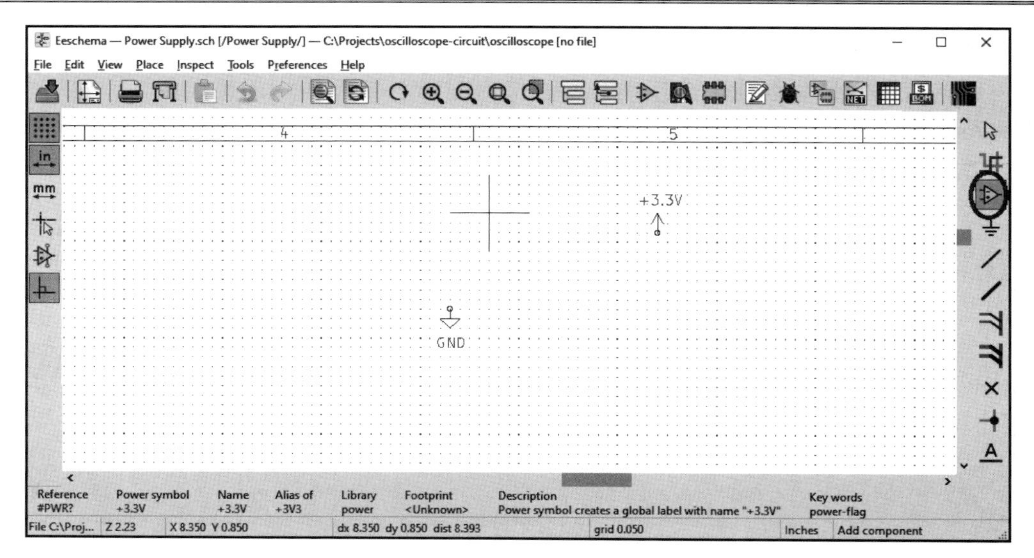

图 6.6　KiCad 工具栏中的放置符号工具

（11）此时的原理图如图 6.7 所示。

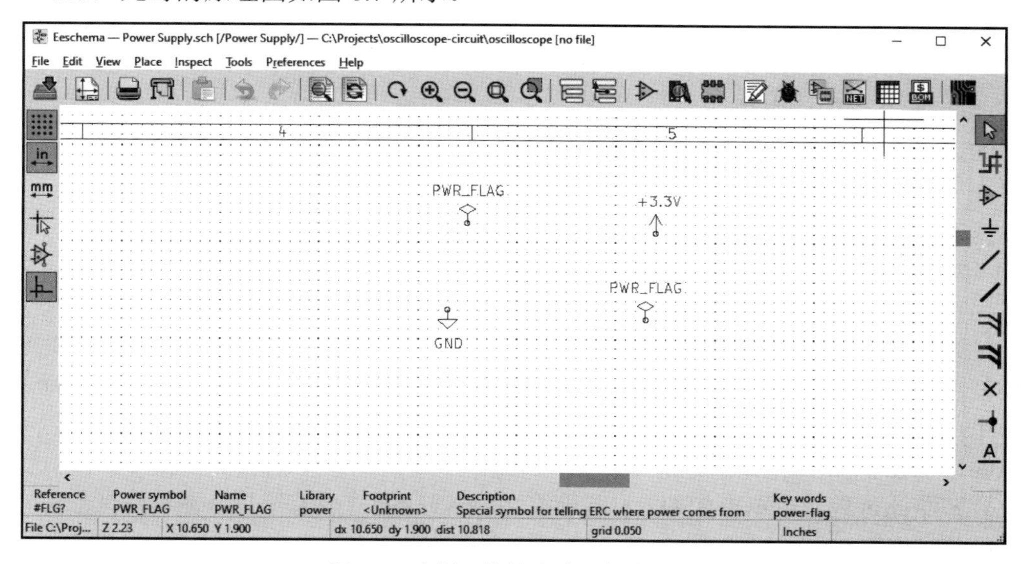

图 6.7　电源、接地和电源标志符号

（12）在原理图上移动一个或多个符号的方法之一是通过在它们上方拖动一个框来选择它们，然后移动鼠标重新定位它们，最后单击左键设置新位置。

这样做可以将 GND 符号直接放置在 PWR_FLAG 符号下方，并将另一个 PWR_FLAG

符号放置在+3.3V 符号的下方。

（13）可以将光标悬停在符号上并按 R 键可将符号旋转 90°。在+3.3V 符号下方的 PWR_FLAG 符号上执行此操作两次。

移动符号以使所有内容都很好地对齐，如图 6.8 所示。

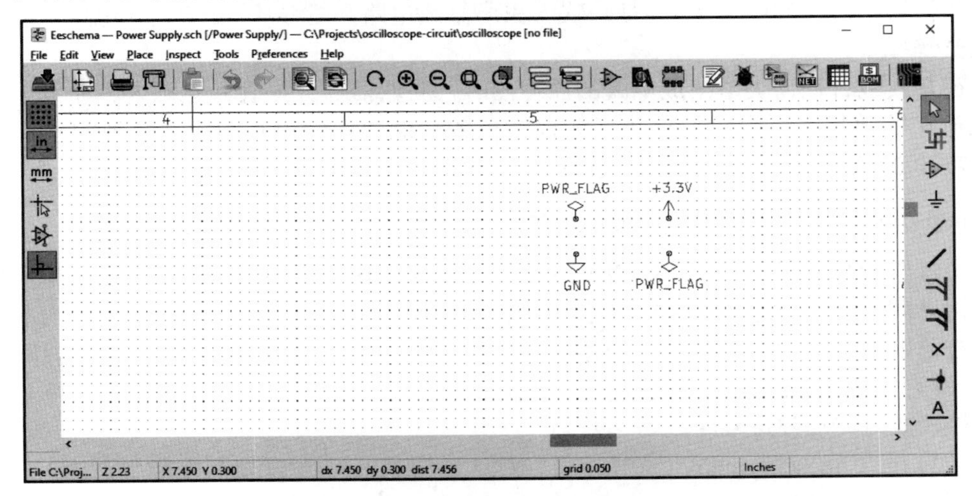

图 6.8　重新定位和旋转后的符号

（14）接下来绘制连接线。单击如图 6.9 所示的 Place wire（放置导线）图标，然后单击每个导线连接的起点和终点以完成连接。

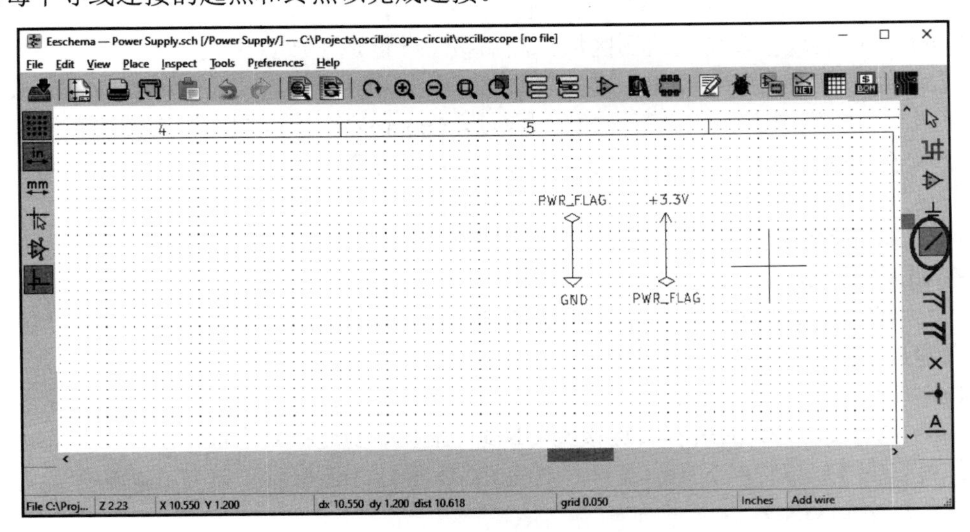

图 6.9　元件之间的连接线

6.3.2 添加稳压器

现在将向电路添加一个稳压器，以便为 ADC 提供+1.8VDC 电源。Texas Instruments（德州仪器）公司的 TLV757P 是一款 5 引脚集成电路，能够从 3.3V 输入电压产生稳定的 1.8V 输出。

在开发包含任何类型集成电路的原理图时，获取器件数据表并熟悉内容非常重要。集成电路的数据表包含大量信息，如描述设备功能、操作限制和成功实现的建议等。TLV757P 的数据表可从以下网址获得：

https://www.ti.com/lit/ds/symlink/tlv757p.pdf

通过查看数据表，可以看到 TLV757P 需要两个 1μF 的电容器，一个连接在电源电压和接地之间，另一个连接在输出电压和接地之间。

按照以下步骤将+1.8VDC 电源添加到原理图中。

（1）单击 Place symbol（放置符号）图标（参见图 6.6），然后单击要放置符号的绘图区域。此时将加载符号库。

（2）在 Choose Symbol（选择符号）对话框的 Filter（过滤器）字段中，输入 tlv757 并观察出现的设备列表。

（3）列出的元件是一个名为 TLV757P 器件的变体，它具有不同的固定输出电压和封装类型。因此，可在列表中搜索以找到输出电压为+1.8V 且封装类型为 SOT-23-5 的部件。选择该条目并单击 OK（确定）按钮。

（4）单击要放置设备的绘图区域，然后按 Esc 键退出放置模式。

（5）接下来将在图中添加两个非极化电容器。非极化电容器（unpolarized capacitors）没有正极或负极端子。相比之下，极化电容器（polarized capacitors）必须将正极端连接到两个端子中较高的电压。再次单击 Place symbol（放置符号）图标，然后在绘图区域中单击，这次在 Filter（过滤器）字段中输入 capacitor。

（6）向下滚动列表以找到设备名称为 C 的电容器。将电容器的两份副本放在绘图上，一份在 TLV757P 的左侧，一份在右侧。

（7）我们需要给电容器添加标签以表明它们的容量。双击其中一个电容器旁边的 C 标签文本（不要单击 C?标签）并输入文本 C_1u。

为第二个电容器重复该操作。

（8）将 TLV757P 的引脚 2 连接到 GND。注意不要连接到之前添加的接地符号上。相反，可以在 TLV757P 下方添加一个新的 GND 符号并连接到该符号。将两个电容器的较低端子连接到 GND。

（9）单击图 6.5 所示的接地图标，然后在绘图区域中单击并在 Filter（过滤器）字段中输入 1.8。选择名称为+1V8 的符号，单击 OK（确定）按钮，将该符号放置在 TLV757P 右侧电容器的上方。画一条线将此符号连接到 TLV757P 的引脚 5。

提示：

原理图中的电源电压：在电气原理图中指定电源电压时，有时会使用字母 V 代替小数点。+1V8 符号使用的就是此约定。

完成 TLV757P 引脚和电容器端子的连接，如图 6.10 所示。

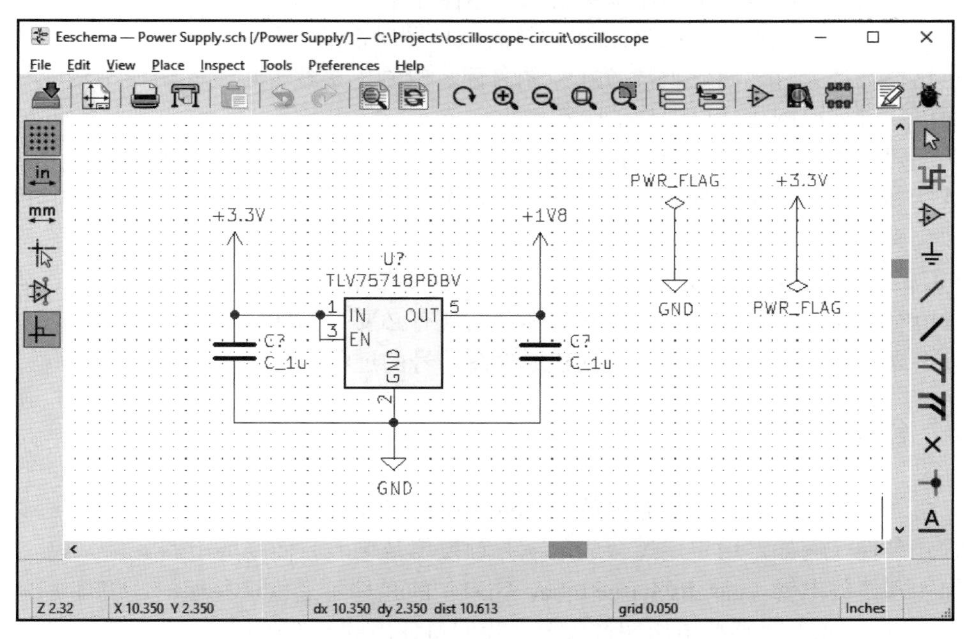

图 6.10　+1.8V 电源

6.3.3　KiCad 原理图编辑器应用技巧

以下说明将帮助你在 KiCad 中导航并更熟练地使用 KiCad 原理图编辑器。

- 可以通过右击并从上下文菜单中选择 Leave Sheet（离开图纸）选项来离开分层图纸并返回到更高级别的图纸。
- KiCad 支持许多常用操作的快捷方式。例如，可以通过按住 Shift 键的同时，按下鼠标左键并拖动一个接触到所有感兴趣元件的框来创建单个元件或一组元件的副本。释放鼠标后，将该组移动到要放置它们的位置并单击鼠标左键。

- ❑ 要查看所有热键的列表，请按 Ctrl+F1 快捷键。
- ❑ 可以使用鼠标滚轮在窗口中快速放大、缩小和重新定位绘图。将鼠标光标放在要居中的绘图位置上，然后向前滚动滚轮以放大并居中，或向后滚动滚轮以缩小并居中。
- ❑ 如果拖动一个矩形来选择一个或多个元件（不按住 Shift 键），默认操作是断开这些元件的连线并仅移动这些元件。如果在选择元件后按 Tab 键，则在移动过程中与元件的连接将保持原位。

你可以用刚刚创建的电源原理图尝试上述操作。

至此，我们已经熟悉了在 KiCad 中绘制原理图所需的大部分操作。绘制电路的操作主要包括：选择元件、将它们放置在绘图表面、绘制连接线，以及随着原理图变得更加复杂而重新排列绘图元素以保持清晰等。

在创建原理图时，花一点时间组织绘图是值得的，这样功能区域就可以分开，元件不会彼此靠得太近，接线原则也很容易遵循。除非绝对必要，否则电线不得与其他电线或元件交叉。

KiCad 包含一个大型预定义元件库，可以直接在原理图中使用。遗憾的是，该库无法包含所有可能的电路元件，因此有时你会发现有必要为元件创建符号。

接下来我们将介绍为电路元件创建原理图符号的过程。

6.3.4　创建元件符号

电路需要对信号输入进行静电放电（electrostatic discharge，ESD）保护，以避免因为一些意外事件（例如，用户走过合成地毯并触摸信号输入）而损坏电路元件。

称为气体放电管（gas discharge tube，GDT）的元件可提供这种保护。GDT 通常表现为开路，但当 GDT 两端的电压超过阈值（我们将使用的元件阈值为 75V）时，设备内的气体会导电并使电能对地短路，从而保护敏感的电路元件。

本项目将使用 Littelfuse CG7 系列 GDT。该设备未出现在 KiCad 库中，因此需要为它构建一个原理图符号。该符号可用于原理图。Littelfuse CG7 系列数据表可从以下网址获得：

https://www.littelfuse.com/~/media/electronics/datasheets/gas_discharge_tube/littelfuse_gdt_cg7_datasheet.pdf.pdf

该文档包含构建原理图符号所需的所有特定于设备的信息。

如图 6.11 所示，单击顶部工具栏中的 Symbol Editor（符号编辑器）图标开始该过程。

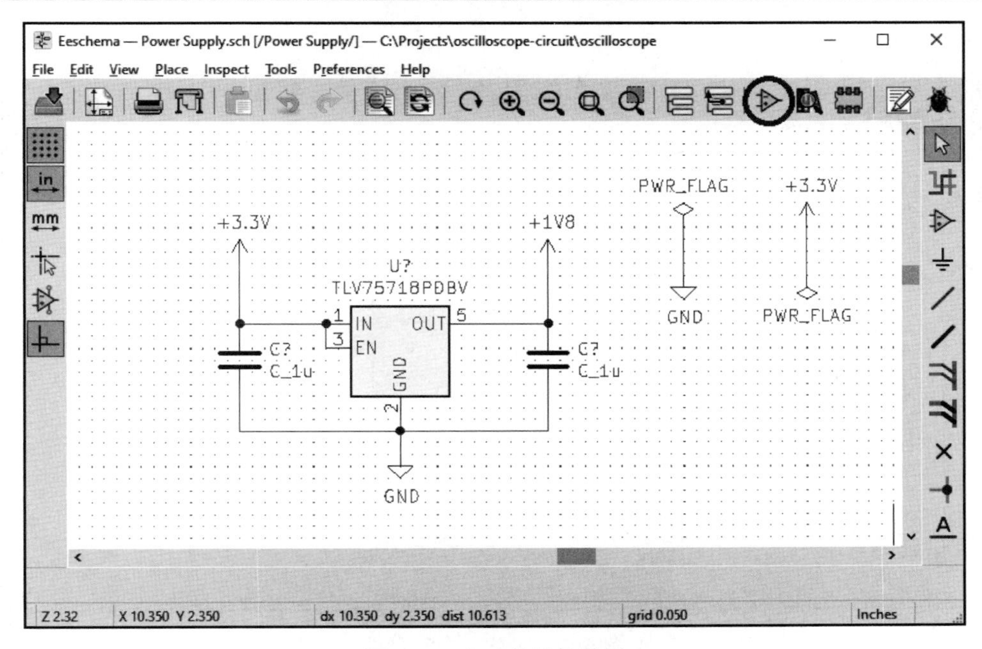

图 6.11　启动符号编辑器

进入 Symbol Editor（符号编辑器），即可看到可用符号列表。

执行以下步骤为 CG7 GDT 创建符号。

（1）在开始创建符号之前，必须首先创建一个包含 m 的库。将符号库存储在适当的位置以供将来的项目使用是个好主意。我们将在 C:\Projects\kicad-symbol-library 目录中创建一个新库。

（2）在 Symbol Editor（符号编辑器）| File（文件）菜单中，选择 New Library（新建库）选项。在 C:\Projects\kicad-symbol-library 中创建名为 my-symbols.lib 的库。

（3）此时将出现一个提示，要求你在 Global（全局）表或 Project Library（项目库）表之间进行选择。选择 Global（全局）表并单击 OK（确定）按钮。此选择允许你在以后的项目中使用你创建的符号。

（4）单击如图 6.12 所示的工具栏图标以新建一个符号。

（5）系统将提示你选择一个库来保存新符号。在 Filter（过滤器）框中输入 my-symbols，选择你的新库，然后单击 OK（确定）按钮。

（6）此时将出现一个对话框，要求提供有关新符号属性的信息。输入 CG7_GDT 作为符号名称，然后单击 OK（确定）按钮。此时，Symbol Editor（符号编辑器）窗口的效果应如图 6.13 所示。

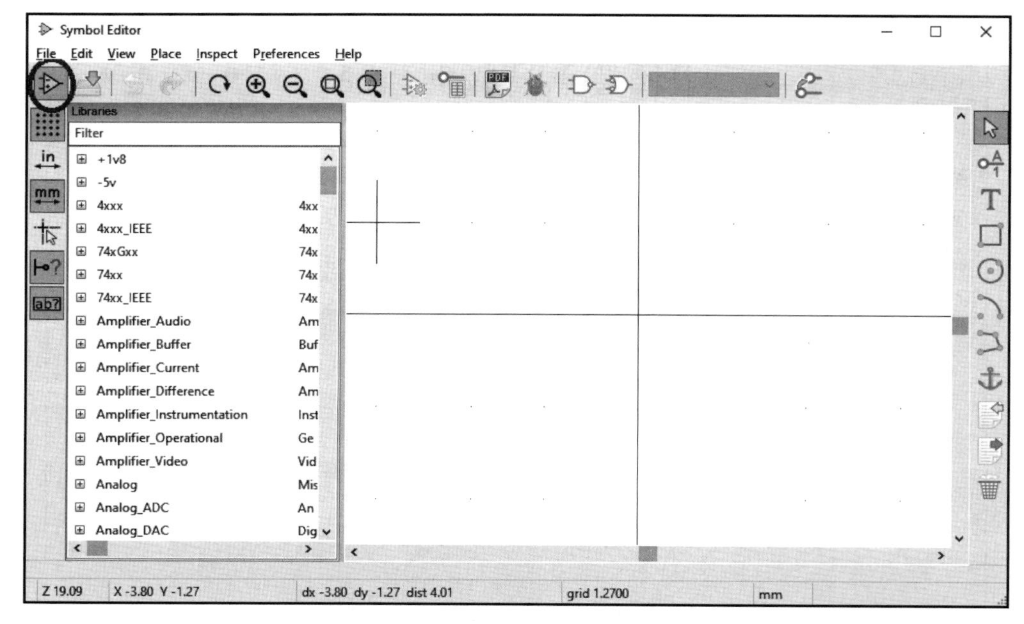

图 6.12　创建一个新符号

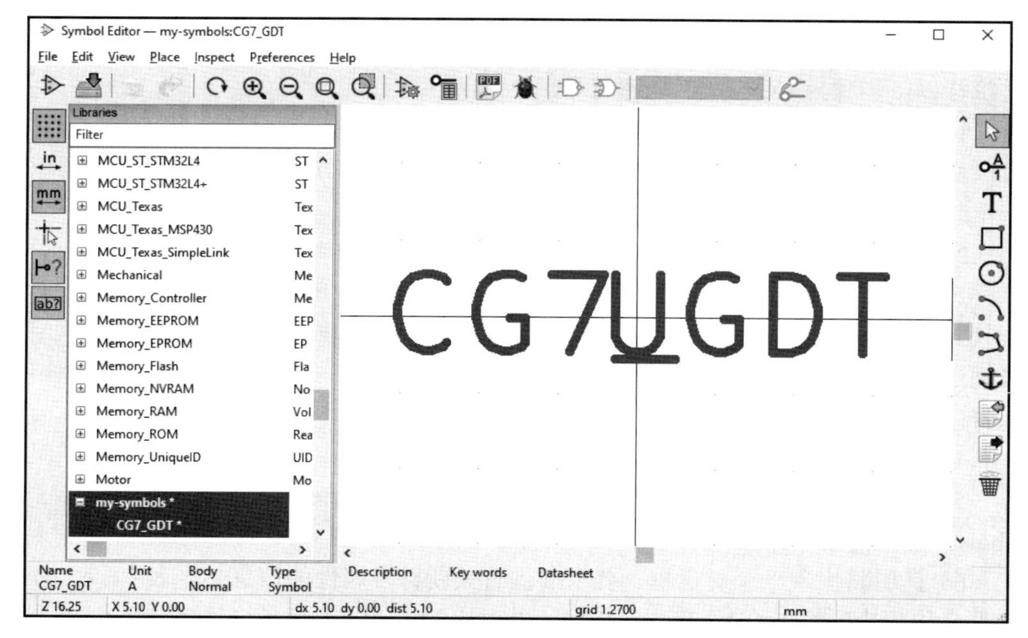

图 6.13　开始定义 CG7_GDT 后的符号编辑器

（7）选择 Pin（引脚）工具（参见图 6.12 右上方突出显示的箭头正下方的图标），然后单击绘图区域。

（8）此时将出现一个 Pin Properties（引脚属性）对话框。为第一个引脚输入以下信息。

- ❑ Pin name（引脚名称）：~。
- ❑ Pin number（引脚数）：1。
- ❑ Electrical type（电气类型）：Input。

单击 OK（确定）按钮。

（9）小心移动光标（同时使用鼠标滚轮根据需要进行放大和缩小）以将引脚定位在 X -6.35 和 Y 0.00 处，如 Symbol Editor（符号编辑器）底部的状态行所示。到达正确位置后，单击鼠标放置引脚。

（10）重复步骤（7）～步骤（9）以放置引脚 2。在 Pin Properties（引脚属性）对话框中输入以下信息。

- ❑ Pin name（引脚名称）：~。
- ❑ Pin number（引脚数）：2。
- ❑ Electrical type（电气类型）：Input。

单击 OK（确定）按钮。

按两次 R 键将该引脚旋转 180°。将此引脚放置在 X 6.35 和 Y 0.00 处。

（11）单击右侧工具栏中的圆形图标，然后在引脚 1 和引脚 2 之间的十字准线中心单击。移动鼠标增大圆半径，当圆穿过引脚 1 和引脚 2 的小圆时单击鼠标。

（12）我们将向符号添加一些图形形状，但首先需要更改网格大小。右击 Symbol Editor（符号编辑器）的背景并选择 Grid（网格）选项，然后选择 10mil（密耳）的网格大小。

提示：

密耳（mil）也被称为毫英寸，即千分之一英寸。也译作“密尔”。

（13）在原理图中添加一个圆圈和两个三角形以复制 CDT 的电路符号（按照 CG7 系列数据表中的显示复制）。使用右侧工具栏中的圆形和多边形工具绘制类似数据表中显示的 GDT 符号的形状。

（14）绘制每个圆形和三角形后，右击该形状并编辑该形状。选择 Fill with body outline color（用主体轮廓颜色填充），然后单击 OK（确定）按钮。

（15）右击每个文本字段并选择移动字段的选项，将符号名称（CG7_GDT）和引用字符（U）移动到更合适的位置。完成后的符号如图 6.14 所示。

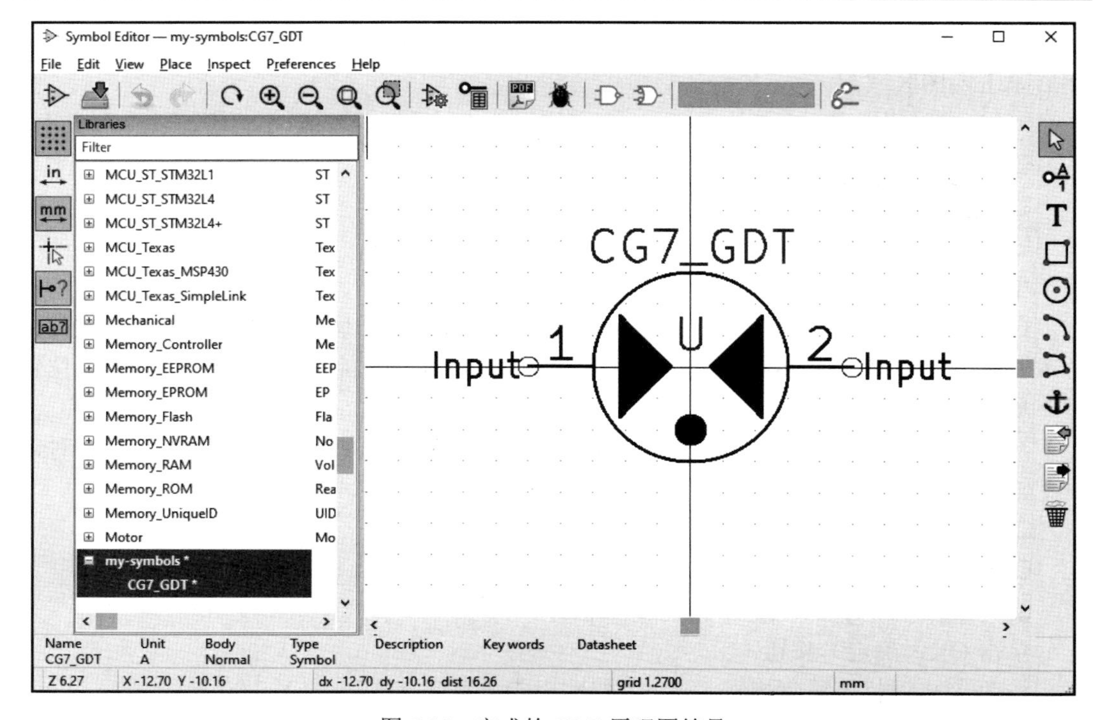

图 6.14　完成的 GDT 原理图符号

（16）在 File（文件）菜单中选择 Save All（全部保存）选项，然后退出 Symbol Editor（符号编辑器）。

（17）返回 Eeschema 编辑器窗口。在 Preferences（首选项）菜单中选择 Manage Symbol Libraries（管理符号库）选项。滚动到底部并确认 my-symbols 出现在 Global Libraries（全局库）选项卡下。单击 Cancel（取消）按钮返回编辑器窗口。

（18）单击 Place symbol（放置符号）图标并在绘图窗口中单击。在 Filter（过滤器）框中输入 GDT。你的新符号应出现在 my-symbols 下。选择符号并单击 OK（确定）按钮。将符号放置在周围有一些空间的位置。

（19）目前，我们不连接 GDT 的引线。为了避免在电气规则检查期间出现警告，可以将引脚标记为未连接。单击右侧工具栏中的蓝色×图标，然后单击 GDT 上的每个引脚。这将在每个引脚上放置一个蓝色×，将它们标记为未连接。

完成上述步骤后，即已经创建了一个新的元件符号并将其添加到电路原理图中。本节所介绍的技能提供了完成项目电路原理图所需的大部分知识。

接下来，我们将介绍用于开发示波器项目原理图的其余 KiCad 功能。

6.4　开发项目原理图

示波器项目的整个电路图被组织成 6 个分层的 KiCad 图纸，如图 6.15 所示。

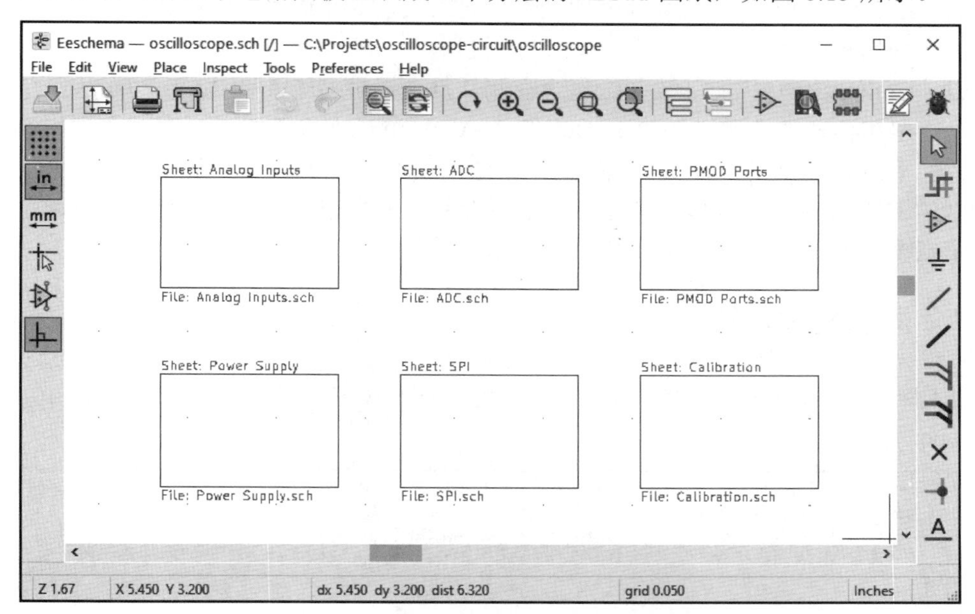

图 6.15　项目原理图

每张图纸的内容如下。

- Analog Inputs（模拟输入）：电路的这一部分可从标准示波器探头接收±10V 范围内的模拟输入，并将其转换为±1.0V 范围内的差分信号以输入到 ADC。
- ADC（模数转换器）：电路的这一部分可将±1.0V 模拟信号连接到 ADC 输入引脚。该原理图还可将来自 Arty 开发板的 100MHz 数字时钟信号连接到 ADC。ADC 为两个通道（OUT1A 和 OUT1B）以及连接到 Arty 板输入的数据时钟（DCO）提供高速 LVDS 差分输出。该项目中使用的 ADC 是 Linear Technology LTC2267-14，这是一款双通道 14 位 ADC，每秒可进行 1.05 亿次采样。我们将仅使用此项目中的通道之一。

  该数据表可从以下网址获得：

  https://www.analog.com/media/en/technical-documentation/data-sheets/22687614fa.pdf

- ❑ PMOD Ports（PMOD 端口）：该图纸描述了两个 2×6 针连接器的连接，这些连接器将连接到 Arty 板 PMOD B 和 C 连接器。
- ❑ Power Supply（电源）：该图纸包含本章前面开发的+1.8V 电源的电路以及驱动模拟电路元件的+2.5V 和−2.5V 电源的电路。
- ❑ SPI（串行外设接口）：该图纸包含电路板上 SPI 连接器的电路连接。此接口将使用短带状电缆连接到 Arty SPI 连接器。
- ❑ Calibration（校准）：该图纸包含在测试点上提供+2.5V 和−2.5V 之间交替的 1kHz 输出信号的电路。为+2.5VDC 和−2.5VDC 测试点以及 GND 提供了额外的连接。

我们无意详细介绍所有 6 个原理图，但接下来会结合这些原理图的开发，介绍尚未讨论到的 KiCad 的其他功能。有了这些信息并从本书配套网站下载文件后，你将能够跟踪整个电路中的信号流并了解该图是如何构建的。

6.4.1　添加文本注释

我们可以在原理图中添加解释性注释，例如，图 6.16 左侧的文本 Input range ±10V with 1X probe。

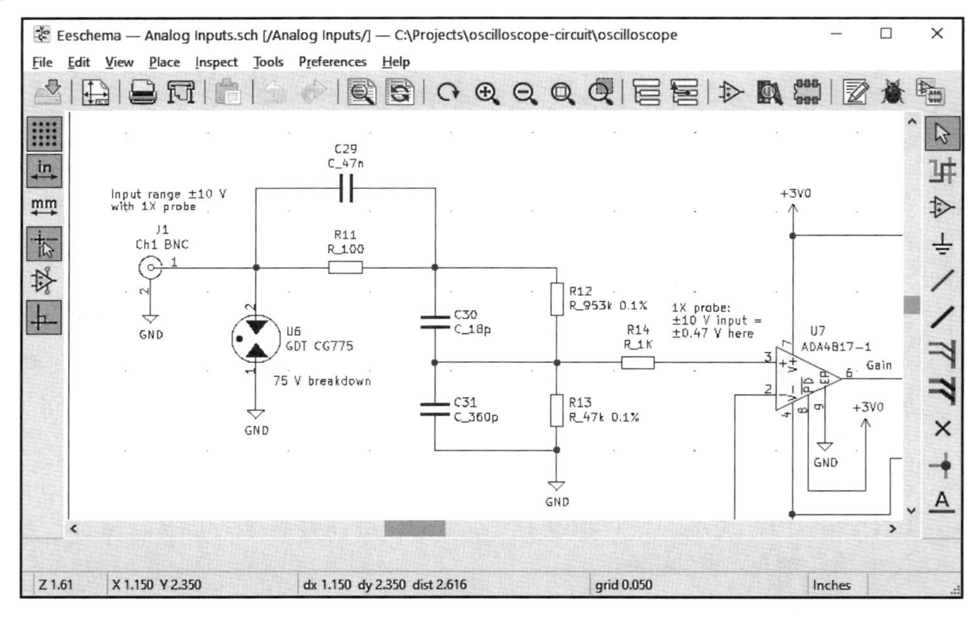

图 6.16　带有文本注释的 Analog Inputs（模拟输入）原理图

单击 Eeschema 主窗口右侧工具栏底部的大 T 图标，即可进入文本注释模式。你需要使该窗口比本章中的截图更大，才能看到所有工具栏图标。

6.4.2　添加信号标签

可以为信号添加标签以指示其功能。单击右侧工具栏中的 A 图标及其下方的绿色线进入信号标记模式。当你单击信号线时，系统会提示你输入信号名称。

6.4.3　添加全局标签

上一段中讨论的信号标签在单张图纸中描述了连接。你可以使用全局标签（global labels）在图纸之间创建连接。全局标签工具的图标位于右侧工具栏中信号标签工具的正下方。全局标签工具类似于三角旗内的 A。

在图 6.17 中，右侧的 Ain1+和 Ain1-信号终止于全局标签。

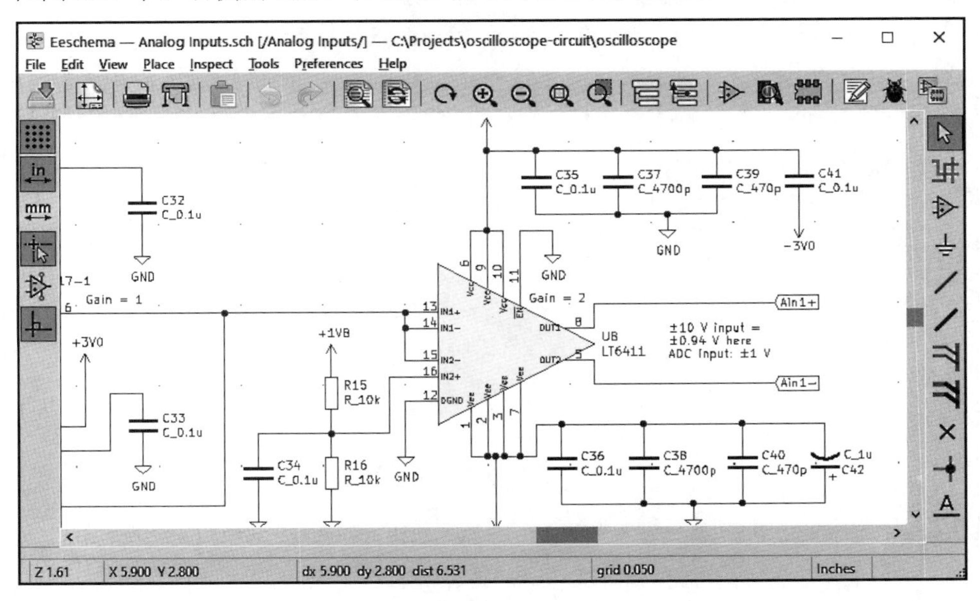

图 6.17　Analog Inputs（模拟输入）原理图中的全局标签

这些信号形成差分对，可为 ADC 提供模拟输入。

6.4.4　创建差分信号对

KiCad 为原理图开发和 PCB 布局中的高速差分信号提供了强大的支持。要在原理图中表示差分信号对（differential signal pair），创建两个具有相同名称的信号就足够了，只不过其中一个信号名称以“+”字符结尾，另一个信号名称以“-”字符结尾。例如，在图 6.17 中，就有 Ain1+和 Ain1-信号对。

差分对信号名称可以通过原理图符号上的引脚名称、信号标签或全局标签来定义。

6.4.5　创建板外连接

大多数电路设计需要与外部元件的接口，以提供电源和传输数据。在 KiCad 中，这些连接的指定方式与电路元件相同。你可以在库中搜索各种标准连接器类型，如有必要，也可以创建自己的连接器。

图 6.18 显示了与 Arty 开发板的两个 2×6 引脚的连接。

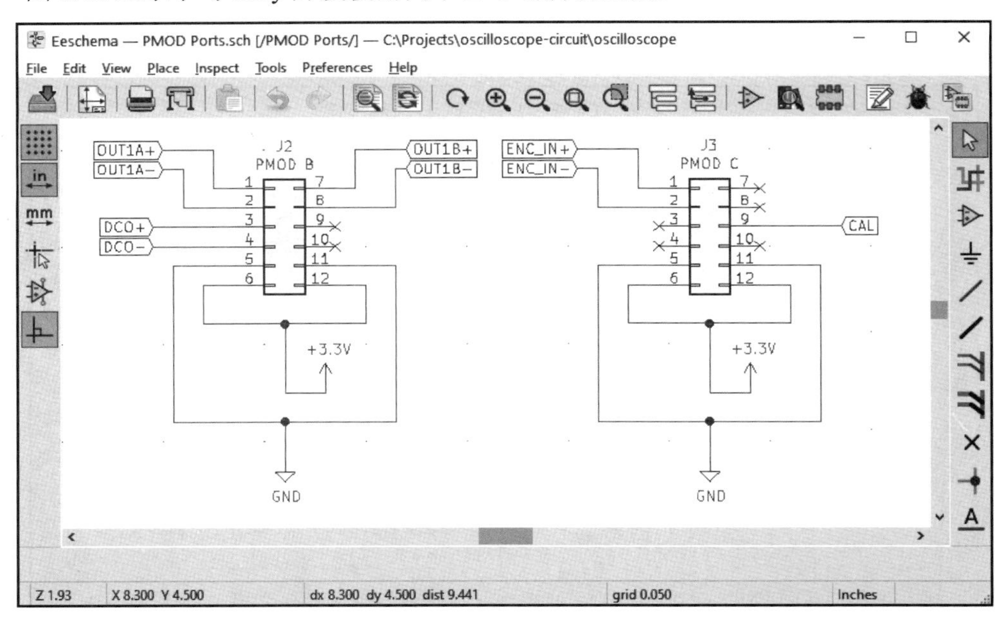

图 6.18　Arty 开发板的连接器

图 6.18 中的+3.3V 和 GND 连接是电路板的电源输入。

6.4.6　符号注释和电气规则检查

在 KiCad 中完成电路绘制后，下一步是通过用唯一的数值替换符号名称中的问号来注释原理图符号。

KiCad 将使用注释工具自动执行此操作，注释工具在顶部工具栏中的图标类似于一张纸上的铅笔（图 6.18 顶部工具栏中的右数第 3 个）。单击该注释工具图标即可打开 Annotate Schematic（注释原理图）对话框。单击 Annotate（注释）以分配元件编号，然后单击 Close（关闭）按钮。

接下来，你应该对图纸执行电气规则检查。这是对原理图的审查，用于识别潜在的错误，如未连接的元件引脚。

要执行电气规则检查，可单击顶部工具栏上形状类似于瓢虫的图标（图 6.18 顶部工具栏中的右数第 2 个）。此时将出现 Electrical Rules Checker（电气规则检查器）对话框。单击 Run（运行）按钮即可执行分析。如果发现任何问题，可以单击相关链接，KiCad 将突出显示有问题的电路元件。在进行 PCB 布局之前，应解决所有问题。

有关 KiCad 中原理图电路开发的介绍至此结束。接下来，我们将探讨如何将电路设计转换为适合制造的 PCB 布局。

6.5　印刷电路板布局

一旦完成了原理图开发并且通过了电气规则检查，下一步就是开始印刷电路板（PCB）的布局。

6.5.1　为电路元件分配封装

在布局电路板本身之前，首先必须为每个电路元件分配封装。KiCad 将原理图符号和设备 PCB 封装作为单独的实体进行维护，以允许用户将正确的封装与每个设备相关联。

在这里，我们将继续使用本章前面创建的包含+1.8V 电源和 GDT 的原理图。单击电气规则检查图标右侧的 Assign PCB footprints to schematic symbols（将 PCB 封装分配给原理图符号）图标。这将打开 Assign Footprints（分配封装）对话框并列出电路中的元件，如图 6.19 所示。

可以看到，在本示例电路的 4 个元件中，只有一个 TLV757 稳压器已经分配了封装。因此，需执行以下步骤来分配剩余的元件。

（1）单击左侧列中的 Capacitor_SMD 库名称以在右侧列中列出预定义的表面贴装电容器封装。要分配封装，首先在中心窗口中选择一个元件，然后双击右侧列表中的封装。当你在中心窗口中选择元件时，相应的符号将在 Eeschema 电路图中突出显示。这有助于你跟踪每个元件在电路中的位置。

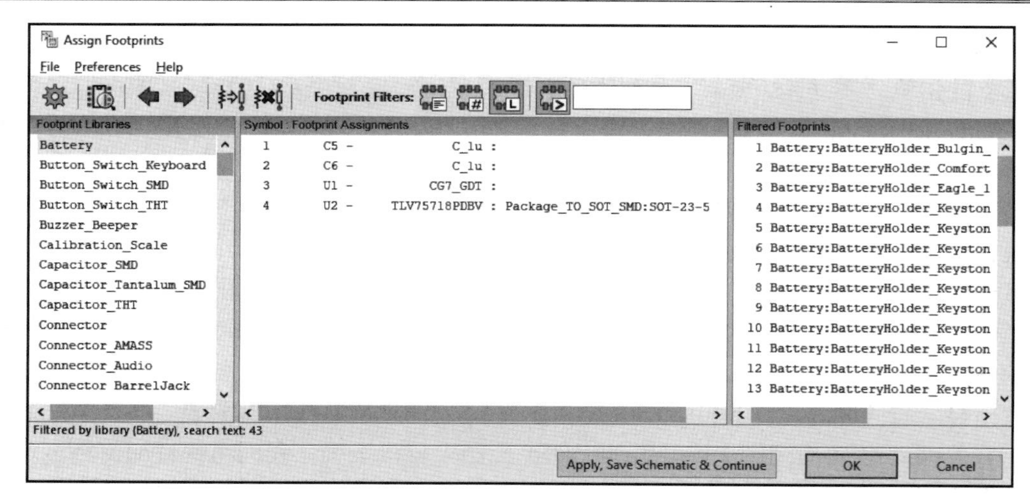

图 6.19　Assign Footprints（分配封装）对话框

（2）对于 1μF 电容器，我们将使用 Capacitor_SMD:C_0402_1005Metric 封装。单击中心窗口列表中的电容器符号名称之一，在搜索框中输入 0402 以过滤封装列表。将该封装分配给两个电容器。

（3）现在 GDT 是剩下的唯一没有封装的元件。从该部件的数据表中，可以看到推荐的焊盘尺寸为 1.2mm×4.0mm，间距为 2.5mm。

KiCad 提供了一个封装编辑器，可以为 SMT 元件和 THT 元件创建任意焊盘和孔配置。与其他 KiCad 应用程序一样，封装编辑器简单易用。你可以使用封装编辑器修改现有封装的焊盘，而不是从头开始构建封装。例如，Fuseholder_Littelfuse_Nano2_157x 封装的焊盘尺寸和间距即与 CG7_GDT 相似。将修改后的封装保存到你的符号库，然后在 Assign Footprints（分配封装）对话框中将该符号分配给 GDT。

（4）单击对话框底部的 Apply,Save Schematic & Continue（应用、保存原理图并继续）按钮，然后单击 OK（确定）按钮。

6.5.2　构建 PCB 布局

现在已经可以开始构建 PCB 的布局。从 KiCad 项目管理器窗口打开 KiCad PCB 编辑器。图 6.20 指示了在项目管理器中单击的图标。

KiCad PCB 布局编辑器将打开并显示一个空白绘图区域。单击工具栏中的 Update PCB from schematic（从原理图更新 PCB）图标，将从原理图中导入电路元件和连接信息，如图 6.21 所示。

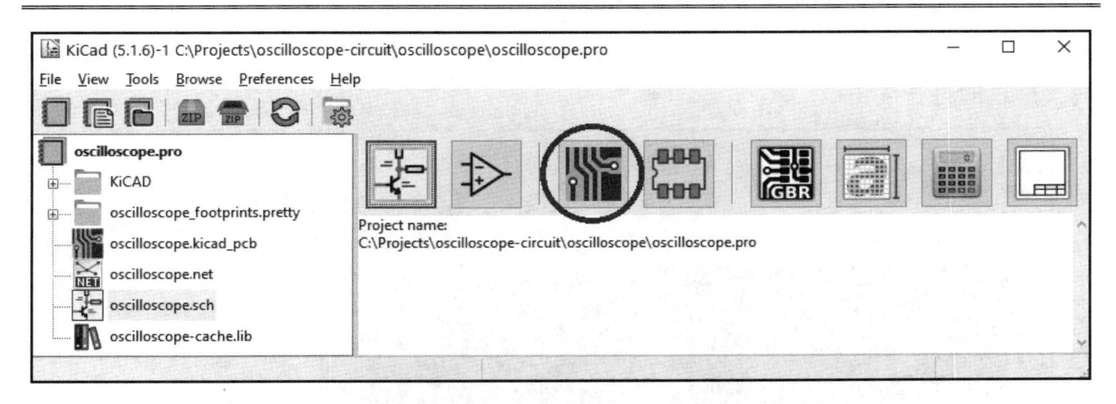

图 6.20　打开 KiCad PCB 布局应用程序

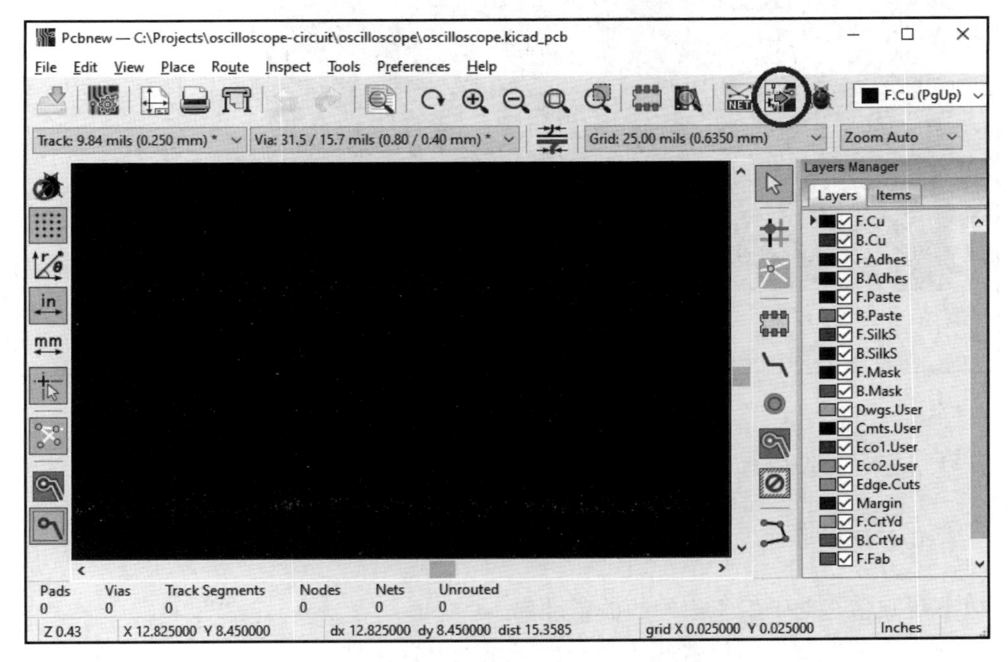

图 6.21　Update PCB from schematic（从原理图更新 PCB）图标

单击 Update PCB from schematic（从原理图更新 PCB）对话框中的 Update PCB（更新 PCB）按钮，然后单击 Close（关闭）按钮。这将使所有电路元件都附加到光标。将光标移动到你计划绘制电路板一侧的位置，然后单击鼠标左键将它们放在那里。

接下来，我们将绘制电路板的轮廓。将 Grid（网格）下拉列表中的网格大小设置为 100mil。选择 Edge.Cuts PCB 层，再选择如图 6.22 所示的画线工具，单击并绘制一个边长 2.5"的正方形。监视状态栏中的 Length（长度）和 Angle（角度）指示，以确保绘制的线条是直的且长度正确。

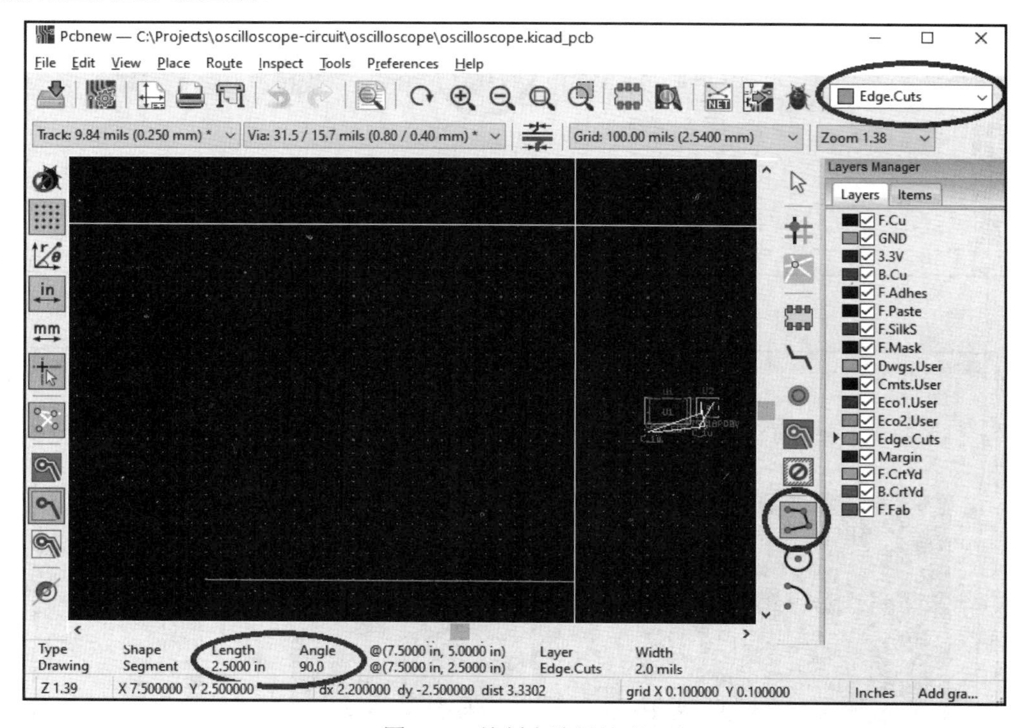

图 6.22　绘制电路板轮廓

现在可以将元件放置在电路板上。

6.5.3　布局规则

以下规则将有助于组织部件的放置过程。

- 原理图中部件的位置应该是在电路板上放置元件的良好起点。一般来说，有直接连接的元件应相互靠近放置。
- 先放置较大的集成电路。在每个此类元件的周围应该为连接到它的元件（如电容器）留出一些空间。
- 处理模拟信号的元件应尽可能远离数字元件。
- 高速差分信号线应尽可能短。使用这些信号的设备应靠近通信路径另一端的连接器或电路元件。

6.5.4 元件布局示例

限于篇幅，我们不会为示波器项目演示完整的电路布局，但你应该知道，Arty 开发板的连接器将放置在 PCB 布局的底部边缘，而接收模拟输入信号的 BNC 连接器则将位于 PCB 布局的顶部中间。

现在请执行以下步骤来布置+1.8V 电源电路和 GDT。

（1）将网格更改为 25mils。

（2）将 U1 和 U2 集成电路移动到 PCB 边缘边界内的适当位置。合适的位置允许在元件周围留出足够的空间来放置它需要的其他元件（如电阻器和电容器），同时，那些给它提供输入信号的元件和接收其输出信号的元件也应该在其周围。

（3）将与每个元件关联的电容器移动到设备附近的位置。单击每个元件将其选中后，可以使用光标重新定位它并通过按 R 键旋转它。在移动元件之前，请务必选择整个元件，而不仅仅是单个焊盘。你可能需要在不同位置单击几次才能突出显示整个元件。

完成上述步骤后，此时的 PCB 布局应类似于图 6.23。

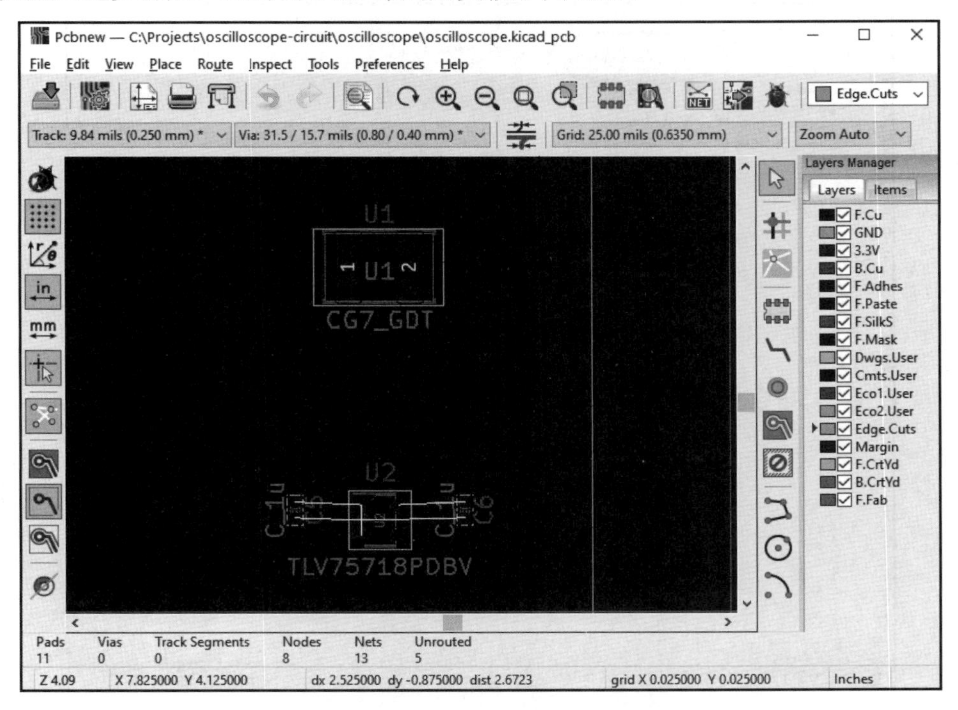

图 6.23 初始元件放置

6.5.5　定义板层集

接下来可以定义板层集（board layer Set）。虽然到目前为止，本示例中使用的电路非常简单，并且可以很好地作为两层 PCB 工作，但对于示波器项目，我们将使用四层板。中间的两个层将是电源（+3.3V）层和 GND 层。这种布置可以对 PCB 上的所有位置提供低阻抗电源和接地连接，更重要的是，在高速差分信号走线下方提供了一个 GND 平面，这是保持信号完整性所必需的。

我们将这四层定义为将安装元件的顶层（top layer），其下方的 GND 平面，再下方的 3.3V 电源平面，最后则是使用通孔布线的底层（bottom layer）。每个通孔都是通过钻孔创建的层之间的电气连接，并可在层之间提供导电金属连接。

从 PCB 编辑器的 File（文件）菜单中选择 Board Setup（电路板设置）选项。在 Board Setup（电路板设置）对话框顶部的下拉列表框中选择 Four layers,parts on front（4 层，部件在前）选项。将两个内层的名称改为 GND 和 3.3V，并将两个内层类型设置为 power plane（电源层），如图 6.24 所示。

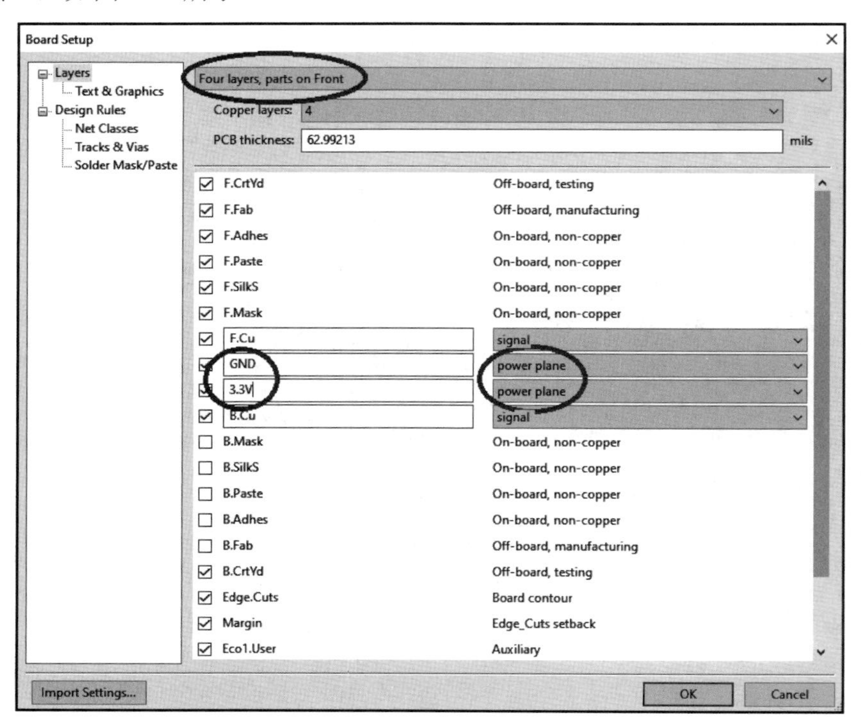

图 6.24　Board Setup（电路板设置）对话框

6.5.6 创建填充区域

我们将在顶层、第 2 层和底层使用 GND 填充，在第 3 层使用+3.3V 填充。填充层在层中的所有位置放置铜，但走线、通孔或其他电路元件阻止放置的位置除外。通过在顶层使用 GND 填充，所有到我们元件的 GND 连接都将自动进行填充，这样就无须为这些连接执行单独的走线。

请执行以下步骤来创建填充区域。

（1）将 Grid（网格）下拉菜单设置为 100mil。

（2）在工具栏的下拉菜单中选择 F.Cu 层，或者直接按 Page Up 键选择顶层。

提示：

F.Cu 层中的 F 指的是 front（前面），Cu 指的是 copper（铜）。

（3）单击右侧工具栏中的 Add filled zones（添加填充区域）图标。此图标看起来像带有绿色背景的 PCB 走线。

（4）单击 PCB 轮廓的左下角。这将打开一个对话框，要求选择用于填充区域的网（net）。选择 GND，然后单击 OK（确定）按钮。

（5）单击电路板的每个角，然后再次单击左下角以完成矩形选择。

（6）对余下的每一层重复该过程，选择 GND 作为第 2 层和第 4 层的网，选择+3.3V 作为第 3 层的网。

（7）按 Page Up 键返回到顶层并将网格大小重置为 25mil。

6.5.7 绘制电路走线

现在可以开始绘制电路走线。单击右侧工具栏中的 Route tracks（布线轨迹）图标。此图标是一条三段式绿线。

需要布线的每条走线由连接的两个端点之间的白线表示。在布线轨迹模式下，单击每个连接的一端的焊盘，即可在它们之间绘制走线。如果需要创建拐角，则可以单击拐角位置并继续绘制。KiCad 仅允许你在有足够可用空间且满足其他设计规则的情况下绘制走线。通过单击端点处的焊盘即可完成走线绘制。

按 Esc 键可退出布线轨迹模式。

对于到+3.3V 平面的每个连接，可在焊盘位置附近放置一个过孔。Via（过孔）图标位于右侧工具栏中，显示为内有绿色圆圈的实心黄色圆圈。

放置每个过孔后，双击它并选择+3V3 网。

完成所有连接后，按 B 键填充所有区域。至此已完成与顶层 GND 平面的电路连接。

TLV757P 上的引脚 2 将继续显示一条白线，表示未连接。单击左侧工具栏上的 Show filled areas in zones（在区域中显示填充区域）图标——该图标看起来与右侧工具栏中的 Add filled zones（添加填充区域）图标相同，以显示填充区域。

值得一提的是，虽然引脚 2 和 GND 平面之间存在连接，但它太窄，设计规则尚无法接受，如图 6.25 所示。

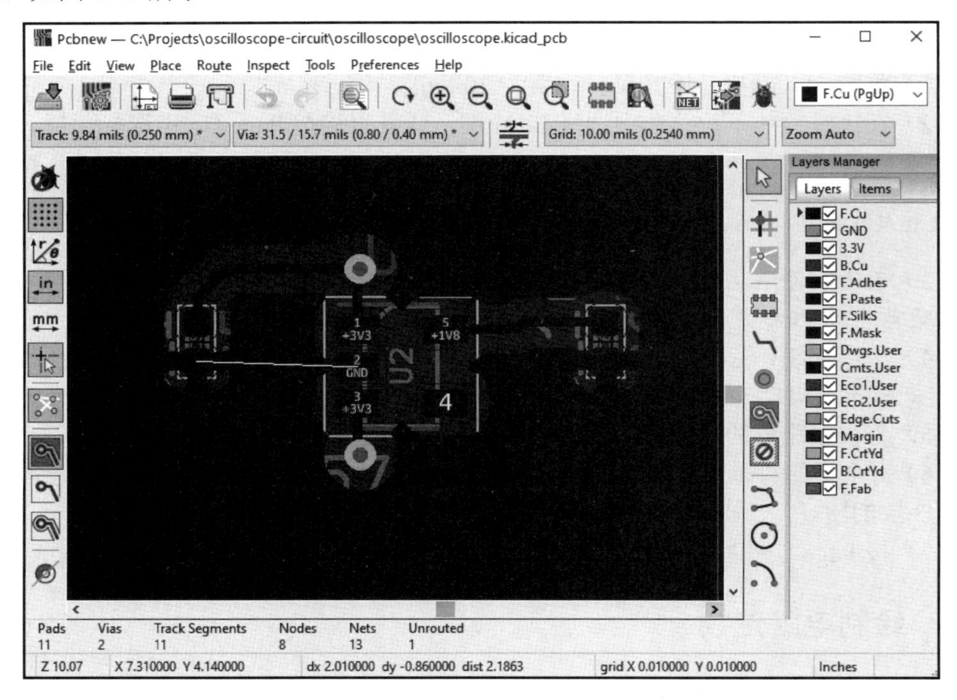

图 6.25　GND 连接不足

要纠正此问题，只需从引脚 2 到 GND 平面的一小段距离绘制一条走线。添加此走线后，状态栏应指示零未布线走线。

单击工具栏中的 Perform design rules check（执行设计规则检查）图标，该图标上有一只瓢虫。在随后出现的对话框中单击 Run DRC（运行 DRC）按钮以执行检查。结果应指示零问题和零未连接项。如果有任何问题，则列表将指出问题区域。

6.5.8　查看电路板的 3D 图像

KiCad 包括一个 3D 查看器，它可以显示制造之后的 PCB 表示，其中填充了基于 PCB

布局的元件。

要显示电路板的 3D 图像，可在 View（查看）菜单中选择 3D Viewer（3D 查看器）选项。此时会打开一个单独的窗口，其中包含 PCB 的 3D 显示。使用此窗口中的控件，即可从不同角度旋转和查看电路板。我们电路的 3D 视图如图 6.26 所示。

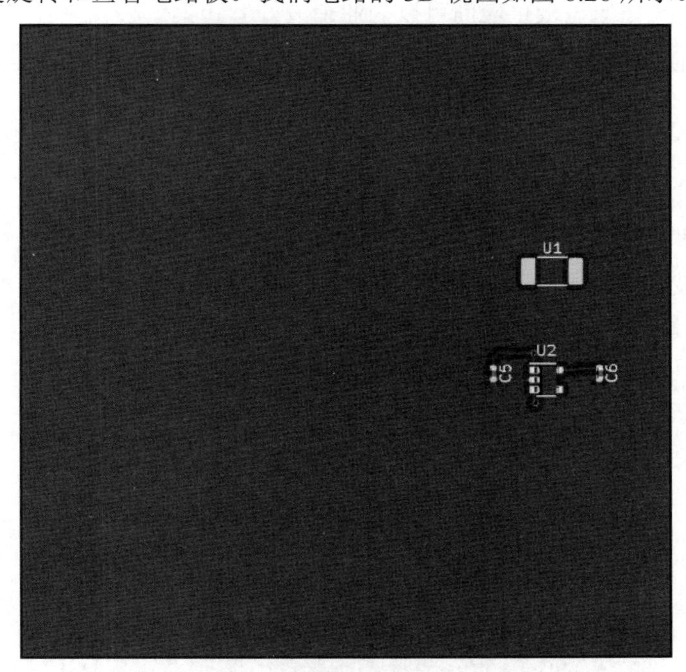

图 6.26　带有元件的 PCB 的 3D 视图

以上就是我们结合示波器项目的原理图和 PCB 布局对 KiCad 进行的介绍。本示例基本上涵盖了你必须了解的 KiCad 基本功能。

在本示例中没有介绍的最重要的 PCB 布局特性如下：示波器项目所需的差分对走线的使用。对于具有正确名称的走线对（一个信号名称以“+”结尾，另一个信号名称以“-”结尾），可以选择 Route（布线）| Differential Pair（差分对）选项。在布线差分对时，KiCad 将不断应用设计规则，并且仅允许你沿着满足走线对布线规则的轨迹布线差分对。布线差分对后，可以通过在 Route（布线）菜单中选择 Tune Differential Pair Skew/Phase（调谐差分对偏斜/相位）选项来增加差分对中较短走线的长度，以匹配较长的走线。这可以确保两个信号花费相同的时间穿过走线并同时到达目的地。

在获得了已经通过设计规则检查（design rule check，DRC）的完整 PCB 布局之后，即可将电路设计交给 PCB 制造商来生产原型电路板。

6.6　电路板原型制作

许多低成本 PCB 原型板供应商可以为业余爱好者和其他小规模客户提供服务。一些供应商需要一组行业标准格式的 Gerber 文件用于生产，还有一些供应商则接受 KiCad 项目作为他们的输入，从而节省了一些小步骤。

在本示例中，我们将使用 OSH Park 作为供应商。你可以通过以下网址向 OSH Park 公司下订单：

https://oshpark.com/

OSH Park 支持直接从 KiCad 项目文件中生产出具有独特紫色的原型 PCB。图 6.27 显示了示波器项目 PCB 第 5 版的电路板顶视图。

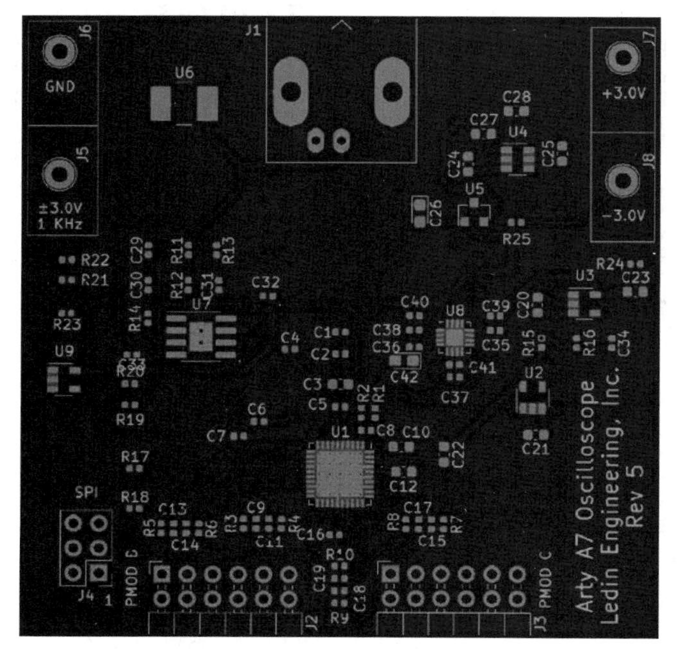

图 6.27　示波器项目的 OSH Park PCB 渲染

在撰写本书时，OSH Park 收取每平方英寸 10.00 美元的费用来生产四层 PCB 的 3 个副本。由于我们的电路板是 2.5"×2.5"大小，因此，3 块电路板的成本是 62.50 美元加上销售税，并提供免费送货选项。

订购新 PCB 时，最好获得匹配的焊膏模板（solder paste stencil）。焊膏模板可用于在一次操作中将焊膏涂抹到 PCB 的所有金属焊盘上。焊膏模板通常由聚酰亚胺薄膜或不锈钢制成。对于大型生产来说，钢更耐用，但成本也更高。对于我们的目的而言，聚酰亚胺薄膜的厚度设置为 3mil（0.003"）是合适的。

对于国内开发人员来说，FPGA 原型验证电路板的生产更加便利。通过网络搜索可以找到大量提供此类服务的厂家，价格也更加实惠。

6.7　小　　结

本章介绍了开源 KiCad 电子设计和自动化套件，并提供了一些应用示例。你学习了如何以非常合理的成本将电路板设计转变为 PCB 原型。

在学习完本章之后，你应该已经掌握 KiCad 的基本应用，了解如何在 KiCad 中创建电路原理图、如何在 KiCad 中开发电路板布局，并完成数字示波器项目的部分电路板设计示例。

第 7 章将介绍使用表面贴装和通孔电子元件组装高性能数字设备所涉及的设备和技术。

第 7 章　构建高性能数字电路

本章将介绍使用表面贴装（surface-mount）和通孔（through-hole）电子元件组装原型高性能数字电路所涉及的过程和技术。这将确定一组推荐的工具，包括焊台、放大镜或显微镜以及用于处理微小零部件的镊子。本章还将介绍回流焊接工艺，以及一些用于实现小规模回流能力的低成本选项的描述。

本章将通过项目应用的方式介绍电路组装的准备工作以及手工焊接和回流工艺的技术。焊接完成后，必须清洗并彻底检查电路板，以确保所有预期连接完好无损，并且在通电之前不存在意外焊接连接。

通读完本章之后，你将掌握如何组装数字电路板。你将了解电路板组装所需的工具和技术，以及准备焊接所涉及的步骤。你还将熟悉如何通过手工焊接和回流焊接将表面贴装和通孔元件焊接到电路板上，以及如何清洗组装好的电路板并对其进行彻底检查。

本章包含以下主题。

- 电路板组装工具和过程。
- 准备组装和放置零部件。
- 回流焊接和手工焊接。
- 组装之后的电路板的清洗和检查。

让我们开始工作吧！

7.1　技术要求

本章的文件可从以下网址获得：

https://github.com/PacktPublishing/Architecting-High-Performance-Embedded-Systems

7.2　电路板组装工具和过程

作为原型数字设备的开发人员，你可以使用表面贴装技术（surface-mount technology，SMT）通过一套合适的工具和一些练习来构建具有专业外观的高性能电路板。本节将涵盖组装少量电路板（通常一次组装一个）的个别开发人员的需求。对于需要组装大量电路板（从数十个到数百个甚至更多）的制造者，将这项工作委托给专门从事 PCB 组装的公司可能更合适，只不过成本会更高一些。

7.2.1　光学放大镜

我们将在 PCB 上组装一些非常小的元件。本项目电路板上的许多电阻器和电容器使用 0402 封装，尺寸为 1.0mm×0.5mm。为了让你对这些元件的尺寸有一个直观的印象，可以参看图 7.1，左侧是一个 0402 封装尺寸的电阻器，右侧是一粒米。

使用如此微小的元件可能会让你头痛，但只要稍加耐心地进行练习，大多数人应该能够构建包含这些元件的功能性电路板。即使你的视力不是很好，或者你有一些手抖（即手指在试图保持完美静止时会出现颤抖），这些问题通常都是可以被克服的。

使用放大镜或显微镜可以让你获得尽可能接近的视图，但不应使用太大的放大倍数来过度。放大虽然许多视力相当好的开发人员很乐意通过免提支架使用廉价放大镜组装 PCB，甚至根本不使用放大镜，但对于小元件电路组装，我更喜欢使用设置为低放大倍率的立体显微镜。图 7.2 是此类显微镜的一个示例。

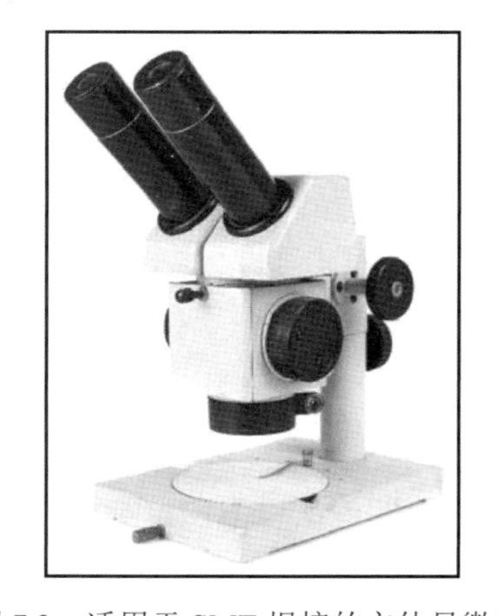

图 7.1　一粒米与表面贴装电阻的尺寸对比

图 7.2　适用于 SMT 焊接的立体显微镜

使用显微镜时，你应该将放大倍率调整到允许清晰查看图 7.1 所示大小的电阻元件的水平，同时提供足够宽的电路板周围空间的视野。这使你可以在使用镊子将元件放置到位时保持对 PCB 上的位置的定向。

在放置元件时，提供一个稳定的扶手让你的手休息可以减少使用镊子时可能发生的任何晃动。这样的扶手可以由书籍、豆袋或其他能够为你的手提供舒适而稳固表面的物品组成。一些有经验的电路制造者发现，在放置较小的元件时，用另一只手握住抓镊子的手，对于稳定操作会很有帮助。

在第一次进行尝试时，并不强求将元件放置到位并精确对齐。最初将零部件放置在大致正确的位置就足够了。

然后你可以通过用镊子或其他合适的小工具轻推零部件来移动和旋转零部件。即使在手工焊接时，元件也不需要完美对齐。

如果你可以将元件上的每个连接点牢固地焊接到电路板上，同时避免诸如焊桥之类的问题（PCB 上信号之间的意外连接），那就足够了。焊桥（solder bridge）通常是由在进行连接时使用过多的焊料造成的。下文将介绍如何修复焊桥。

7.2.2　镊子

你需要至少一把精密的镊子来将元件放置在电路板上，并且在手工焊接时，即在焊接第一个连接时将元件固定到位。你应该能够找到一套价格为几美元的精密镊子，其中包括各种尖嘴镊子。图 7.3 显示了适合电子组装的镊子。

图 7.3　适用于电子组装的镊子

将元件置于显微镜下时，一对尖嘴从身体弯曲 30°～45°的镊子效果很好。尖嘴的角度允许你将元件笔直向下放置，而你手的位置却可以在一旁，远离显微镜硬件且不会遮挡你的视线。

7.2.3　助焊剂

氧化是良好焊点的敌人。氧化（oxidation）是一种类似于铁生锈的化学过程，因为它会在烙铁或电路元件上产生一层导电性差的材料。焊接时，重要的是要采取一些措施来防止氧化形成而降低焊点质量。幸运的是，这很容易做到。

为防止焊接过程中出现氧化问题，保持烙铁头的清洁很重要，并且在焊接过程中需要正确使用助焊剂（下文将详细介绍）。助焊剂（flux）是一种在室温下不导电且呈现惰性的化合物。在焊接过程中加热时，助焊剂具有以下 3 项功能。

- 它可以清除焊接的金属表面的氧化沉积物。
- 它可以形成一个保护屏障，防止空气接触熔化的焊料和被焊接的表面并导致氧化。
- 它具有润湿功能，允许液态焊料在金属表面上自由流动。润湿（wetting）是指液态焊料流向接头的所有部分。

如果你尝试在完全不使用助焊剂的情况下焊接 SMT 元件，那么你会发现很难在元件和电路板之间建立牢固的连接。这是因为很难让焊料与氧化金属表面结合，而且在没有助焊剂的情况下，熔化的焊料流动特性很差。

某些类型的焊锡丝具有填充了助焊剂的空心。在使用这种类型的焊料时，一定要确保使用烙铁加热元件和 PCB，然后将焊料涂在加热的金属上，直到它熔化并形成接头。反过来，如果你将一团焊料熔化到烙铁的尖嘴上，然后尝试形成一个接头，那么你会发现一旦焊料在尖嘴上，就会有一股烟雾飘走。这是助焊剂被燃烧掉了。如果你使用这种方法，则会将助焊剂芯焊料变成无法形成良好接头的无助焊剂焊料。

作为助焊剂芯焊料的替代品，你也可以使用助焊笔（允许重复加注助焊剂）或直接借助瓶子将助焊剂作为液体涂抹在 PCB 上。

焊接具有预涂助焊剂涂层的 PCB 时，你会发现很容易产生高质量的接头。板上助焊剂过多也无妨，助焊剂过多总比助焊剂少要好得多。

某些类型的助焊剂在焊接完成后仍然具有腐蚀性，必须通过清洗过程去除。另一类助焊剂则号称免清洗，这意味着一旦组装完成，助焊剂残留物可以留在原处。但是，助焊剂残留物可能在视觉上很不美观，并且也容易发黏。因此，最好还是将剩余的助焊剂除去，下文将详细介绍此过程。

7.2.4　焊料

用于电子组装的焊料（solder）有两种通用类型：锡/铅焊料和无铅焊料。通常用于电子组装的锡/铅焊料按重量计为 63%的锡和 37%的铅，熔点为 361℉（183℃）。锡/铅焊料的优点包括相对较低的熔化温度和易于产生高质量的焊点。缺点则是铅有毒，即使这种毒是少量的，但多少还是会有影响。

当然，只要你设置了合适的工作环境，并在焊接和事后清理时采取合理的措施，就可以安全地使用含铅焊料。使用含铅焊料时，应避免在焊接过程中吸入烟雾，并在处理完焊料后彻底洗手。

在排烟机或风扇的帮助下，你可以避免在焊接过程中吸入烟雾。排烟机有一个入口，必须放置在焊接区域附近以吸入空气，将焊接过程中产生的烟雾吸入设备，再通过其过滤器吸收掉烟雾残留物，然后通过排气系统将清洁的空气送回房间或室外。相对而言，风扇只是简单地将烟雾吹散到房间周围。显然，排烟机的效果更好，因为它可以去除烟雾残留物，而不是仅仅将其吹散开去。排烟机的缺点是其成本通常比风扇高。如果你不想购买排烟机，那么有个风扇总比没有好，因为它至少可以防止烟雾直接升到你的脸部周围。

无铅焊料有几种不同的配方。电子组装中使用的一种容易获得的配方是 99.3%的锡和 0.7%的铜。这种锡/铜合金的熔点为 441℉（227℃），明显高于锡/铅焊料的熔点，这意味着无铅焊料更难于使用。

由于具有较高的焊接温度，因此使用无铅焊料时可能会产生更多的助焊剂烟雾。尽管无铅焊料避免了铅中毒的危险，但吸入它释放的烟雾仍然是不健康的。

在上述所有情况下，适当的通风对于焊接工作来说是必不可少的。如果你要制造用于商业销售的电子产品，则可能会被强制要求使用无铅焊料。

选择焊锡丝时，选择合适的线径大小（即粗细）很重要。因为我们将使用非常小的 SMT 元件，所以必须使用细焊锡丝。如果焊锡丝太粗，则很难在所需位置熔化适量的焊料。对于我们将要焊接的元件尺寸，焊锡丝的粗细不应大于 0.032"（0.81mm）。我更喜欢使用 0.020"（0.51mm）松香芯焊料手工焊接 SMT 元件。松香（rosin）是一种特殊类型的助焊剂，由树液制成，通常用于空心焊锡丝。图 7.4 显示了一卷 0.020"线径大小的松香芯焊锡丝线轴。

图 7.4　线径大小为 0.020"的松香芯焊锡丝线轴

使用焊锡丝时，最好从线轴上拉出约 30cm 的线，并使用烙铁的加热尖嘴从线轴上切下线段。然后就可以使用这根焊锡丝进行精细的焊接，直到它因为长度太短而无法轻松握持以进行焊接。

注意：

对于无用的焊锡丝和焊接边角料，千万不要乱扔，务必作为危险废物妥善处理。

7.2.5　静电放电保护

我们将要组装的许多集成电路和其他电子元件对于静电放电（electrostatic discharge，ESD）都很敏感。当两个带电体接触或靠得足够近以至于火花可以跳过它们之间的间隙时，就会发生静电放电现象。发生这种情况时，大电流会在很短的时间内流动，从而损坏或破坏敏感的电子元件。

由于静电放电现象对于电路建设项目的成功具有很大的潜在危害，因此值得采取专门的预防措施以防止其引发问题。在组装电路时，你可以采取一些措施来最大限度地降低静电放电损坏元件的风险。

电路组装期间静电放电保护的一般目标是防止在电路组装期间在人体和正在使用的物品上积聚电荷。请按照以下步骤降低有害静电放电的风险。

（1）静电放电保护的第一步是使用静电放电安全垫作为你的工作台面。静电放电安全垫具有高电阻，但它不是绝缘体。通过将静电放电安全垫连接到电气接地（可在标准电源插座的中心螺丝处获得），可以确保当你将元件和工具放在垫上时，其上的任何电荷都会耗散。静电放电安全垫价格合理，可广泛使用。

（2）静电放电保护的第二步是防止电荷积聚在你的身体上。带有接地线的静电放电腕带会耗散你身体上积聚的电荷，并防止你在接触元件时触电。

如果你的工作区域铺有合成地毯或其他与静电电荷积聚相关的地板覆盖物，则可以铺盖静电放电安全地垫，以减少在该区域移动时的电荷积聚。

当你收到订购的电子元器件时，会看到它们装在静电放电安全保护的包装中。只有在佩戴接地腕带的情况下，才能在静电放电安全环境中打开包装并取出元件，这一点至关重要。一般来说，最好将所有元件都保留在包装内，直到你准备好将它们组装到电路板上时才拆封。

7.2.6　手工焊接方式

我们将介绍构建原型电路板的两种基本方法：手工焊接和回流焊接。这里将首先讨论手工焊接，回流焊接将在后面的章节中予以详细介绍。

下文你将看到，回流焊接是处理大量 SMT 元件时的首选方法。尽管我们建议尽可能使用回流焊接，但在大多数电路项目中，可能还是需要进行一些手工焊接以添加元件，例如，用于电源的连接和与外部元件的通信路径的连接器等。

此外，手工焊接也是我们修复回流焊接期间元件放置和连接出现的任何问题的方式。如果你缺乏回流焊接所需的工具，则也可以使用手工焊接作为替代。

手工焊接（hand soldering）涉及使用手持式烙铁和其他手持工具，包括热风枪、焊锡和镊子。对于我们将要做的工作，最好使用结合了手持式烙铁和手持式热风枪的焊台。这种焊台通常被称为返修台（rework station），指的是除了进行电路组装，还可以用来拆卸和修理电路板的工作台。图 7.5 就是返修台的示例。

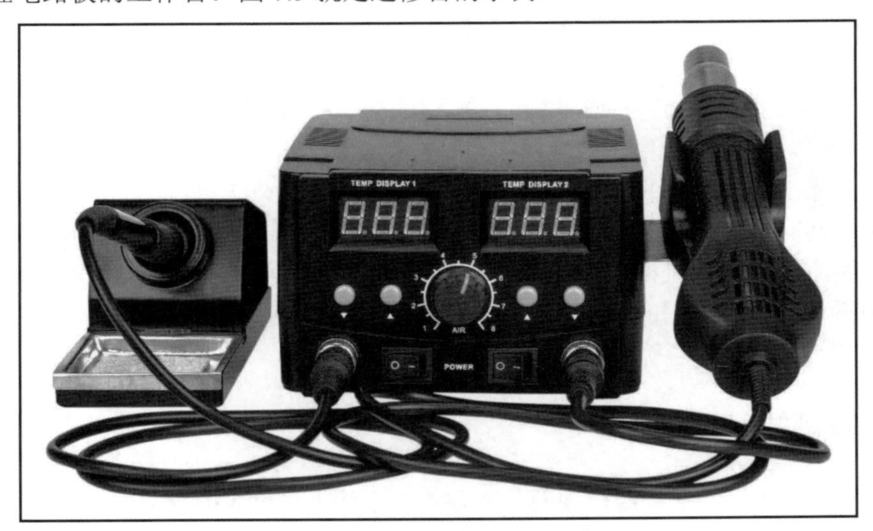

图 7.5　带有烙铁和热风枪的返修台

图 7.5 中的返修台提供了烙铁和热风枪温度的数字显示，并且提供了一个额外的控制装置来调整通过热风枪的气流。大多数这种类型的焊台都包括用于烙铁的各种尖嘴形状选项以及用于热风枪的喷嘴形状和尺寸的选择。因为我们使用非常小的元件，所以烙铁的最佳烙铁头就是有可能到达最小点的尖嘴烙铁头，它可以将热量传递到所需的精确位置，而不会加热和损坏电路的其他部分。

焊接表面贴装元件时，准确的温度控制至关重要。最便宜的烙铁不提供监测或调节温度的机制，因此在执行 PCB 组装时应避免使用它们。

作为一个初学者，你所选择的烙铁温度比你使用的焊料类型的熔点高 30～50℉（20～

30℃）时，比较适合焊接小型元件。随着你技能水平的提高，你可以提高温度以更快地熔化焊料。在更高的温度下，你需要快速完成焊接并移开烙铁，以避免过热和损坏元件。

焊接时，应经常使用烙铁头清洁垫，这通常是一块海绵或其他清洁块。如果有海绵可用（如图 7.5 所示的焊台中，左侧就放置了一块海绵），那么它必须保持湿润；否则，电烙铁会将它烧掉。要使用海绵清洁烙铁头，必须充分加热烙铁，在旋转烙铁的同时使用海绵擦拭尖嘴以清洁尖嘴的整个圆周。

请注意，烙铁头清洁时，如果海绵用水过量，则烙铁温度会急速下降，锡渣就不容易落掉，而水量不足时海绵会被烧掉。因此，清洁时应注意保持适量水分，这样烙铁头接触的瞬间，水会沸腾波动，达到清洁的目的。

与烙铁相比，焊台热风枪可用于加热更大的区域。这种区域加热功能可以同时熔化多个焊盘上的焊料，如从板上移除 SMT 集成电路时。热风枪也可用于将集成电路焊接到板上。

某些 IC 封装类型不适合使用烙铁焊接，如果无法使用回流焊接工艺，则只能使用热风进行焊接。对于此类元件，其过程一般是在板上涂上一层薄薄的助焊剂，然后使用烙铁在焊盘上涂上一层薄薄的焊料——这称为镀锡（tinning），然后将 IC 放在焊盘上，并使用热风枪同时焊接所有焊盘。

以这种方式使用热风枪焊接元件时，需要注意的是要避免将零部件吹离中心，并避免无意中拆焊和吹走周围的任何元件。因此，任何必须使用热风枪焊接的元件都应首先安装在 PCB 上。

7.2.7　吸锡线

在手工焊接时，一般都会出现不小心在接头上涂上了过多的焊料，并最终在 IC 上的引脚之间或间隔密切的元件之间形成焊桥的情况。使用吸锡线可以去除多余的焊料。

吸锡线（solder wick）是编织铜线，可用于吸收熔化的焊料。就像组装元件时一样，当含有吸锡线和多余焊料的区域都存在助焊剂时，去除多余的焊料效果最好。

要使用吸锡线，首先要确保吸锡线上和含有多余焊料的区域上有助焊剂。将干净的、未使用过的吸锡线末端放在多余的焊料上，然后用热烙铁压在吸锡线上。这可能需要几秒钟，直到焊料熔化并流入吸锡线。一旦焊料被吸收，即可同时从板上取下吸锡线和烙铁。如果先取下烙铁，则熔化的焊料会变硬，导致吸锡线会粘在板上。

图 7.6 显示了用于去除多余焊料的吸锡线。

在使用吸锡线之后，应注意剪掉包含已去除焊料的吸锡线部分，为下次使用吸锡线留下一个干净的线头。

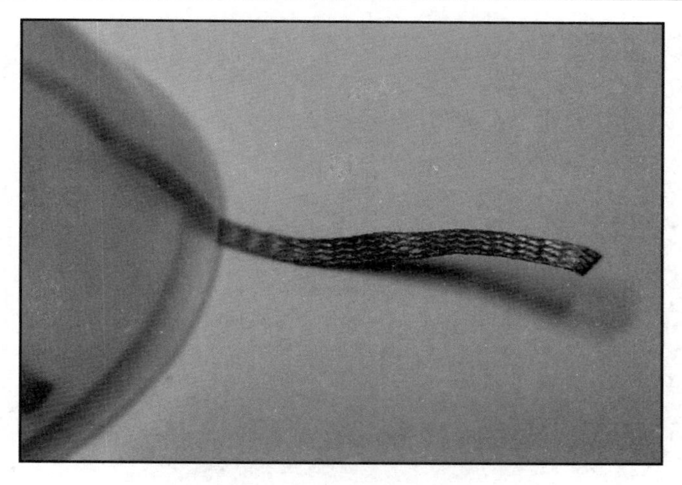

图 7.6　可去除多余焊料的吸锡线

7.2.8　焊膏应用

回流焊接使用焊膏（solder paste），它是黏性助焊剂和微小焊球的混合物，可将大量潜在的电路元件松散地连接到 PCB 上的焊盘位置。一旦所有元件都被放置在焊膏覆盖的焊盘上，整个 PCB 元件就会受到加热曲线的影响，使焊料熔化，在每个焊盘位置形成焊点。术语回流焊接（reflow soldering）是指每次焊料温度升高到其熔点以上时，它就会变成液体，并具有相应的流动能力。

对于原型电路板的开发人员来说，回流焊接与手工焊接相比的一个明显优势是你不需要焊接元件和 PCB 之间的每个连接点。取而代之的是，在加热电路板之前，需要将焊膏涂在元件焊盘上并准确放置元件。

一种方法是手动涂抹焊膏，使用注射器将材料分配到各个焊盘上。也可以在每个 PCB 焊盘位置使用包含适当大小的孔的模板，以在一次操作中将焊膏涂抹到 PCB 的所有焊盘上。焊膏模板是使用在 PCB 布局过程中生成的数据文件构建的，本书 6.6 节“电路板原型制作”中已经介绍过焊膏模板。

要使用模板将焊膏涂抹到 PCB 上，可准备一个支架将模板固定在 PCB 上面，如图 7.7 所示。支架有助于确保模板中的孔保持在 PCB 焊盘上方的位置，并且当你将模板提起时，应该直接向上移动而不是横向移动（横向移动可能会弄脏焊膏）。你可以在购买模板时购买一个支架，当然，你也可以使用合适的材料（如未组装的电路板）自己制作一个支架。

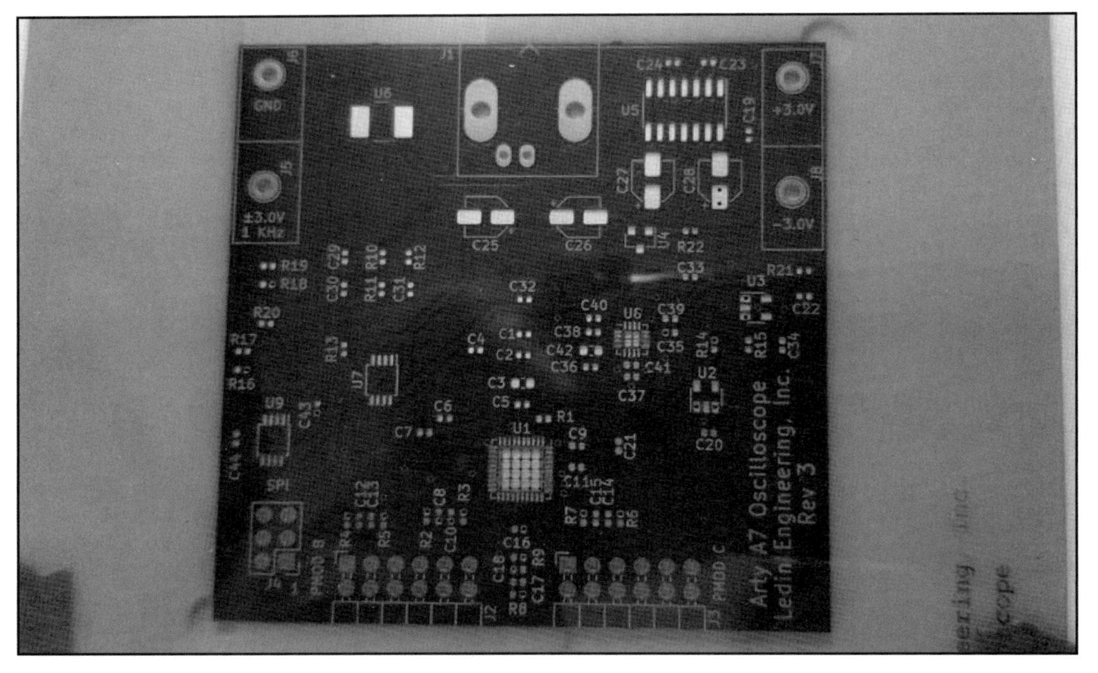

图 7.7　固定到支架的焊接模板

最好购买罐装的焊膏来处理焊接模板（打开装焊膏的罐子时，注意先搅拌一下）。使用这种方法时，你在涂抹器（spreader）上涂抹的焊膏比填充模板上的孔所需的多得多。模板填充完成后，你可以从模板上刮掉多余的焊膏，然后将其放回罐中以备后用。相反，如果你是通过注射器分配焊膏，则很可能会丢弃掉多余的焊膏。

要将焊膏涂抹在模板上，你需要一个边缘平直且灵活的工具。根据电路板的大小，此工具可以是任何物品，如信用卡或油灰刀等。对于我们的项目电路板，每次购买模板时，OSH Park 公司都会提供信用卡大小的免费焊膏涂抹器，这同样可以满足我们的需求。

将焊膏涂抹在支架中 PCB 上面的模板上可以很快地完成，但需要一点技巧。特别是，如果你发现在第一遍涂抹时遗漏了模板的孔的区域，或者如果涂抹不均匀，则反复尝试涂抹焊膏可能会导致模板下焊膏过多堆积。

如果你在第一次尝试后需要清理 PCB 和模板并重新开始，请不要气馁。你可以使用异丙醇（isopropyl alcohol，IPA）和无绒布清洁模板和电路板上的焊膏。

要将焊膏涂抹到模板上，请执行以下步骤。

（1）确保 PCB、支架和模板完全平放在坚硬的表面上。支架应与 PCB 的厚度相同，并且模板中的孔必须与 PCB 焊盘仔细对齐。你可以使用可移除的胶带（如画家的遮蔽胶带）将模板固定到位。

（2）涂抹器的宽度必须足以覆盖 PCB 上的所有孔，同时沿直线穿过表面。

（3）打开焊膏罐，用小螺丝刀等工具彻底搅拌焊膏。

（4）使用搅拌工具沿直边在涂抹器的一侧加入一滴焊膏。

（5）将涂抹器放在模板上，将有焊膏的一面朝向要印刷的区域。

（6）将涂抹器顶部向其移动方向倾斜约 45°。

（7）在一次平稳的刮擦中，在持续向下的压力下，将涂抹器移过所有的模板孔。这样可以用焊膏完全填充孔。

（8）转动涂抹器，准备向相反方向刮擦。这一次刮擦的目的是刮掉模板表面上的焊膏残留物。

（9）倾斜涂抹器，使其几乎垂直，并稍微向移动的方向倾斜。在第一次刮擦的相反方向上进行另一次平滑刮擦。

（10）将涂抹器上的焊膏残留物刮入罐中并密封焊膏罐。

（11）小心地从 PCB 上提起模板。

（12）检查 PCB 并验证所有应通过模板接收焊膏的焊盘都已接收到焊膏。并非所有焊盘都应接收焊膏。例如，通孔连接器的那些焊盘就不应在此过程中接收焊膏。

如果一切顺利，你现在应该有一个 PCB，在所有 SMT 元件焊盘位置均涂有适量的焊膏。恭喜你获得成功，但请注意，完成此步骤后，你的计时就已经开始。

焊膏具有黏性（stickness），也称为 tack，一旦焊膏定位完成就可以将元件固定到位。一旦焊膏暴露在空气中，它的一些化学成分就会开始蒸发，从而降低其黏性。作为一般经验法则，你应该计划在将焊膏模板印制到板上和完成回流过程之间等待不超过 8h。换句话说，你不应该计划在对电路板进行模板印刷后等待一整夜，然后再填充它并执行回流。

涂抹焊膏会将 PCB 变成“碰不得”的物品，因为它很容易受到破坏。在处理模板印刷之后的电路板和在其上放置元件时，你必须格外小心，以确保不会刷到任何涂有焊膏的焊盘，因为这会擦掉焊膏以及你可能已经放置在这些位置上的任何元件。即使你的手或镊子与焊膏之间最轻微的接触也可能产生严重的后果。

在焊膏覆盖的焊盘上放置元件时，最好从电路板的中心向外开始工作。无论你使用放大镜、显微镜还是根本不使用放大镜，此时都必须非常小心，避免在每个元件的目标放置位置以外的任何点与电路板接触。当你继续填充 PCB 时，可以旋转电路板，这样你就不必跨到另一侧来放置任何元件。

7.2.9　回流焊接工艺

一旦放置了所有元件，电路板就可以进行回流焊接了。SMT 电路板和电路元件的回流工艺在整个行业中已标准化。在工厂中，大量 PCB 可在大型回流炉中连续焊接，这些回流炉可根据预期的加热曲线将电路板运送到不同温度的区域。

对于爱好者和其他小规模的原型 PCB 开发人员来说，采用电子设备工厂使用的工艺和设备一次构建一块板显然是不切实际的。回流工艺设备的基本功能是将 PCB 及其携带的焊膏加热到允许焊料熔化和回流的温度，同时避免诸如过热和损坏电路元件等问题。

图 7.8 中显示了典型的回流温度曲线。该曲线包含 4 个主要阶段，即预热、保温、回流和冷却。

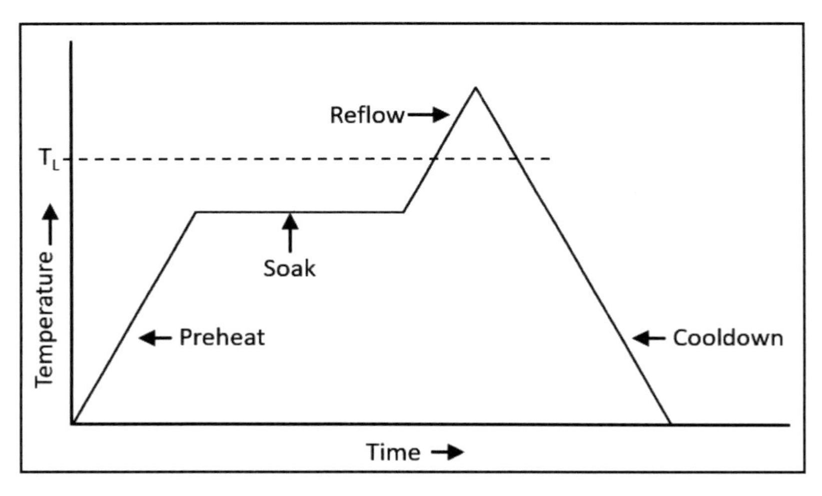

图 7.8　回流焊接温度曲线

原　文	译　文
Temperature	温度
Preheat	预热
Soak	保温
Reflow	回流
Cooldown	冷却

每个阶段的目的如下。

- 预热（Preheat）：其目的是将印刷电路板的温度从室温提升到焊膏内助焊剂发挥作用所需的活性温度（即 135℃），温区的加热速率应控制在每秒 1～3℃，温度升得太快会引起某些缺陷，如陶瓷电容的细微裂纹。在预热阶段，助焊剂溶剂开始蒸发。

- 保温（Soak）：其目的是将印刷电路板维持在某个特定温度范围并持续一段时间，使印刷电路板上各个区域的元器件温度相同，减少它们的相对温差，并使焊膏内部的助焊剂充分发挥作用，去除元器件电极和焊盘表面的氧化物，从而提高焊接的质量。

  在保温阶段，助焊剂溶剂完成蒸发，可从要焊接的表面去除氧化物。较大的电路元件有时间接近均热温度，这将最大限度地减少回流阶段的热应力。

  一般情况下，活性温度范围是 135～170℃，活性时间设定在 60～90s。

  如果活性温度设定过高，会使助焊剂过早失去除污的功能；如果温度设定太低，则助焊剂发挥不了除污的作用。

  活性时间设定过长会造成焊膏内助焊剂的过度挥发，致使在焊接时缺少助焊剂的参与而使焊点易氧化、润湿能力差；时间太短则参与焊接的助焊剂过多，可能会出现锡球、锡珠等焊接不良情况，从而影响焊接质量。

- 回流（Reflow）：其目的是使印刷电路板的温度提升到焊膏的熔点温度以上并维持一定的焊接时间，使其形成合金，完成元器件电极与焊盘的焊接。

  此阶段温度可升高到液相线温度（liquidus temperature，T_L）以上。所谓液相线温度，就是指物体开始由液态变为固态的最高温度。在这里就是指焊料的熔化温度。该温度保持在 T_L 以上 1～2min，以便有足够的时间让电路板上的所有焊料回流。

  如果温度不足，则无法形成合金，也实现不了焊接；如果温度过高，则会对元器件造成损害，同时也会加剧印刷电路板的变形。

  如果时间不足，会使合金层较薄，焊点的强度不够；如果时间较长，则合金层较厚会使焊点较脆。

- 冷却（Cooldown）：其目的是使印刷电路板降温，通常设定为每秒 3～4℃。

  如果冷却速率过快，会使焊点出现龟裂现象，过慢则会加剧焊点氧化。理想的冷却曲线应该是和回流区曲线成镜像关系，越是靠近这种镜像关系，焊点达到固态的结构越紧密，得到焊接点的质量越高，结合完整性越好。

回流过程从开始到结束大约需要 10～15min。此处描述的回流加热曲线代表了通常使用复杂制造设备执行的理想工艺。预算紧张的开发人员已开发出使用厨房电器（如电热板和煎锅）或烤箱进行回流焊接的过程，结果各不相同。

复杂性最低的操作是，开发人员可以将已放置元件的 PCB 放置在位于电热板上的平底锅上，然后打开加热装置。通过密切观察电路板加热时焊膏的变化，你可以确定焊料何时熔化并将电路板从平底锅中取出。虽然一些开发人员声称这种技术产生了一致的成功结果，但它并不是一个控制良好的过程。

另外，还有一些开发人员使用电烤箱（包含温度指示器）进行回流焊接。温度指示器允许你在 PCB 上放置标记，该标记在达到目标温度时会改变颜色。烤箱方法依赖于通过烤箱门的窗口观察指示器的颜色变化，并在达到适当的温度时将电路板从烤箱中取出。

还有一些有才华的人开发了对标准电热板和烤箱方法的各种修改，以提高其回流处理能力。他们用温度监测和控制系统改造这些设备，这些改进的厨房用具能够实现类似于图 7.8 中所示的温度曲线。在互联网上搜索 toaster oven reflow（烤箱回流焊接）或 hot plate reflow（热板回流焊接）之类的短语即可看到有关这些工作的更多信息。

你可以构建自己的改进型电热板或烤箱，甚至还可以从各种来源以低于 300 美元的价格购买小型专用回流焊炉。如果你使用烤箱进行回流焊接，则绝不能再使用它来烹饪食物。这是因为烤箱会被助焊剂残留物污染，如果你使用铅焊料，那么也会造成铅残留物污染。

无论你最终使用哪种回流系统，目标都是在电路板上的每个焊点处建立良好的连接。图 7.9 显示了一些焊点，这些焊点是在低成本的专用回流焊炉中焊接完成的。该电路板使用模板涂抹了焊膏，并手工放置了 0402 和 0603 电容器。

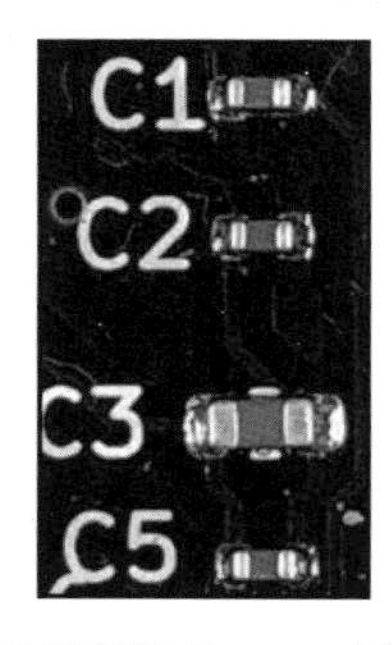

图 7.9　回流焊接的 0402 封装电容器

如果你没有可用的回流炉，则示波器项目的电路板可以手工焊接，但 U1 和 U8 集成电路除外。除了芯片周边的引脚，这两个元件都需要将器件背面连接到电路板接地。如前文所述，可以使用热风枪焊接这些器件。

接下来，请查看以下焊接安全建议。

7.2.10　焊接安全提示

焊接时请务必牢记以下几点。

- ❑ 焊接时须戴上安全眼镜。如果与湿气接触，热焊料可能会飞溅。
- ❑ 避免让烙铁、热风枪或从热风枪排出的空气接触到人、电线或任何你不想熔化或燃烧的东西。
- ❑ 在打开烙铁之前，确保烙铁清洁海绵充分湿润。
- ❑ 使用完烙铁和热风枪后，应立即关闭它们。
- ❑ 请记住，烙铁和焊枪在关闭后一段时间内仍然很热，并且电路板和元件在焊接后也是很热的。
- ❑ 放下烙铁和热风枪时，务必将工具放在合适的支架上。不要将这些工具直接放置在工作台的表面。
- ❑ 使用排烟机（或至少使用风扇），将烟雾从你的脸周围吹走。
- ❑ 不要穿宽松的衣服或首饰，以免接触烙铁或电路元件。
- ❑ 处理铅焊料后，用肥皂和水彻底洗手。
- ❑ 已将烤箱用于回流焊接之后，不得再使用它烹饪食物。
- ❑ 确保小孩和宠物无法进入含有加热工具和铅焊料的工作区。
- ❑ 准备好急救箱。在你掌握安全处理烙铁的能力之前，你可能至少会烫伤自己一次。

组装示波器项目电路板的推荐方法是回流焊接，你可以自行选择加热系统。

接下来，让我们看看组装该电路板的准备步骤。

7.3　准备组装和放置零部件

当需要组装电路板时，首先你应该确认你拥有完成工作所需的一切。当到达本阶段时，你应该已经拥有一块裸电路板和你需要的所有电路元件，以及涂抹焊膏和执行回流焊接所需的工具和耗材。

购买额外的电路元件会很有帮助，这样可以防止你在组装过程中丢失或损坏它们。对于 SMT 电阻器和电容器等廉价部件来说，冗余备件的成本是很低的，但是，对于更昂贵的元件（通常是集成电路），则必须精打细算以确定你的预算可以承受多少备件。

在板上放置大量元件的任务非常烦琐且容易出错，因此，在你的工作区域应该没有任何可能干扰你成功安装电路板的障碍物和干扰物。

确保将正确的元件放置在 PCB 的每个位置至关重要。这可能看起来很明显，但由于许多 SMT 电阻器和电容器并没有指示其电阻或电容的标记，如果具有不同值的器件混合在一起，那么你只能通过测量它们的电阻或电容来进行区分。虽然这样做也可以解决问题，但最好还是避免出现此类情况。毕竟，这项工作已经够辛苦了。

PCB 丝印层（silkscreen layer）显示了每个电阻或电容的标注编号，但不标示零部件的电阻或电容。你可以检查电路原理图以识别每个部件的电阻或电容，但这并不是在将部件放置在电路板上时查找元件信息的最简单方法。

KiCad 可以创建一个称为物料清单（bill of materials，BOM）的文本文件，其中列出了电路元件及其带注释的参考编号，另外，还有指示电阻和电容值的标签信息。此功能在 Pcbnew 应用程序的 File（文件）菜单中可用。选择 Fabrication Outputs（制造输出），然后选择 BOM File（物料清单文件）。生成的输出文件将采用逗号分隔值（comma-separated values，CSV）格式，带有分号分隔符。

你可以将此文件导入电子表格应用程序（如 Microsoft Excel），并在放置元件时将其用作指南。我发现最好的方法是打印出带有物料清单的页面，并在放置一个元件之后即划掉一个元件。这使得我们可以不按照部件的编号顺序来放置元件，例如，先将所有 0.1μF 电容器都放置好，然后再放置其他类型的元件。

即使有纸质的物料清单（BOM）可用，快速找到每个元件在电路板上的位置仍然具有一定的挑战性。因此，放置元件时，在 Pcbnew 应用程序中打开 PCB 布局很有帮助。你可以使用 Edit（编辑）菜单上的 Find（查找）功能，或只需按 Ctrl+F 快捷键，然后搜索元件标识符。例如，在按 Ctrl+F 快捷键调出的 Search for（搜索）对话框中输入 r20，将突出显示并将光标置于电路板布局的 R20 电阻器上，显示你在电路板上的何处可以找到要组装的部件。

以下检查清单将帮助你完成电路板组装的准备工作。

（1）PCB 必须准备好进行组装。必须去除 PCB 制造过程中任何不需要的标签或凸起，并且电路板必须完全清洁和干燥。

（2）所有电路元件都可用且组织有序，以便你可以轻松地找到它们。这包括足够数量的所有所需值的电阻器和电容器。在准备好放置静电放电敏感器件之前，不应将元件从其保护性包装中取出。

在这个阶段，我们仅安装表面贴装元件。其他电路板元件，如通孔连接器，将在回流焊接完成后安装。

（3）将零部件从包装中取出后，可以使用一个暂存区来存放零部件。这个区域应该是浅色的，以便你可以轻松看到一些很微小的元件。一张白色打印纸就非常适合此目的。

（4）显微镜或放大镜（如果需要的话）应放在适于轻松使用的位置。必须配备精密镊子来放置元件。

（5）回流炉或电热板等设备必须随时可用。当然，在电路板准备好烘烤之前，你不需要加热它。

（6）焊锡模板必须与 PCB 对齐并准备好接收焊锡。

完成上述步骤后，就可以在电路板上涂抹焊膏了。按照本章前面 7.2.8 节“焊膏应用”中的步骤涂抹焊膏并检查结果。

如前文所述，一旦涂抹了焊膏，就会有一定的时间限制。当然，这并不意味着你应该加快零部件放置过程。如有必要，还是可以休息一下，以保持放松并专注于任务。

提醒一下，无论何时靠近 PCB，都要始终注意手和工具相对于 PCB 的位置。因为你很容易不小心刷到电路板上并擦掉焊膏和之前放置的元件。如果发生这种情况，请停下来花点时间评估一下情况。如果中断很小，那么你可以使用工具将焊膏和元件推回到正确的焊盘上。如果严重到你不知道哪个元件丢失到何处，那么你可能需要丢弃电阻器和电容器并用新元件替换它们。

如果损坏更严重，那么你可以决定是继续填充电路板还是重新开始。如果你有多个电路板，则可以将焊膏涂在第二个电路板上，然后将元件从第一个电路板转移到第二个电路板。

或者，如果电路板的一部分不再适合放置零部件，但其余部分未损坏，那么你可能需要在未损坏的区域完成放置零部件并进行回流焊接。回流焊接完成后，你可以将剩余的元件手工焊接到电路板上。当然，在零部件放置过程中保持足够的谨慎应该可以避免这个问题。

完成所有部件的放置后，你可以祝贺一下自己并休息片刻。然后，执行目视检查并验证所有部件都已放置，同时保证它们处于正确的位置和方向。特别是对于具有单一正确方向的任何部件，如集成电路和极化电容器，请验证该部件是否正确对齐。

电路板现在已准备好进行回流焊接，这也是接下来我们要讨论的主题。

7.4　回流焊接和手工焊接

到了这一阶段，PCB 已位于你的装配工作区，并且完全填充了 SMT 元件。现在，是时候打开回流炉或电热板进行焊接操作了。

7.4.1　回流焊接

无论你使用什么类型的回流系统，在将 PCB 从你的工作区移到烤箱或电热板上时都要格外小心。如果你不小心将电路板撞到物体上，或者更糟糕的是，将其掉落在地上，那么你会发现之前放置元件的所有辛勤工作都已付诸东流。

你在回流焊接过程中的参与程度在很大程度上取决于你的回流系统的技术能力。如果你使用的是电热板或烤箱，则完全取决于你在焊料加热和熔化时监控 PCB 状态的火候把握能力。如果你过早地将电路板从热源中取出，则会有未熔化的焊料区域，这意味着电气接触将很差甚至不存在，并且部件可能会从电路板上脱落。如果你等待太长时间才将电路板从热源中取出，则可能会过热并损坏电路板上的元件。

如果你有一个自动化烤箱——无论是专用回流焊烤箱还是带有温度监测和控制功能的烤面包机——那么你的工作就会容易得多。使用这些烤箱时，你只需将电路板放入烤箱，至少从概念上讲，按下按钮即可开始该过程。烤箱将运行类似于图 7.8 所示的加热曲线。在冷却阶段结束时，电路板的温度不应高于室温太多。

一旦电路板冷却到可以处理的程度时，就应该进行检查以验证每个元件在回流期间都保持在其正确的位置和方向，并且所有的焊接连接都是光滑和有光泽的。你应该检查走线或焊盘靠得很近的位置（如间距很近的集成电路焊盘）是否有焊桥。对于引脚伸到塑料外壳下方的 IC 封装，很难通过视觉检查确定连接是否良好。因此，你可以从各个角度检查连接点以找到最佳视图。

如果你看到焊桥实例，则可以使用吸锡线去除多余的焊料。如果有任何元件神秘丢失或移动到不合适的方向，或者看起来没有良好的焊接连接，则可以记下它们，以便你可以在手工焊接阶段解决每个问题。

7.4.2　手工焊接

手工焊接工艺有两个目标：一是解决回流焊接过程中出现的任何问题；二是将剩余的通孔元件连接到 PCB 上。

在继续安装剩余的电路板元件之前，最好先解决回流焊接中的所有问题。这是因为在安装通孔元件之前更容易接触电路板的不同部分。

7.4.3　回流焊接后的修复

如果任何部件在回流期间移动到不适当的位置或方向，可以通过手工焊接来修复。与往常操作一样，可以使用助焊剂来改善焊接效果。

如果某个元件出现升高或倾斜，那么你可以在用烙铁熔化焊料的同时用镊子或其他锋利的工具将其向下压来固定它。执行此操作后，应确保所有元件焊盘连接良好。重新焊接较小的 SMT 电阻器和电容器的接头时，只需与电烙铁接触一两秒钟即可熔化焊料。

你可能需要先移除一些元件，然后才能将它们正确放置在电路板上。使用较小的电阻器和电容器，尤其是仅连接一端时，可以在用镊子提起部件的同时熔化焊料。如果较大的元件（如集成电路）位置错误，则需要使用热风枪将其移除。用镊子夹住元件并尝试提起它，同时将热风枪直接向下对准它。此操作的目的是从电路板上取下目标元件，同时避免熔化将任何周围元件固定到板上的焊料。但其也存在缺点，即热冈枪吹出的气流很可能会把其他部件吹得到处都是。

重新连接已从电路板上卸下的元件时，首先在要连接的焊盘上涂上一层薄薄的助焊剂，对齐零部件并固定在焊盘上。

由于助焊剂已经在焊盘上，因此可以在烙铁头上放置少量焊料并使其接触零部件和焊盘。一两秒钟的接触就足够了。

如果固定第一个焊盘后重新连接部件的对齐效果看起来不错，则可以旋转电路板并固定第一个焊盘对面的焊盘。如果有额外的引脚，则可以继续按相同的方式焊接每个引脚。

7.4.4　安装通孔元件

一旦完成了回流焊接后的维修，就可以将通孔元件焊接到 PCB 上。对于示波器项目，这包括用于示波器探头的 BNC 连接器、将插入 Arty 开发板 Pmod 连接器的 2×6 针板边缘连接器、用于 SPI 接口的 2×3 针连接器和 4 个测试点回路。

与 SMT 焊接相比，连接通孔元件不是一项复杂的工作。在安装通孔元件时，所使用的烙铁的功率应该高于 SMT 元件焊接所使用的烙铁。带有尖嘴的烙铁头可能需要几秒钟的时间才能将元件和电路板加热到焊料熔化的程度。

要将元件连接到板上，首先需要将其放置到位。如有必要，还可以使用夹子将其固定到位。如果你使用的是塑料夹，则请确保塑料不会与你将首先焊接的元件的金属部分接触。

首先，将元件的一个引脚焊接到板上。如果你使用了夹子将其固定到位，则可以在焊接第一个引脚后取下夹子。

检查零部件以确保其正确定向和对齐。如有必要，还可以重新加热焊料并重新对齐零部件。这是在第一次焊接时只焊接一个引脚的优势。

正确对齐零部件后，完成剩余引脚的焊接。慢慢来，确保使用足够的焊料，使其填满孔并流到电路板的另一侧。这会在元件和电路板之间形成牢固的电气和机械连接。这种强度对于在使用过程中会承受物理应力的部件至关重要，如连接器。

BNC 连接器下方的两个较大的接线柱是板上最大的焊点。一定要花足够的时间加热接线柱，并使用大量焊料填充电路板背面的焊盘。

如果有任何通孔元件包含从电路板背面明显凸出的引线，则可以使用一对齐平切割的斜切刀修剪焊点正上方的引线。

安装完所有通孔元件后，再次检查电路板，确保所有元件都已正确安装和定向。如果一切正常，你就可以在通电之前清洁电路板并进行最终检查。

7.5 组装之后的电路板的清洁和检查

最好在焊接完成后立即清除板上多余的助焊剂，因为助焊剂残留物变干后则很难甚至不可能去除。

当然，如果你的焊膏是免清洗型的，则可以选择不去除残留物。免清洗焊膏会留下有限数量的助焊剂残留物，而且这种材料是无腐蚀性的。去除这类助焊剂的残留物可能比去除松香助焊剂更困难。

7.5.1 助焊剂残留物需要清洗的原因

焊接后应清除板上的松香助焊剂。这包括使用松香芯焊锡丝和液体或笔式助焊剂完成焊接之后产生的残留物。需要清洗的原因如下。

- 助焊剂残留物在视觉上很不美观。松香助焊剂残留物是一种透明、有光泽的黄色材料，使用该设备的用户可以明显注意到。此外，它还会让购买该产品的客户担心板子结构的质量。
- 残留物很黏。这不仅仅是手指接触电路板的问题。如果金属物体与黏性材料接触，那么它可能会自行附着并产生短路，从而损坏电路板。
- 助焊剂残留物将使检查更加困难。如果残留物覆盖了焊点，则很难清晰检查板子焊接的工作质量。
- 松香助焊剂残留物呈酸性。如果不去除，残留物会导致电路板腐蚀和最终故障。

一般情况下，每次使用松香助焊剂在电路板上进行焊接时，都需要在之后立即清洁电路板。当你使用免清洗助焊剂回流焊接时，则清洁电路板工作是一个可选项。

7.5.2 助焊剂残留物去除

从板上清洗助焊剂是一个简单的过程。虽然可以使用多种方法，包括使用专用清洗剂，但一个很简单的方法是使用牙刷和91%的异丙醇（IPA）。

目前市场上也有多种助焊剂清洗化学品在售，它们可能比 IPA 效果更好。通过网络搜索可以找到更多此类产品和厂家。

对于电路板原型设计，我们的目标是去除绝大部分的助焊剂以使电路板外观整洁。而对于商业应用，特别是在安全性和长期可靠性至关重要的情况下，则必须执行更严格的清洗程序。

使用 IPA 处理助焊剂残留物时，应戴橡胶手套和安全眼镜。一定要在通风良好的地方执行此项工作。IPA 高度易燃，因此请避免在热源、火焰或任何可能产生火花的地方工作。

将一些 IPA 倒入一个小而浅的盘子中，然后将硬牙刷浸入液体中。以圆周运动擦洗电路板上的助焊剂涂层区域。在第一遍中，确保所有助焊剂都被 IPA 覆盖。为了使 IPA 充分溶解残留物，让电路板静置 1min 左右，然后再次擦洗以去除残留物。清洗时需要注意以下几点。

（1）不能损坏焊接点和元器件，清洗动作要轻，不要扭动和拉动焊接点上的导线或元器件的引线。

（2）清洗液不应流散，也不要过量使用清洗液。

（3）当清洗液变污浊时，要及时更换。

如有需要可以重复清洗，直到电路板干净为止。

完成后，使用压缩空气吹掉板上剩余的 IPA，或使用纸巾擦干电路板。检查电路板以确定是否所有可见的助焊剂都已去除。如有必要，可重复清除助焊剂的过程以清洗剩余区域。

这种清洗方法显然不会去除元件下方和紧密间隔的 IC 引脚之间的助焊剂。出于我们的目的，我们不会关心这些区域中剩余的少量助焊剂。

7.5.3　组装后的目视检查

组装和清洗电路板后，就可以进行最终的详细检查了。去除助焊剂残留物后，更容易仔细检查每个焊点并确定是否需要进行维修。此检查最重要的目的是找出任何可能导致短路的问题，从而避免板上元件的损坏或对外部元件造成的损坏，在我们的示例中还包括了 Arty 开发板，因此应尽量减少出现此类问题的可能性。

进行检查时，可使用放大镜或显微镜有条不紊地检查每个焊点，检查其是否正确组装并验证所有连接表面上是否有足够数量的光滑、闪亮的焊料。下面列出了 SMT 器件出现的一些常见焊接问题。

- 焊桥（solder bridge）：如前文所述，这些是电路各部分之间的意外连接。焊桥可以在紧密间隔的元件之间、PCB 走线之间以及集成电路的引脚之间形成。肉眼很难直观地确定间隔很近的 IC 引脚之间是否桥接不当，因此，使用万用表仔细测试两点之间的电阻并确定是否存在电桥可能会有所帮助。

- 润湿不足：如果液态焊料不能正常流动并覆盖焊盘和元件的足够面积，则需要用手工焊接补焊点。
- 冷焊点：如果焊点显得暗淡和凹凸不平，而不是光滑和有光泽，则表明该焊点是冷焊点。术语冷焊点（cold joint）是指焊料未能达到可以正常流动以形成焊点的温度。冷焊点应在有助焊剂的情况下重新加热以形成合适的焊点。
- 墓碑（tombstoning）：墓碑现象也称为“立碑”，是指小型 SMT 元件（尤其是电阻器和电容器）的一端离开焊盘表面，整个元件呈斜立或直立，状如石碑的缺陷。这种情况下该元件不会接触两个焊盘，而是直立在其中一个焊盘上。当元件和一个焊盘之间没有充分接触并且液态焊料的表面张力将元件拉到另一个焊盘上时，就会发生这种情况。任何出现此问题的元件都必须通过手工焊接进行修复。

在检查期间处理电路板时，仍应该遵守静电放电保护操作规范。在防静电垫上工作并佩戴接地腕带。

在目视检查之后，需修复并确认检查期间检测到的任何问题都已被解决。最后，还需要进行电气短路检查。

7.5.4　电气短路检查

作为向电路板供电之前的最后检查，你可以使用万用表来测试电源和接地连接。此检查可以让你确信没有严重的电气问题，例如电路板的电源输入和接地之间的短路。

本项目电路板的电源将通过 Arty 开发板侧面的 Pmod 连接器提供。图 7.10 显示了 4 个+3.3V 电源引脚和 4 个接地引脚的位置，这是朝向电路板的视图。

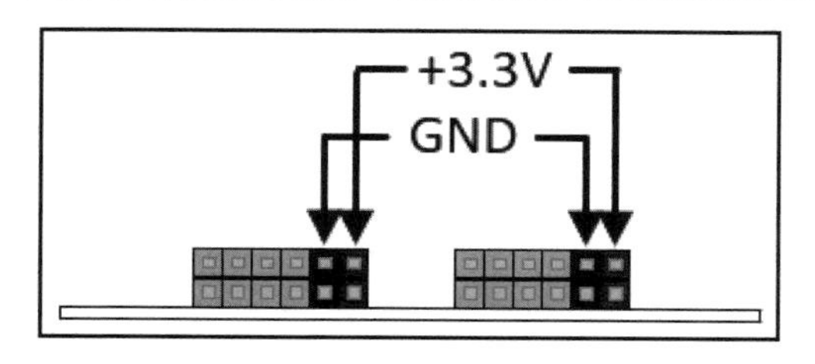

图 7.10　示波器板电源连接

验证电源连接是否正确的第一步是确保 GND 引脚之间存在连接。将万用表上的黑色表笔连接到电路板上的 GND 测试点。将仪表设置为最低电阻测量范围，通常为 200Ω。将红色表笔与 Pmod 连接器上的 4 个接地引脚中的每一个接触，并确认仪表降至非常低的电阻读数（小于 1Ω）。

接下来，使用红色表笔测试每个+3.3V 引脚。接地电阻很难预测，但它应该在 100Ω 到几千欧姆的范围内。如果电阻非常小（低于 50Ω），则电路中可能会出现意外短路。如果电阻非常大（数十万欧姆或更多），则电源输入和电路元件之间可能会出现意外断开连接。

如果观察到任何问题，对问题区域进行重点目视检查可能会发现问题。如果目视检查无法找出问题所在，则可用万用表在电路的中间点进行探测，这也可能有助于找到问题。

在解决电气检查期间发现的任何问题后，电路就可以连接到 Arty 开发板了。不过，这将是第 8 章“首次给电路板通电”要讨论的内容。

7.6　小　　结

本章详细介绍了使用表面贴装技术（SMT）元件和通孔电子元件组装高性能数字电路所涉及的过程和技术。

我们认识了一些建议使用的工具，包括焊台、放大镜或显微镜，以及用于处理微小零部件的镊子等。以适用于各种项目的分步方式介绍了焊接模板和准备组装零部件的程序。焊接完成后，还介绍了清洗电路板、进行彻底检查和实施必要的维修所涉及的步骤。

学习完本章之后，你应该了解焊接模板所需的工具和程序以及准备电路板组装的步骤。你应该掌握了如何对电路板进行手工焊接，如何使用回流系统将表面贴装元件和通孔元件焊接到电路板上，以及如何清洗组装好的电路板并对其进行彻底检查，包括检查电气短路。

第 8 章将首次为完成之后的电路板加电，验证所有子系统是否能够正常运行，并准备在 FPGA 逻辑中实现余下的系统功能，它们将作为在 FPGA 中的 MicroBlaze 处理器上运行的固件。

第 3 篇

实现和测试实时固件

有了原型硬件，即可开始实现和测试固件。本篇将带你了解固件开发、测试和验证的过程。

本篇包括以下章节。

- 第 8 章，首次给电路板通电。
- 第 9 章，固件开发过程。
- 第 10 章，测试和调试嵌入式系统。

第 8 章　首次给电路板通电

在设计、构建、清洁和检查了印刷电路板之后，现在是通电检查的时候了——换句话说，就是执行臭名昭著的烟雾测试（smoke test）。为什么说它是“臭名昭著”呢？因为新电路板通电检查时，如果存在设计缺陷，则新电路板可能会短路。

本章将仔细引导你完成进行首次连接电路板并检查基本电路级功能的过程。对于发现的任何问题，本章将讨论修复它们的建议方法。在电路板通过了这些测试，即可继续研究 FPGA 逻辑，并测试示波器电路板的数字接口。

通读完本章之后，你将了解如何为首次电路板通电做好准备，以及如何测试电路元件是否正常工作。此外，你还将掌握如何识别和修复已组装电路的问题，以及如何检查电路板的数字接口。

本章包含以下主题。

- 为电路板通电做准备。
- 检查电路的基本功能。
- 出现问题时调整电路。
- 添加 FPGA 逻辑并检查 I/O 信号。

8.1　技 术 要 求

本章文件可从以下网址获得：

https://github.com/PacktPublishing/Architecting-High-Performance-Embedded-Systems

要在数字示波器电路板上执行检查程序，你需要一个能够测量直流电压的万用表。要检查时钟和数据信号，你还需要一个带宽至少为 40MHz 的示波器。

8.2　为电路板通电做准备

本书第 7 章“构建高性能数字电路”已经带领我们完成了构建、清洁、检查和对数字示波器电路板执行基本电气检查的步骤。因此，现在我们可以给电路板通电并进行测试以确定其是否能够正常运行。

8.2.1 谨慎操作

在给电路板通电之前，请务必记住，在处理电路板和操作时需要小心谨慎。板上的集成电路仍然容易受到静电放电（electrostatic discharge，ESD）的损坏，当你使用金属万用表或示波器探头探测电路部分时，很容易造成损坏。因此，最好在 ESD 受控的环境中执行此工作，如在用于焊接的垫子上，并在适当的位置佩戴腕带。

如果你必须在 ESD 不受控的环境中使用电路板，则应小心握住电路板的边缘，避免接触电路板上的元件、连接器上的引脚以及任何暴露的引脚或板子底部的走线。

8.2.2 为电路板供电

本示例中的电路板需要+3.3VDC 作为其输入电源。如果你有提供此电压的独立电源，则可以将其用于首次通电连接。

如果没有单独的电源，则可以使用 Arty 开发板提供电源。在第 7 章“构建高性能数字电路”的结尾对电路板进行了成功的电气检查，结果表明+3.3V 电源引脚和电路板接地之间存在相当大的电阻，这表明 Arty 开发板电源接地的风险很小。

初始功能检查不需要 Arty 开发板执行除为我们的电路板供电之外的任何操作。如果你使用独立电源，请尽可能将电压设置为+3.3VDC，将电流限制设置为 300mA。将电源的+3.3V 和地线连接到板子边缘的引脚（参考图 7.10）。

你可以选择任何+3.3V 引脚来提供电源，并使用任何 GND 引脚连接到电源接地。仔细检查以确保每个连接器都位于正确的引脚上。

如果你使用 Arty 开发板为初始测试供电，则在将数字示波器电路板连接到 Arty 开发板之前，请确保 USB 连接线已断开且 Arty 开发板已关闭电源。将示波器电路板插入 Arty 开发板上的两个中心 Pmod 连接器。确保两排插针都正确插入并且连接器完全就位。数字示波器 PCB 的边缘应与 Arty 板的边缘齐平。

关键时刻已经到来：是时候进行烟雾测试了。如前文所述，这个术语指的是一种不幸的情况，有时，当新电路第一次通电时，它会产生烟雾。这显然是一个非常糟糕的迹象，如果发生这种情况，你应该立即断电，尽可能避免与电路板接触。如果一块板子冒烟，它上面的一些元件会很热，甚至有可能发生零件爆炸，以类似弹片的方式散落碎片。虽然我们的+3.3V 电路不太可能出现这种“大场面”，但仍建议在对新构建的电子设备进行初始测试时始终佩戴安全眼镜。

现在打开电路板的电源，方法是开启电源输出（再次检查以确保电压设置为+3.3V）或通过 USB 连接线或电路板的电源连接器将电源连接到 Arty 开发板。

观察示波器板片刻，此时不应该发生任何事情（如冒烟）。如果你使用 Arty 开发板供电，则 Arty 开发板上的红色和绿色 LED 应以正常的方式点亮。如果你使用的是独立电源，并且它可以显示所提供的电流，那么它应该显示 100～200mA 之间的读数。

接下来，我们将检查电路的主要子系统，首先从板载电源电压开始。

8.3　检查电路的基本功能

随着电路板通电后，即可开始检查电路的直流行为。可以使用设置覆盖范围为-4.0～+3.3V（通常为 20V 范围）的标准万用表执行此测试。

将夹子引线（clip lead）连接到万用表的接地连接上。将接地夹连接到数字示波器电路板上的 GND 测试点。

将探针式引线（probe-type lead）连接到万用表的直流电压输入端。这条引线应该到达某个点，使你能够准确地接触 PCB 上的小目标位置。

图 8.1 显示了夹子式和探针式万用表引线。

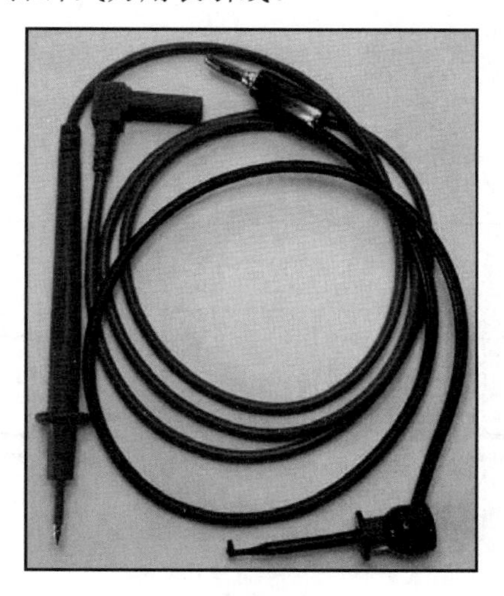

图 8.1　夹子式和探针式万用表引线

我们将使用 KiCad 电路原理图和 PCB 布局图来确定使用万用表进行测试的特定电路点。原理图可以使我们轻松找到需要检查的电路的功能，而 PCB 布局图则告诉我们在电路板上的哪些地方可以找到这些点。

注意：

使用万用表探头测试电路上的点时，务必非常小心，仅接触你打算检查的位置。如果你碰巧用探头接触到电路中的错误位置，通常不会有问题。这是因为探头具有高阻抗特性，对电路行为的影响很小。但是，如果你碰巧用探头同时接触到两个电路位置，那么就会出现问题。如果你试图接触具有紧密间距引线的 IC 上的单个引脚，则很容易发生这种情况。以这种方式造成短路会立即损坏电路元件！

如果你需要检查 IC 引脚上的电压，最好检查一些直接连接到该引脚的其他元件，如电阻器、电容器或连接器。只要稍加小心，就很容易接触到 SMT 电阻器或电容器的一端，而不会造成与另一个电路元件短路的重大风险。

如果你发现需要测试 IC 上的引脚，那么在可能的情况下，最好检查 IC 一侧一端的引脚。如果你必须检查被其他引脚包围的引脚，请确保光线充足，必要时使用放大镜，并小心地将探针向上滑动，使其接触到引脚。确保你在看仪表时手不会滑动。然后，小心地将探针从引脚上移开。

本示例要测试的第一个目标是电路板上产生的电源电压的集合。接下来，就让我们详细看看其操作。

8.3.1　测试电路板电源

现在可以检查电路板上产生的电源电压：+2.5V、−2.5V 和+1.8V。先从+1.8V 电源开始检查。图 8.2 显示了+1.8V 电源的原理图。

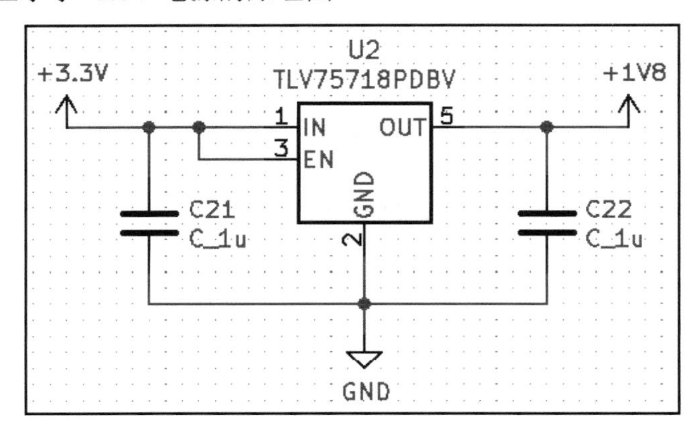

图 8.2　+1.8V 电源的原理图

可以看到，+1.8V 的电源输出电压可在集成电路 U2 的引脚 5 以及连接到 U2 的电容器 C22 的一侧获得。

图 8.3 显示了电容器 C22 的位置，以及一些周围的元件，包括 U2。

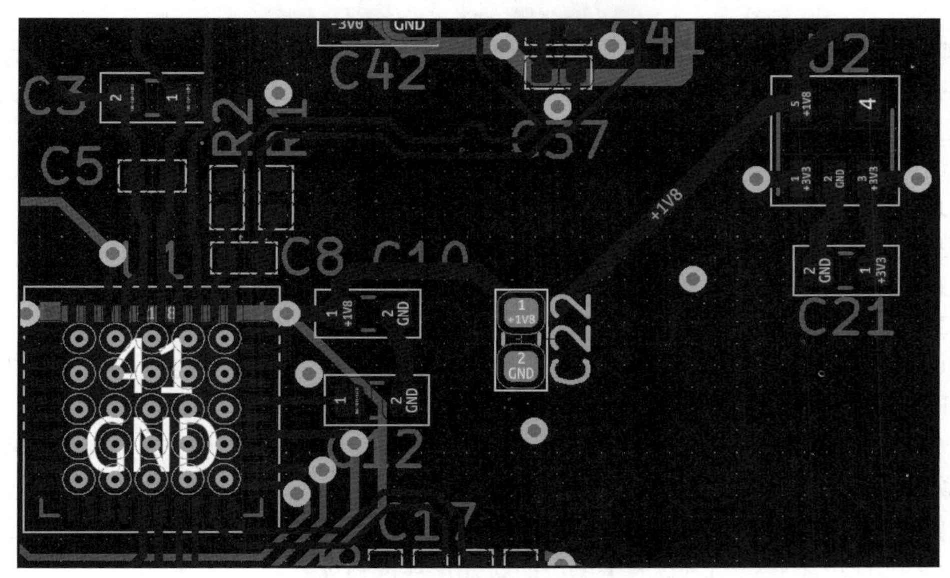

图 8.3　C22 在 PCB 上的位置

要检查+1.8V 电源电压，请执行以下步骤。

（1）将数字示波器电路板断电并使其处于静电安全环境中，将万用表接地夹连接到板上的 GND 测试点。

（2）打开万用表并将其设置为 20VDC 范围。

（3）给电路板通电。

（4）用万用表探针小心地接触 C22 的上侧（查看图 8.3 所示位置），并在将探针固定到位的同时，观察万用表上的电压测量值。

此时的电压测量值应在 1.8V 的几毫伏上下范围以内。在我们的测试中，万用表提供了 1.793V 的稳定读数。

对+2.5V 和−2.5V 电源（可在相应的测试点回路处检测）执行类似检查，在我们的电路板上分别产生了+2.501V 和−2.506V 的读数。根据正常的元件变化，你的测量值可能略有不同。但是，你的电压应该在目标电压的几毫伏上下范围以内。

如果你的测试产生类似的读数，则可以继续下一步检查。如果电源读数差异较大，则需要进行故障排除处理。

8.3.2　故障排除

如果任何电源读数与预期电压有显著差异——即超过正常范围值大约 10mV——那么你应该停止正在执行的操作并尝试解决该问题。

进行故障排除时，以下步骤可能会有所帮助。

（1）再次执行目视检查，这次重点检查与相关电源相关的元件。

- ❑ 尝试确定是否有任何元件未与焊盘接触。
- ❑ 检查电源 IC 的安装方向是否正确。
- ❑ 查看是否存在焊桥。
- ❑ 元件安装是否存在其他问题。

（2）验证电源输入是否处于预期电压。例如，+2.5V 和+1.8V 电源均需要+3.3V 作为电压调节器 IC 的输入。确保该电压到达芯片。

（3）考虑在某些位置安装了不正确元件的可能性。确保每个电阻器和电溶器都是预期的颜色，前者通常是黑色，后者通常是棕褐色或棕色。

（4）如果你认为某些电阻器或电容器的安装值不正确，则可能需要使用热风枪移除有问题的元件，然后将刚从包装中取出的新元件焊接到位。

如果上述步骤都不能解决电源电压故障，则可能是组装错误以外的原因导致了问题。例如，如果需要供电的元件所需的电流超过电源的容量，则输出电压就会下降。在这种情况下，有必要回到电路板原理图的绘图过程，重新设计电路。

电路重新设计时，要么为电源提供足够的输出电流，要么修改电路设计，使其使用比电源容量消耗更少电流的元件。

如果事实证明需要对电路进行更改以实现可接受的性能，则可以直接对 PCB 进行一些小的修改，而无须承担与修改电路板相关的费用和延迟。本章稍后将介绍这种类型的修改。

如果所有电源电压都正确，则可以继续检查数字示波器的其余功能子系统。接下来，我们将讨论如何测试模拟放大器。

8.3.3　测试模拟放大器

示波器输入信号在 BNC 连接器处进入电路板电路，如图 8.4 所示。

初步检查可使用+2.5VDC 输入信号来确定电路是否正常运行。当连接到稳定的直流输入信号时，图 8.4 中标记为 GDT 的电容器和气体放电管应该不会影响电路中不同点的电压。每个点的电压应保持恒定。

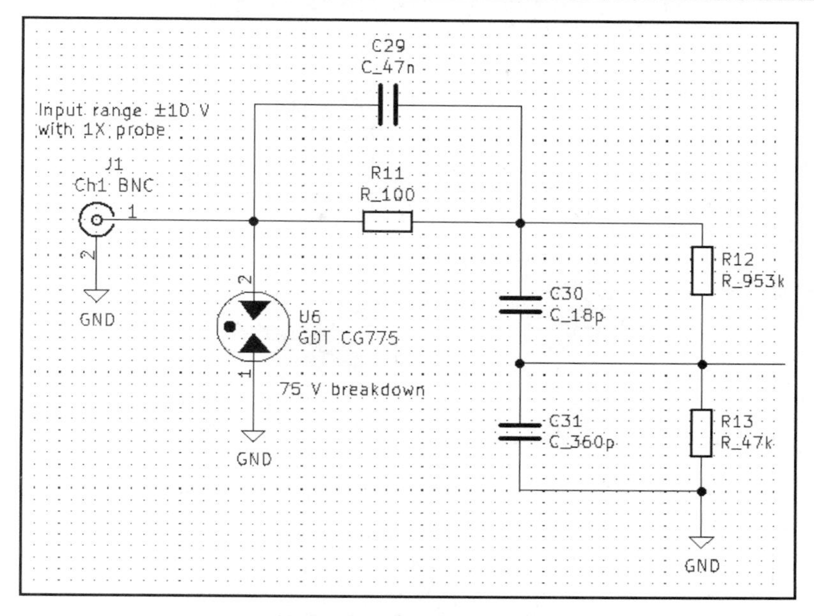

图 8.4　数字示波器输入电路

与 R12 和 R13 相比，R11 的电阻可以忽略不计。当设置为 1X 范围（通常为 100～300Ω）时，示波器探头的电阻相对于这两个电阻也可以忽略不计。

使用恒定的+2.5V 输入电压，并忽略 R11 和示波器探头的电阻，R12 和 R13 之间连接点的预期电压可以计算如下：

$$v = 2.5 \times \frac{47 \times 10^3}{953 \times 10^3 + 47 \times 10^3} = 0.118\text{V}$$

使用本章前面描述的过程对该电路位置进行测量。当前的读数是 0.121V。如果你的测量值不在预期值的几伏上下范围内，请尝试识别并解决问题。

如果电压测量值可以接受，下一步就是测量运算放大器（operational amplifier，op amp）U7 的输出。U7 配置为单位增益运算放大器，这意味着该放大器的输出电压等于其输入电压。U7 的目的是为差分放大器（differential amplifier）（U8）输入提供比 R12/R13 电阻分压器网络更大的电流驱动能力。

图 8.5 显示了 U7 的输入和输出连接。电阻器 R14 为 U7 提供了限流保护，以防止输入信号连接到超出范围的电压上。在正常运行期间，U7 可提供非常高的输入阻抗，这意味着通过 R14 的电流可以忽略不计，并且 R14 上的相应电压降（voltage drop）也可以忽略不计。

可以看到，我们需要测量的信号在 U7 的引脚 6 上，而不在一排引脚的末端。

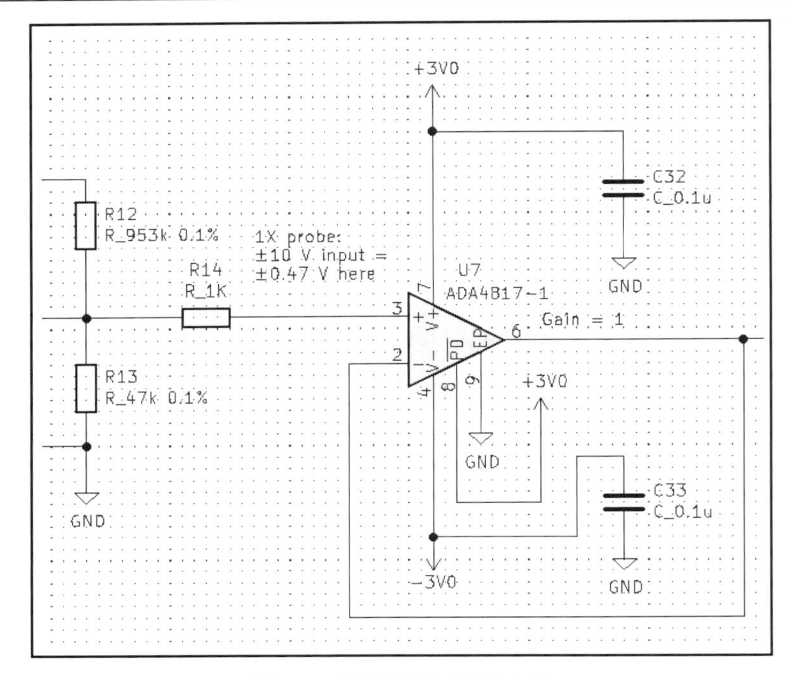

图 8.5　单位增益运算放大器

引脚 6 直接连接到引脚 2，该引脚也不在一排引脚的末端。可以使用 KiCad PCB 布局图来检查与这些引脚关联的连接点网络。

在 Pcbnew KiCad 应用程序中，通过在电路走线上执行 Ctrl+左键单击，选定的走线将突出显示，并显示与其连接的所有点。

图 8.6 显示了连接 U7 引脚 2 和引脚 6 的走线，以及与 U8 输入引脚的连接。连接电路中多个点的走线集合称为网络（net）。

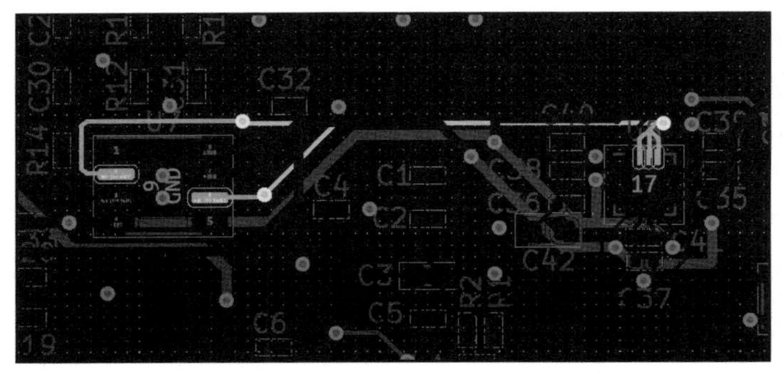

图 8.6　连接到 U7 引脚 2 和引脚 6 的网络

由于 U7 上的引脚相当大，因此直接在 IC 上仔细测量引脚 6 的电压是合理的。也可以探测连接该网络顶部和底部走线的过孔之一。在图 8.6 中，过孔是红色顶层走线和绿色底层走线连接点处的圆圈。U7 引脚 6 上的电压应与 R12 和 R13 之间连接处的电压匹配，约为 0.118V。

如果 U7 的输出电压正确，则下一步是检查通往 ADC 输入的路径中余下放大器（U8 和 U9）的输出。使用与前述类似的方法，你应该计算出每个放大器响应输入电压的预期输出，然后测量放大器的输出。U9 是一个差分放大器，其输出电压以 0.9V 的 ADC 输入共模电压（common mode voltage）为中心。

目前为止，我们的电路检查已验证放大器运行正常，直到生成用作 ADC 输入的差分信号为止。因此，下一步是测试 ADC 本身。

8.3.4　测试 ADC

LTC2267-14 双通道 ADC 采用+1.8V 电源工作。尽管该设备有两个输入通道，但本设计仅使用其中一个。这种方法允许直接扩展设计以在未来支持两个示波器输入通道。使用串行外设接口（serial peripheral interface，SPI）配置设置，第二个 ADC 通道将被置于小憩模式（nap mode）以最小化功耗。

ADC 具有与其他电路元件连接的 3 个主要接口，具体如下所述。

- 模拟输入：LTC2267-14 的模拟输入是一个差分信号对，输入配置为±1V 范围。
- 高速数字接口：模拟输入的数字化样本使用双通道 LVDS 接口输出到 FPGA。用于驱动这些信号的时钟由 FPGA 提供。
- SPI 配置端口：ADC 上的 SPI 端口支持各种选项的配置，包括输出数据格式（偏移二进制或二进制补码；12 位、14 位或 16 位输出字长）、每个通道的小憩模式选择、输出驱动电流选择和输出测试模式控制。

验证差分放大器的模拟输出按预期运行后，可暂时假设 ADC 将接收该输入。在本章后面，将添加一些 FPGA 代码来驱动从 ADC 到 Arty 开发板的高速数字接口。

现在可以开始与 ADC 上的 SPI 配置端口进行交互。为此，需要使用 6 针带状电缆将 Arty 开发板上的 SPI 端口连接到示波器电路板的 SPI 端口上。确保每根电缆的引脚 1 端都连接到连接器的正确一侧。两块电路板上都有数字 1，表示引脚 1 的位置。SPI 连接所需的线缆类型如图 8.7 所示。

为了使用 SPI 与 ADC 进行通信，需要继续开发在 5.4 节“示波器 FPGA 项目”中开始的应用程序。

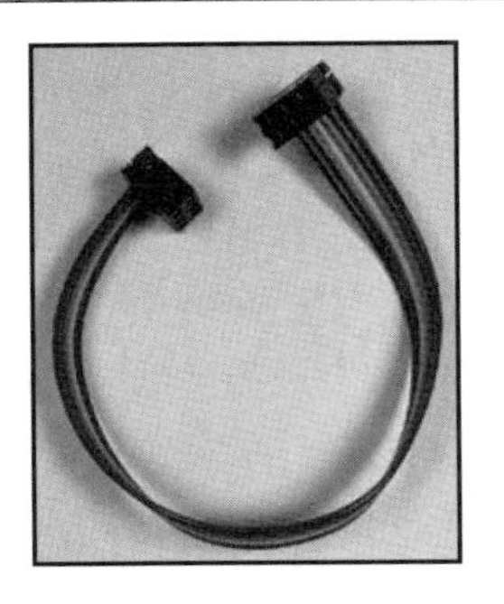

图 8.7　SPI 连接线

使用 SPI 连接的第一步是确保它以合适的时钟速度运行。从 LTC2267 数据表可以看到，在写入模式下，SPI 支持的时钟周期为 40ns（25MHz），在回读（readback）模式下，它支持的最小时钟周期为 250ns（4MHz）。参考我们的 FPGA 设计原理图，AXI Quad SPI 模块的 ext_spi_clk 输入由时钟向导（clocking wizard）模块的 166.66667MHz 输出驱动。

提示：

LTC2267 数据表可从以下网址获得：

https://www.analog.com/media/en/technical-documentation/data-sheets/22687614fa.pdf

在开始使用 SPI 之前，必须执行以下步骤来调整 FPGA SPI 的时钟速度并单独解决 SPI 引脚分配的问题。

（1）双击 AXI Quad SPI 模块并选择 IP Configuration（IP 配置）选项卡。

提示：

这里的 IP 是指知识产权（intellectual property，IP）而不是 Internet 协议（internet protocol，IP）。详见 4.3.3 节“原理图”。

（2）Frequency Ratio（频率比）值为 16 表示 ext_spi_clk 输入除以 16，从而产生 10.4MHz 的 SPI 时钟速率。这对于 ADC 回读模式来说太高了。因此，可以将 Frequency Ratio（频率比）右侧（即 X 的右侧）框中的乘数从 1 更改为 10。这会将 SPI 时钟速度降低到 1.04MHz。

（3）单击 OK（确定）按钮。

（4）保存原理图。

（5）我遇到了 SPI 引脚分配问题。SPI 的 SS 信号分配到错误的引脚（V17），导致接口无法正常工作。要解决此问题，请在 arty.xdc 末尾添加以下代码并保存文件：

```
set_property PACKAGE_PIN C1 [get_ports spi_ss_io]
```

（6）生成比特流。

（7）导出硬件。其具体操作方法是，选择 File（文件）| Export（导出）| Export Hardware（导出硬件）选项。

（8）打开在本书第 5 章“使用 FPGA 实现系统”中创建的 Vitis 项目。

（9）使用刚刚从 Vivado 中导出的新定义更新 Vitis 项目硬件。

8.3.5　配置 ADC

Vitis 项目中提供的板级支持包（board support package，BSP）软件包含用于 Arty SPI 接口的驱动程序。可使用该驱动程序通过 SPI 执行应用软件和 ADC 之间的通信。

LTC2267-14 ADC 提供对 5 个 8 位内部寄存器的读写访问，编号为 0～4。LTC2267-14 数据表中提供了有关这些寄存器的详细信息。

寄存器 0 专门用于执行软件复位，通过向寄存器位 7 写入 1 来触发。该复位必须是配置过程的第一步。

寄存器 1～4 包含各种配置。这些寄存器中的每一个都可以随时执行读取或写入操作。我们的代码将通过寄存器 0 执行软件复位，然后将配置数据写入其余 4 个寄存器中的每一个。写入每个寄存器后，将读回它，并将接收到的值与刚刚写入的值进行比较。此比较期间的任何不匹配都将导致配置例程返回失败状态。

要通过 SPI 配置 LTC2267-14，请执行以下步骤。

（1）在 Vitis 软件项目中新建一个名为 spi.h 的源文件。在 spi.h 中插入以下代码：

```
// SPI 连接到 LTC2267 ADC
// SPI 时钟为 166.66667MHz/(16*10)=1.042MHz
// LTC2267 最大 SPI 时钟速度（回读）为 4.0MHz

// 配置 SPI 接口；成功将返回 TRUE
int InitSpi(void);

// 如果值被成功写入或成功从 reg_addr 寄存器读回
// 则返回 TRUE
int SpiWriteAndVerify(u8 reg_addr, u8 value);

// 通过 SPI 传递硬编码配置数据到 ADC
// 成功则返回 TRUE
int ConfigureAdc(void);
```

（2）创建一个名为 spi.c 的源文件，插入以下代码：

```
#include <xspi.h>
#include "spi.h"

static XSpi SpiInstance;

// 配置 SPI 接口；成功将返回 TRUE
int InitSpi(void) {
    int result;

    result = XSpi_Initialize(&SpiInstance,
    XPAR_SPI_0_DEVICE_ID);
    if (result != XST_SUCCESS)
        return FALSE;

    result = XSpi_SelfTest(&SpiInstance);
    if (result != XST_SUCCESS)
        return FALSE;

    result = XSpi_SetOptions(&SpiInstance,
    XSP_MASTER_OPTION | XSP_MANUAL_SSELECT_OPTION);
    if (result != XST_SUCCESS)
        return FALSE;

    result = XSpi_Start(&SpiInstance);
    if (result != XST_SUCCESS)
        return FALSE;

    XSpi_IntrGlobalDisable(&SpiInstance);

    return TRUE;
}
```

InitSpi 函数将初始化 XSpi 驱动程序，对 FPGA SPI 硬件执行自检，并配置接口以手动置位 SS 信号。该 SS 模式是接口支持 ADC SPI 的要求所必需的。最后一步则是启动 SPI，并禁用来自 SPI 设备的中断。

（3）在文件中添加以下函数：

```
// 发送一个字节给 ADC，或从 ADC 读取一个字节
// cmd 的有效值：0x00 = write, 0x80 = read
static int do_transfer(u8 cmd, u8 reg_addr,
        u8 output_value, u8 *input_value) {
    u8 out_buf[2] = { cmd | reg_addr, output_value };
```

```
    u8 in_buf[2] = { 0 };
    const int buf_len = 2;
    u32 select_mask = 1;

    // 有效命令: 0x00 = write, 0x80 = read
    int result = XSpi_SetSlaveSelect(&SpiInstance, select_mask);

    if (result == XST_SUCCESS) {
        result = XSpi_Transfer(&SpiInstance, out_buf, in_buf, buf_len);
        *input_value = in_buf[1];
    }

    return (result == XST_SUCCESS) ? TRUE : FALSE;
}
```

do_transfer 函数将传输一个字节到 ADC 寄存器，或从寄存器读取一个字节，具体取决于 cmd 变量的值。

（4）以下函数将向 ADC 寄存器写入一个值，从寄存器中读回该值，如果所有步骤都成功并且读取的值与写入的值匹配，则返回一个指示 TRUE 的状态值。将以下代码添加到 spi.c 文件中：

```
// 如果该值成功写入并成功从 reg_addr 寄存器读回
// 则返回 TRUE
int SpiWriteAndVerify(u8 reg_addr, u8 value) {
    const u8 write_cmd = 0;
    const u8 read_cmd = 0x80;
    u8 input_value;
    int result;

    switch (reg_addr) {
    case 0:
        // reg 0 的唯一有效值是 0x80
        result = (value == 0x80) ? TRUE : FALSE;

        if (result == TRUE)
            result = do_transfer(write_cmd, reg_addr,
                    value, &input_value);

        break;

    case 1:
    case 2:
```

```
    case 3:
    case 4: {
        result = do_transfer(write_cmd, reg_addr,
                value, &input_value);

        if (result == TRUE) {
            result = do_transfer(read_cmd, reg_addr, 0, &input_value);
            xil_printf("Value read back %02X\n", input_value);

            if (value != input_value)
                result = FALSE;
        }

        break;
    }

    default:
        result = FALSE;
    }

    return result;
}
```

可以看到，在 SpiWriteAndVerify 函数中，寄存器 0 被作为特殊情况处理。而对于寄存器 1～4，代码将值传输到寄存器中，然后读取寄存器，并返回比较结果。

（5）下面列出了 ConfigureAdc 函数的代码（删除了描述性注释）。此函数将使用硬编码值写入所有 5 个 ADC 配置寄存器，并返回指示所有操作是否成功的状态值：

```
// 通过 SPI 将硬编码的配置数据发送到 ADC
// 成功时返回 TRUE
int ConfigureAdc(void) {
    const u8 reg0 = 0x80;
    const u8 reg1 = 0x28;
    const u8 reg2 = 0x00;
    const u8 reg3 = 0xB3;
    const u8 reg4 = 0x33;

    xil_printf("Register 0: Writing %02X\n", reg0);
    int result = SpiWriteAndVerify(0, reg0);

    if (result == TRUE) {
        xil_printf("Register 1: Writing %02X\n", reg1);
```

```
        result = SpiWriteAndVerify(1, reg1);
    }

    if (result == TRUE) {
        xil_printf("Register 2: Writing %02X\n", reg2);
        result = SpiWriteAndVerify(2, reg2);
    }

    if (result == TRUE) {
        xil_printf("Register 3: Writing %02X\n", reg3);
        result = SpiWriteAndVerify(3, reg3);
    }

    if (result == TRUE) {
        xil_printf("Register 4: Writing %02X\n", reg4);
        result = SpiWriteAndVerify(4, reg4);
    }

    return result;
}
```

（6）在 main.c 文件中，在其他#include 语句之后添加以下代码：

```
#include "spi.h"
```

（7）在 main.c 文件中，在 main 函数的最开始，添加以下代码：

```
if (InitSpi() == TRUE) {
    xil_printf("InitSpi success\n");

    if (ConfigureAdc() == TRUE)
        xil_printf("ConfigureAdc success\n");
    else
        xil_printf("ConfigureAdc failed\n");
} else
    xil_printf("InitSpi failed\n");
```

（8）保存你编辑过的所有文件。确保 spi.h 和 spi.c 文件出现在 Vitis Explorer（资源管理器）窗口的 src 文件夹内。

（9）按 Ctrl+B 快捷键构建应用程序。确保应用程序没有错误。

（10）启动调试器并运行应用程序。

（11）如果 SPI 按预期运行，你应该看到以下输出：

```
InitSpi success
Register 0: Writing 80
Register 1: Writing 28
Value read back 28
Register 2: Writing 00
Value read back 00
Register 3: Writing B3
Value read back B3
Register 4: Writing 33
Value read back 33
ConfigureAdc success
```

成功完成此测试表明 ADC 集成电路已通电，并且连接到 Arty 开发板的 SPI 接口可以正常工作。

如果你在检查新电路设计时，即使修复了在组装过程中遇到的错误也无法解决问题，则可能证明该电路设计还存在更高级别的问题。

如果电路的修复涉及修改元件的连接，则可以考虑直接在电路板上进行一些更改，而不是立即订购新的电路板。接下来我们将深入讨论这一主题。

8.4 出现问题时调整电路

在本书第 7 章“构建高性能数字电路”中详细讨论了修复因电路板组装不当而导致的问题的各种技术。这些修复过程背后的基本假设如下：电路设计是正确的，并且出现的任何问题都与组装过程有关。

但是，在测试过程中，你可能会发现电路本身的设计存在一个或多个问题。一旦确定了设计问题，就可以直接查看电路原理图并进行必要的更正。但是，当前的问题是你正在使用的 PCB 无法轻易修复。订购修改后的电路板不但花钱，而且也需要时间。因此，你可以考虑尝试修改 PCB 以实现即时设计更改。

根据具体问题，可以对电路板进行一些修改，以便继续检查余下的电路板功能。本节讨论的修改只能在系统开发人员用于评估的电路板上执行。一般而言，由于这些更改的脆弱性，不应发布带有这些更改的电路板供设备的最终用户使用。

接下来，我们将要讨论的修改类型包括：切割 PCB 走线、安装焊料跳线、移除元件和添加元件等。

8.4.1　切割 PCB 走线

如果你确定连接电路上的两个点之间的走线不应该存在，则可以切开铜层以断开这些点之间的连接。

可以使用剃须刀或模型笔刀（hobby knife）切割走线。施加适度的压力并在走线上划几下即可。确保不要切割任何相邻的元件或走线。完成切割后，使用万用表测试两点之间的电阻，以确保走线被完全切断。如果走线的切割端可通过其他电路元件间接连接，则即使走线已经完全切割，测得的电阻也可能不是无穷大。

注意：

使用锋利的刀具时要小心。切割 PCB 走线时，应确保 PCB 位于坚固的表面上并且不会晃动。小心不要割伤自己或其他任何东西，如你的工作台面。确保你的急救箱在发生事故时方便使用。

如果切割走线是唯一需要修改的问题，那么你现在就可以返回重新测试电路，确保走线不再提供其端点之间的连接。

一般来说，在切割走线之后，你可能还需要在电路板上的其他点之间建立连接以纠正设计错误，这正是接下来我们要讨论的主题。

8.4.2　安装焊料跳线

如果需要在 PCB 上当前未连接的两个点之间建立连接，则第一步是检查电路板并确定每条走线或器件引脚可直接访问的可用点。

如果你需要连接的点非常靠近，例如 IC 上的两个相邻引脚或两个彼此非常靠近的电阻器，则可以使用焊料跳线（solder jumper）连接这些点。焊料跳线其实只是一块足够大的焊料，足以跨越被连接的两点之间的距离。焊料跳线与前文介绍的焊桥是一回事，只不过焊料跳线是有意为之，而焊桥则是不需要的。

与往常一样，可以使用足量的助焊剂以确保焊料与焊盘和元件的金属具有良好流动性和黏附性。焊料跳线的优点之一是，如果你以后不再需要该跳线，则可以使用烙铁、助焊剂和吸锡线将它轻松移除。

如果要桥接的距离大于合理尺寸的焊料跳线可以连接的距离，则需要使用一根电线进行连接。如果焊料跳线是点之间的连接，它们之间没有裸露的焊盘或元件，则可以使用无绝缘层的电线。但是，如果电线必须穿过金属焊盘并缠绕在元件周围，则必须使用绝缘电线。

在将电线用作跳线时，应该选择适合连接端点和电流要求的电线粗细度。连接到最小 SMT 元件的跳线应具有合适的粗细度，以连接到这些很小的点。如果电线太粗，那么你将很难连接到所需位置而不与电路的其他部分接触。

图 8.8 显示了一根跳线，由从通孔电阻器上剪下的一小段导线构成，连接在数字示波器 PCB 的 U4 引脚 3 和 4 之间。

图 8.8　跨 IC 引脚连接的跳线

如果可能，请使用通孔元件（如板边连接器）的位置作为跳线的连接点，因为将电线焊接到这些部件穿过 PCB 的地方相对容易。

最棘手的跳线连接类型可能是将电线直接焊接到 PCB 走线。在这种情况下，首先需要从走线上刮下足够数量的阻焊层，以暴露出足够大的区域以进行良好的焊接连接，然后使用助焊剂，将跳线直接焊接到走线上。

可以预见的是，使用本小节介绍的方法进行的跳线连接非常脆弱。你需要小心处理电路板，以避免从连接处断开跳线，或导致更严重的问题，例如从 PCB 表面抬起元件或走线。

8.4.3　移除元件

如果你怀疑 IC 消耗的电流比预期的要多，从而导致相关电源电压下降，则有一种快速测试方法，即从电路板上卸下元件并再次检查电源电压。如果电源电压现在处于预期值，那么显然你就有了答案。

当然，也有可能是某个元件以其他方式干扰了电路其他部分的运行。通过有选择地移除电阻器、电容器和 IC，你可以继续检查电路的其他部分，而不仅仅是你发现的运行不正常的区域。

8.4.4　添加元件

如果你发现电路缺少必要的元件，则可以安装缺少的部件，以便可以继续检查电路。如果缺少的部分是电阻器或电容器，则安装通孔元件可能比安装 SMT 元件更容易。

在数字示波器 PCB 的早期检查期间，发现缺少 2.7kΩ 上拉电阻导致 SPI 接口无法工作。LTC2267-14 数据表中明确指出了需要这个电阻器。

为了使 SPI 接口正常工作并继续检查其他电路板功能，将一个通孔电阻器焊接到电路板连接器上，如图 8.9 所示。

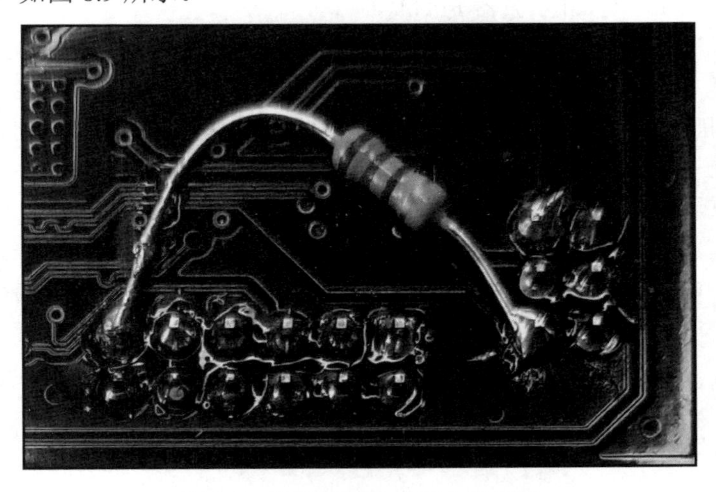

图 8.9　焊接到 PCB 上的上拉电阻

在 PCB 的所有问题都得到解决（至少是暂时解决）之后，接下来就是从 FPGA 生成输出信号，以便可以驱动示波器电路板的输入，这正是 8.5 节要讨论的主题。

8.5　添加 FPGA 逻辑并检查 I/O 信号

本节将添加生成信号的 FPGA 逻辑，这些信号将驱动数字示波器板上的功能，具体包括：1kHz 的校准信号和驱动模数转换器的 ADC 编码器时钟。

8.5.1　生成 ADC 编码器时钟和 1kHz 校准信号

现在我们将继续开发在本书第 5 章“使用 FPGA 实现系统”中创建的示波器 FPGA

项目，向 FPGA 设计添加逻辑，以生成 ADC 编码器时钟和 1kHz 校准信号（该信号将输出到电路板上相应的测试点）。

为了最大限度地减少使用示波器测试电路板的带宽要求，我们将暂时降低 ADC 编码器时钟频率（该频率通常设计为 100MHz）。根据 LTC2267-14 数据表的说明，ADC 可接受低至 5MHz 的频率，并且能够以这个较慢的频率运行 ADC。当然，在 Clocking Wizard（时钟向导）中可以轻松生成的最低频率是 10MHz，因此，本示例会暂时将 ADC 编码器时钟的频率设置为 10MHz。

要更改此频率并将信号添加到项目中，请按以下步骤操作。

（1）在 Vivado 中打开示波器 FPGA 项目。

（2）打开项目原理图，然后双击 Clocking Wizard（时钟向导）模块。

（3）选择 Output Clocks（输出时钟）选项卡，然后选中 clk_out4 旁边的复选框。

（4）将 clk_out4 的频率设置为 10MHz，然后单击 OK（确定）按钮。

（5）创建一个名为 adc_interface.vhd 的新设计源文件。

（6）将新建文件的默认内容替换为以下代码并保存文件：

```
library IEEE;
use IEEE.STD_LOGIC_1164.ALL;
use IEEE.NUMERIC_STD.ALL;

library UNISIM;
use UNISIM.vcomponents.all;

entity adc_interface is
  port (
    adc_enc         : in std_logic;

    enc_p           : out std_logic;
    enc_n           : out std_logic;
    clk_1khz_out    : out std_logic
  );
end entity;

architecture Behavioral of adc_interface is
  signal clk_1khz   : std_logic;
begin

  process(adc_enc) is
    variable count               : integer := 0;
    constant clk_1khz_period     : integer := 10 * 1000;
```

```
  begin
    if (rising_edge(adc_enc)) then
      count := count + 1;

      if (count >= (clk_1khz_period / 2)) then
        clk_1khz <= NOT clk_1khz;
        count       := 0;
      end if;
    end if;
  end process;

  CAL_1KHZ_OBUF : OBUF
    generic map (IOSTANDARD => "LVCMOS33")
  port map (
    I   => clk_1khz,
    O   => clk_1khz_out
  );

  ADC_ENC_OBUFDS : OBUFDS
    generic map (IOSTANDARD => "TMDS_33")
  port map (
    O   => enc_p,
    OB  => enc_n,
    I   => adc_enc
  );
end Behavioral;
```

上述代码可接收由 Clocking Wizard（时钟向导）生成的 ADC 编码器时钟（adc_enc）——当前设置为 10MHz，并将其分频以生成 1.0kHz 信号。使用驱动 3.3V CMOS 信号的输出缓冲器（OBUF）可将此 1.0kHz 信号传递到 clk_1khz_out 输出。ADC 编码器的输出使用 3.3V TMDS I/O 标准（OBUFDS）驱动差分信号对（enc_p 和 enc_n）。

Arty 开发板的 I/O 信号配置不支持在 Pmod 连接器上使用 LVDS（ADC 的串行接口标准），但在这些引脚上支持最小转换差分信号（transition-minimized differential signaling，TMDS）标准。TMDS 是一种高速串行数据传输标准，在许多方面与 LVDS 相似。

就本示例而言，LVDS 和 TMDS 之间的主要区别在于，TMDS 通过将电压从+3.3V 拉低几百毫伏来生成数字脉冲，而 LVDS 则使用较低的共模电压，它生成的电压脉冲具有类似的振幅。为了在 LVDS 和 TMDS 之间进行连接，必须调节这两种标准之间共模电压的差异。

我们的设计是在 4 个差分信号的每一个信号上都使用隔直电容器（DC blocking

capacitors），导致 Pmod 连接器将隔离电容器每一侧的共模电压。根据 TMDS 标准的要求，这些信号的 Pmod 连接器侧在每条线上还有一个 50Ω 的上拉电阻。此配置可实现 TMDS 和 LVDS I/O 标准之间的桥接。

（7）将以下代码行添加到 arty.xdc 文件中：

```
# Pmod Header JC
set_property IOSTANDARD TMDS_33    [get_ports enc_p]
set_property PACKAGE_PIN U12       [get_ports enc_p]

set_property IOSTANDARD LVCMOS33   [get_ports clk_1khz_out]
set_property PACKAGE_PIN T13       [get_ports clk_1khz_out]
```

可以看到，上述语句包括 enc_p 信号的约束信息，但没有提到 enc_n 信号，这是因为 Vivado 可从 adc_interface.vhd 的代码中推断出需要 enc_n 信号，并自动将其分配给具有适当属性的正确引脚。

（8）右击原理图的背景并选择 Add Module（添加模块）选项。

（9）在出现的对话框中选择 adc_interface，然后单击 OK（确定）按钮。

（10）将 Clocking Wizard（时钟向导）的 clk_out4 输出连接到新添加的 adc_interface_v1_0 模块的 adc_enc 输入。

（11）右击 adc_interface_v1_0 模块的每个输出并将它们设为 external（外部）。

（12）右击 3 个新添加的输出端口并编辑其属性，从每个端口名称的末尾删除_0。

（13）生成比特流，导出硬件，并将硬件配置导入 Vitis 项目中。

（14）重建项目并运行应用程序。

完成这些步骤后，即可使用示波器检查从示波器电路板到 Arty 开发板的数据传输中涉及的差分信号对。

8.5.2　检查 I/O 信号

要检查从示波器电路板到 Arty 开发板的数据传输信号，需要参考 KiCad 中的 PCB 布局，并确定适当的连接器引脚或其他可用于探测以下每个信号对的电路位置。

（1）J3 上的 ENC_IN+和 ENC_IN-引脚承载 ADC 编码器时钟，目前已将其设置为 10MHz。图 8.10 显示了示波器上的这个差分对。

（2）DCO+和 DCO-差分对包含来自 ADC 的输出数据时钟。该时钟的频率为 ADC 编码器时钟的频率乘以 4，得到 40MHz 的频率，如图 8.11 所示。

（3）加载到 ADC 寄存器 3 和寄存器 4 的值（reg3 = 0xB3 和 reg4 = 0x33）可启用

ADC 测试输出模式并在差分 OUT1A 和 OUT1B 信号对上生成位模式。当连接到示波器时，这些信号应该与图 8.11 中显示的 DCO 输出相同。

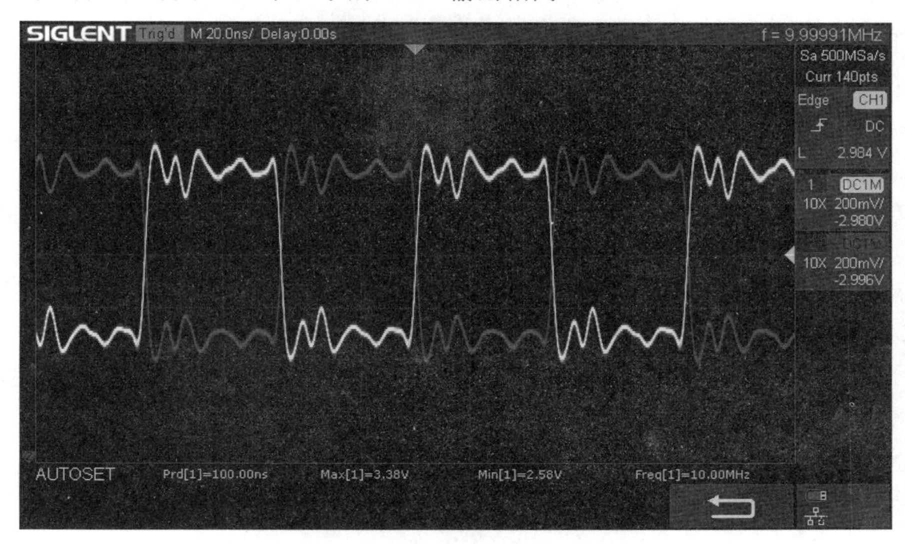

图 8.10　ADC 编码器时钟信号

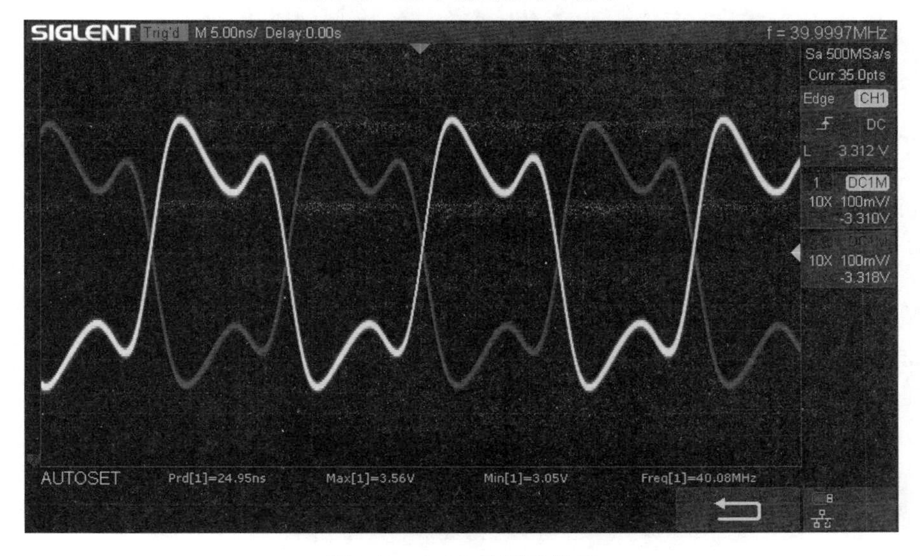

图 8.11　DCO 位时钟信号

（4）示波器电路板上的 1kHz 测试点应产生一个方波，该方波在+2.5V 和−2.5V 之间以精确的 1kHz 频率振荡。

如果所有这些检查都产生了令人满意的结果，则可以成功地证明数字示波器电路板上几乎所有的模拟和数字子系统都运行正常。唯一剩下的未经测试的功能领域是模拟输入到数字输出的 ADC 转换。我们将在第 9 章讨论这一主题。

8.6 小　　结

本章详细阐述了首次给电路板通电并检查基本电路级功能的过程。所有测试通过后，我们还添加了一些 FPGA 代码来生成驱动示波器电路板的输出信号。本章还探讨了一些在电路未按预期运行时修改和调整电路的方法。

学习完本章之后，你应该知道如何为电路板的首次通电做准备，以及如何测试电路元件和子系统是否正常工作。此外，你还掌握了在出现设计问题时修改和调整电路的一些技巧。

第 9 章将扩展讨论数字示波器执行算法，这包括其余的 FPGA 实现、运行在 MicroBlaze 处理器上的固件以及运行在主机上的软件应用程序。

第 9 章　固件开发过程

现在我们已经有了一个功能正常的电路板，接下来要做的就是充实现场可编程门阵列（field programmable gate array，FPGA）算法的一些关键部分，这包括与模数转换器（analog-to-digital converter，ADC）的通信，以及 MicroBlaze 处理器固件的开发。

在开发固件时，重要的是使用适当的工具来确保源代码在可能的情况下进行静态分析，这可以避免许多难以调试的错误。此外，实现一个版本控制系统以跟踪项目生命周期中代码的演变也很重要。

开发一个全面的、至少部分自动化的测试套件对于在进行更改时保持代码质量非常重要。本章包括对执行这些功能的免费和商业工具的一些建议。

在通读完本章之后，你将了解如何设计高效的 FPGA 算法，并以可维护的方式开发嵌入式 C 代码。你将了解在嵌入式系统源代码中使用静态源代码分析的基础知识，并熟悉 Git 版本控制的基础知识。最后，你还将掌握应用于嵌入式系统的测试驱动开发的基础知识。

本章包含以下主题。

- 设计和实现 FPGA 算法。
- 编码风格。
- 静态分析源代码。
- 源代码版本控制。
- 测试驱动的开发。

9.1　技 术 要 求

本章文件可从以下网址获得：

https://github.com/PacktPublishing/Architecting-High-Performance-Embedded-Systems

9.2　FPGA 算法的设计与实现

到目前为止，我们仅讨论了接收模拟信号和执行模数转换所需的数字电路的细节。

我们还没有真正研究过捕获 ADC 样本后会发生什么，因此，接下来我们将简要讨论数字示波器系统的所有功能元素。

9.2.1　数字示波器系统概述

本书前几章中的大部分工作都集中在设计和构建将插入 Arty 开发板的数字示波器电路板的硬件方面，现在可以在更高层次上检视整个系统。

图 9.1 提供了数字示波器系统功能元素的顶层视图。

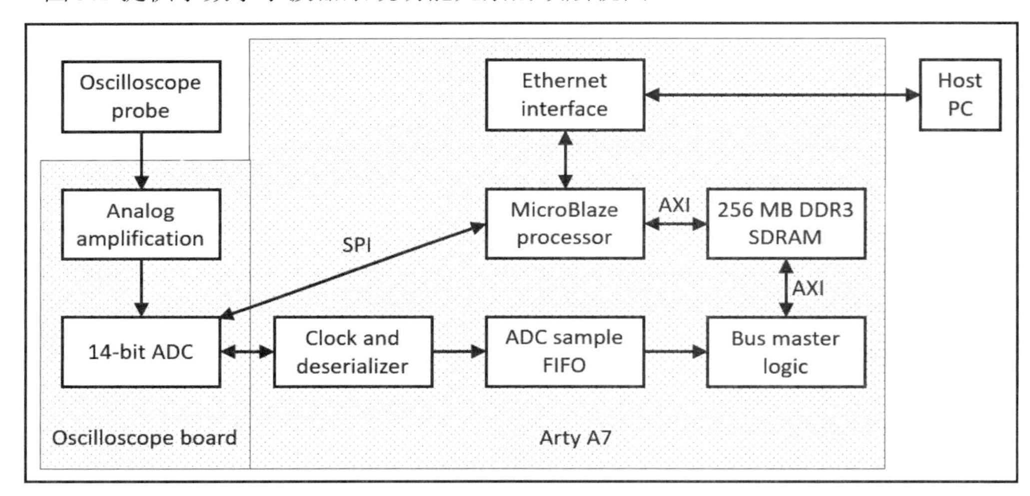

图 9.1　数字示波器系统图

原　　文	译　　文
Oscilloscope probe	示波器探头
Analog amplification	模拟放大
14-bit ADC	14 位模数转换器
Oscilloscope board	示波器电路板
Ethernet interface	以太网接口
MicroBlaze processor	MicroBlaze 处理器
Clock and deserializer	时钟和解串器
ADC sample FIFO	ADC 样本先进先出（FIFO）
Bus master logic	总线主控逻辑
Host PC	主机 PC

图 9.1 显示了位于示波器电路板上的系统部分、Arty A7 开发板上的部分以及 Arty 开

发板与主机 PC 的连接。

主机 PC 运行一个软件应用程序，该应用程序使用消息队列和遥测传输（message queuing and telemetry transport，MQTT）协议与 Arty 开发板上的 MicroBlaze 处理器进行通信。MQTT 可为需要很小的代码占用空间的应用程序（如我们的数字示波器）提供可靠的、基于消息的通信。MQTT 是物联网应用中的流行协议。要了解有关 MQTT 的更多信息，可访问其项目网站：

https://mqtt.org/

在用户控制下，在主机 PC 上运行的应用程序可格式化以下信息并将其传输到 Arty 开发板。

- 触发信息，如触发电压和边沿（上升沿或下降沿）。该信息包括开始和停止监视传入 ADC 样本的触发条件的命令，以及与更复杂的触发条件相关的信息，例如，必须在触发边沿之前的最小的高脉冲或低脉冲宽度。
- 满足触发条件后要捕获的样本数。这包括触发边沿之前的可选样本数。
- 配置信息，如测试模式选择 bitslip 命令。本章 9.2.2 节“添加解串器”将详细介绍 bitslip 命令的使用。

为响应来自连接的主机应用程序的命令，Arty 开发板将收集并传输 ADC 样本序列和相关信息，如样本流中触发边沿的位置。主机应用程序将从 Arty 开发板接收每个样本序列，并渲染信号的图形显示。

该系统值得强调的一个方面是 ADC 可产生绝对大量的数据。每个样本包含 16 位数据，由 14 位的样本和两个填充位组成。样本以 100MHz 的速率生产。

许多计算机用户认为千兆以太网卡速度很快，但事实上，以太网卡很少能在持续的时间长度内以其可达到的最大速度运行。相比之下，我们的数字示波器只有一个输入通道，却能够以每秒 1.6Gbit（千兆）的速度连续产生数据。

即使是最快的现代微处理器，以这种速度提取和处理数据也将是一个挑战。相比之下，FPGA 架构非常适合此类工作。FPGA 逻辑门的自然并行操作允许使用专用硬件来接收和处理传入的数据流。

一旦接到命令开始寻找触发条件，FPGA 逻辑将持续监控 ADC 样本以寻找触发条件。由于必须捕获一定数量的预触发样本，因此，在搜索触发事件时必须将所有 ADC 样本写入 256MB DDR3 内存。

MicroBlaze 处理器将使用相同的 DDR3 内存来保存处理器上运行的固件的代码和数据。Vitis 链接器（linker）可将这些内存区域放置在整个 DDR3 地址空间的低端，它跨越默认 MicroBlaze 内存映射中的十六进制地址 80000000～8FFFFFFF。

每次通过 Vitis 加载 FPGA 比特流和 MicroBlaze 固件时，Xilinx 软件命令行工具（xilinx software command-line tool，XSCT）控制台窗口会在加载时显示内存部分的列表，并指示每个部分的开始和结束地址。标记为.stack 的处理器栈内存段被加载到应用程序使用的最高内存地址中。栈段末尾以上的 DDR3 内存地址可用作示波器样本的存储。

随着 MicroBlaze 固件的开发，应用代码和数据消耗的内存也可能不断增长，但是，这种增长不应影响到用于存储示波器数据样本的内存，这一点至关重要。为了尽量减少这个问题的可能性，需要为代码和数据留出大量的内存。

在当前的开发状态下，包括栈段在内的整个应用程序代码和数据集合仅消耗不到 200KB 的 DDR3 内存。如果我们留出 8MB 用于 MicroBlaze 固件未来使用的代码和数据的内存增长，那么这将留下 248MB 的存储空间用于示波器样本。

248MB 的存储空间将容纳 130023424 个 ADC 样本，其中每个样本占用 2 个字节。这对应于 100MHz 速率下 1.3s 的连续数据采样。

当 FPGA 逻辑检测到有效的触发条件时，它将继续收集 ADC 样本，直到请求的样本总数已存储到 DDR3 内存中。然后它将停止写入 DDR3，并通知 MicroBlaze 固件：数据收集已完成。然后，MicroBlaze 固件可以从 DDR3 读取数据并通过网络将其传输到主机应用程序。

接下来，我们将介绍在图 9.1 中出现但此前尚未讨论过的 3 个 Arty 模块：解串器、ADC 样本先进先出（FIFO）和总线主控逻辑。

9.2.2　添加解串器

ADC 收集的样本数据将作为两个串行数据流（IN1A 和 IN1B）再加上一个时钟（DCO）到达 Arty 开发板边缘连接器。这 3 个信号中的每一个都包含 1 个差分对。

DCO 频率为 400MHz，这是 ADC 通过将 ADC 编码器时钟的频率（Arty 开发板提供的 100MHz 信号）乘以 4 产生的。虽然我们暂时将 ADC 编码器时钟频率降低到 10MHz 以便于进行检查和故障排除，但是现在还是需要将其提高至 100MHz，以便示波器正常工作。因为执行了这项修改，所以 DCO 信号目前的频率为 40MHz。

两个样本数据信号 IN1A 和 IN1B 中的每一个都包含一系列与 DCO 同步的数据位。新数据位在 DCO 的连续上升沿和下降沿传输，称为双倍数据速率（double data rate，DDR）格式。通过使用 DDR，IN1A 和 IN1B 信号中的每一个都以 800Mbit/s 的速度传输数据，从而产生 1.6Gbit/s 的总数据速率。

ADC 还可以生成一个额外的时钟信号，称为帧时钟（frame clock），它指定 ADC 产生的每个 16 位样本的开始。遗憾的是，Artix FPGA 提供的串行到并行硬件——即所谓的解串器（deserializer）——不使用帧时钟。这意味着 FPGA 解串器捕获的每个样本都不会自然地与样本的开始对齐。虽然 ADC 样本可能会与解串器输出样本对齐，但更可能的是，需要将样本移动一定数量的位，才能将 ADC 样本与解串器样本对齐。

通过使用串行外设接口（serial peripheral interface，SPI）指定要从 ADC 输出的测试模式，我们可以检查解串器的输出并确定样本是否正确对齐。如果样本未对齐，则可以执行一次或多次 bitslip 操作来实现对齐。

FPGA 解串器硬件提供一个接口来请求 bitslip，每次调用 bitslip 时，它都会将解串器输出相对于传入的比特流移动一位的位置。bit 是位，slip 有“滑动”的意思，因此，bitslip 命令名称的本身就是对其操作含义的解释。

一般来说，将解串器输出与 ADC 采样流对齐可能需要 0～7 次 bitslip。每次用户命令示波器开始寻找触发时，样本对齐操作都会在 MicroBlaze 处理器的控制下进行，并且所用的时间不会超过几毫秒。

对齐过程完成后，MicroBlaze 固件将向 ADC 发送 SPI 命令，指示它开始通过串行接口传输其模拟输入的数字化样本。

现在可以将解串器添加到 FPGA 设计中。继续 oscilloscope-fpga 项目，该项目已经包含在本书第 8 章“首次给电路板通电”中所做的更新，下一步就是添加接口信号以接收从数字示波器电路板输入到 FPGA 的数据，并将它们馈送到一个解串器。

以下步骤可将这些功能添加到设计中。

（1）在 Vivado 中打开 oscilloscope-fpga 项目。该项目必须包括第 8 章“首次给电路板通电”中所做的更新。

（2）打开块设计。

（3）右击原理图的背景并选择 Add IP（添加 IP）选项。

（4）在搜索框中输入 selectio 并将 SelectIO Interface Wizard（选择输入输出接口向导）块添加到图中。

（5）双击原理图上的新 SelectIO Interface Wizard（选择输入输出接口向导）块以打开其配置对话框。

（6）在 SelectIO Interface Wizard（选择输入输出接口向导）模块的 Data Bus Setup（数据总线设置）选项卡中，执行以下操作。

- 将 Data Rate（数据速率）设置为 DDR。
- 选中 Serialization Factor（序列化因子）旁边的复选框并将序列化因子设置为 8。
- 将 External Data Width（外部数据宽度）设置为 2。
- 在 I/O Signaling（输入/输出信号）下，将 Type（类型）设置为 Differential 并将 Standard（标准）设置为 TMDS 33。

- ❑ 验证 Serialization Factor（序列化因子）仍然是 8（如果它已被重置为不同的值，则将其改回 8）。
- ❑ 单击 OK（确定）按钮。

（7）在 SelectIO Interface Wizard（选择输入输出接口向导）模块上，单击 diff_clk_in 旁边的+以显示时钟输入引脚。按 Ctrl+K 快捷键创建外部输入。在出现的对话框中，将端口名称设置为 dco_p，将 Type（类型）设置为 Clock，并将 Frequency(MHz)设置为 400。将此引脚连接到 SelectIO Interface Wizard（选择输入输出接口向导）模块上的 clk_in_p 引脚。重复这些步骤以创建连接到 clk_in_n 引脚的 dco_n 输入。

（8）添加两个 Concat（连接）模块，每个模块都有两个输入，并将它们的输出连接到 SelectIO Interface Wizard（选择输入输出接口向导）模块的 data_in_from_pins_p[1:0]和 data_in_from_pins_n[1:0]引脚。创建 4 个连接到 Concat（连接）模块输入的 Data 类型的外部输入。为端口分配名称，如图 9.2 所示。

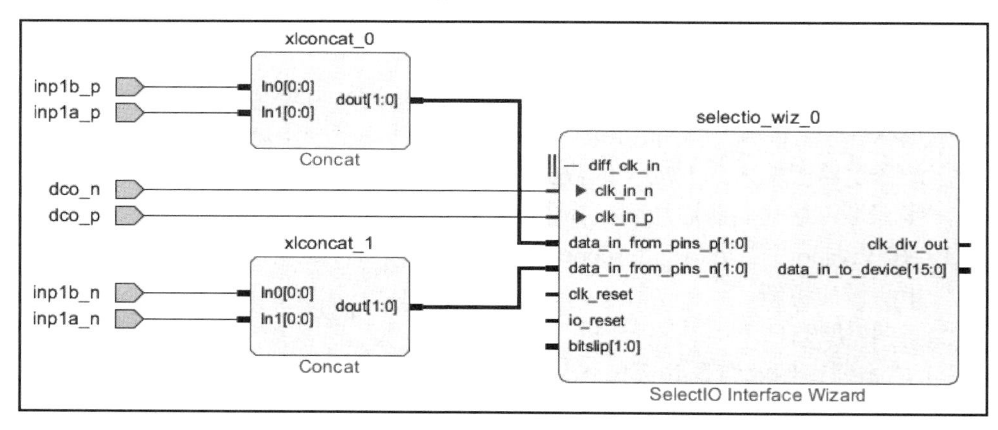

图 9.2　差分输入信号

（9）将以下代码添加到 arty.xdc 约束文件以定义输入信号的引脚连接：

```
# Pmod Header JB
set_property PACKAGE_PIN E15    [get_ports in1a_p]
set_property IOSTANDARD TMDS_33 [get_ports in1a_p]
set_property PACKAGE_PIN D15    [get_ports dco_p]
set_property IOSTANDARD TMDS_33 [get_ports dco_p]
set_property PACKAGE_PIN J17    [get_ports in1b_p]
set_property IOSTANDARD TMDS_33 [get_ports in1b_p]
```

（10）编辑 adc_interface.vhd 并将 SelectIO Interface Wizard（选择输入输出接口向导）模块所需的传入数据和复位输出信号添加到端口列表中：

```
entity adc_interface is
  port (
    adc_enc                 : in std_logic;
    clk_div                 : in std_logic;
    adc_data                : in std_logic_vector(15 downto 0);

    enc_p                   : out std_logic;
    enc_n                   : out std_logic;
    clk_1khz_out            : out std_logic;
    clk_r                   : out std_logic;
    io_r                    : out std_logic
  );
end entity;
```

（11）在该架构定义的开头添加以下代码行：

```
architecture Behavioral of adc_interface is
  signal clk_1khz       : std_logic;
begin
  process(adc_enc)
    variable clk_count : integer := 0;
  begin
    if rising_edge(adc_enc) then
      clk_r <= '0';
      io_r <= '0';

      if clk_count < 200 then
        if clk_count < 10 then
          null;
        elsif clk_count < 50 then
          clk_r <= '1';
        elsif clk_count < 100 then
          null;
        elsif clk_count < 150 then
          io_r <= '1';
        else
          null;
        end if;

        clk_count := clk_count + 1;
      end if;
    end if;
  end process;
```

上述代码可以生成 SelectIO Interface Wizard（选择输入输出接口向导）模块所需的复位信号。

（12）保存对 adc_interface.vhd 文件的更改。系统将提示你刷新已更改的模块。单击指示的位置执行刷新，然后如图 9.3 所示连接输入和输出。创建一个 Constant（常量）模块，设置其宽度为 2，Const Val（常量值）为 00，并将其输出连接到 SelectIO Interface Wizard（选择输入输出接口向导）模块的 bitslip[1:0]输入。这是在我们实现 bitslip 接口之前避免出现警告的临时输入。

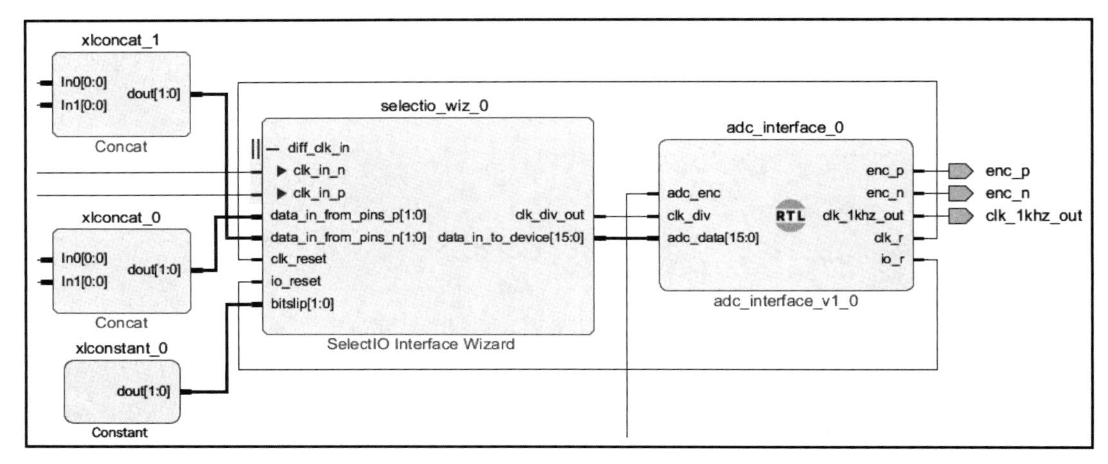

图 9.3　SelectIO Interface Wizard（选择输入输出接口向导）连接

上述步骤添加了一个解串器，以 100MHz 的速率向 adc_interface_v1_0 模块中的代码输出 16 位 ADC 样本。

由于不能假设样本到 DDR3 内存的传输始终与此数据速率保持同步，因此，下一步是将样本临时存储在先进先出（first-in-first-out，FIFO）缓冲区中。这是必要的，因为到 DDR3 内存的数据传输使用与 MicroBlaze 处理器相同的总线，这会在多个主设备尝试同时访问总线期间引入延迟。FIFO 缓冲区的意义在于，即使暂时无法访问 DDR3 内存，也允许样本继续到达而不会中断传输。

9.2.3　添加 FIFO 缓冲区

使用以下步骤添加 FIFO 缓冲区。

（1）右击原理图背景并选择 Add IP（添加 IP）选项。

（2）在搜索框中输入 FIFO。从出现的列表中选择 FIFO Generator（FIFO 生成器）

并将其添加到原理图中。

（3）双击新添加的 FIFO Generator（FIFO 生成器）模块，然后执行以下操作。

- 在 Basic（基础）选项卡中，将 FIFO Implementation（FIFO 实现）设置为 Independent Clocks Block RAM。
- 在 Native Ports（原生端口）选项卡中，选择 First Word Fall Through，将 Write Width（写入宽度）设置为 32，并将 Write Depth（写入深度）设置为 32768。取消选中 Reset pin（复位引脚）旁边的复选框。
- 在 Status Flags（状态标志）选项卡中，将 Programmable Full Type（可编程全类型）设置为 Single Programmable Full Threshold Constant，将 Full Threshold Assert Value（全阈值断言值）设置为 8192。
- 单击 OK（确定）按钮。

（4）将 3 个 FIFO 输出添加到 adc_interface 实体定义，具体代码如下：

```
entity adc_interface is
  port (
    adc_enc               : in std_logic;
    clk_div               : in std_logic;
    adc_data              : in std_logic_vector(15 downto 0);

    enc_p                 : out std_logic;
    enc_n                 : out std_logic;
    clk_1khz_out          : out std_logic;
    clk_r                 : out std_logic;
    io_r                  : out std_logic;
    adc_fifo_wr_en        : out std_logic;
    adc_fifo_wr_ck        : out std_logic;
    adc_fifo_din          : out std_logic_vector(31 downto 0)
  );
end entity;
```

（5）在 adc_interface 的架构中添加以下代码块：

```
process(clk_div)
  variable adc_data_bits : std_logic_vector(15 downto 0);
  variable half : integer := 0;
  variable fifo_stage : std_logic_vector(31 downto 0);
  variable test_counter : integer := 0;

  constant half_offset : integer := 16;
  constant write_test_data : std_logic := '1';
```

```
begin
  -- The a channel contains odd bits (1,3,5,7,9,11,13)
  -- The b channel contains even bits (0,2,4,6,8,10,12)
  if falling_edge(clk_div) then
    adc_data_bits( 0) := adc_data(12);
    adc_data_bits( 1) := adc_data(13);
    adc_data_bits( 2) := adc_data(10);
    adc_data_bits( 3) := adc_data(11);
    adc_data_bits( 4) := adc_data( 8);
    adc_data_bits( 5) := adc_data( 9);
    adc_data_bits( 6) := adc_data( 6);
    adc_data_bits( 7) := adc_data( 7);
    adc_data_bits( 8) := adc_data( 4);
    adc_data_bits( 9) := adc_data( 5);
    adc_data_bits(10) := adc_data( 2);
    adc_data_bits(11) := adc_data( 3);
    adc_data_bits(12) := adc_data( 0);
    adc_data_bits(13) := adc_data( 1);
    adc_data_bits(14) := adc_data(14);
    adc_data_bits(15) := adc_data(15);

    -- Copy the ADC readings into the 32-bit FIFO buffer
    adc_fifo_wr_en <= '1';

    case half is
    when 0=>
      if write_test_data = '1' then
        adc_fifo_din <= std_logic_vector(
          to_unsigned(test_counter, 32));
        test_counter := test_counter + 1;
      else
        adc_fifo_din <= fifo_stage;
      end if;
      fifo_stage((1*half_offset - 1)
        downto (0*half_offset)) := adc_data_bits;
      adc_fifo_wr_ck <= '0';
      half := 1;
    when 1=>
      fifo_stage((2*half_offset - 1)
        downto (1*half_offset)) := adc_data_bits;
      adc_fifo_wr_ck <= '1';
      half := 0;
```

```
    when others =>
      null;
    end case;
  end if;
end process;
```

上述代码可接收解串后的样本，将两个连续样本放入一个 32 位字中，并将该字写入 FIFO 缓冲区。在测试模式下（当 write_test_data 设置为 1 时），它改为将递增的 32 位数字写入 FIFO 缓冲区。测试模式允许验证从 FIFO 缓冲区开始的所有数据传输步骤是否正常工作，并且没有样本丢失或重复。

接下来，我们将在 FIFO 的另一侧添加一个接口，用于从 FIFO 缓冲区读取数据并将其传输到 DDR3 内存。

9.2.4　添加 AXI 总线接口

Xilinx FPGA 架构和 MicroBlaze 软处理器支持称为高级可扩展接口（advanced extensible interface，AXI）的总线结构。AXI 提供了一个高速、并行、多主控通信接口，可以在 FPGA 芯片内运行。

开发人员可以使用 AXI 来定义与 MicroBlaze 软处理器和其他系统组件（如 DDR3 内存）接口的外围设备。在我们的设计中，AXI 的主要功能是允许将从 FIFO 缓冲区中提取的 ADC 样本传输到 DDR3 内存中。由于 MicroBlaze 处理器同时访问 DDR3 以处理其代码和数据，因此可以通过 AXI 的仲裁功能来为将 ADC 样本可靠地传输到 DDR3 提供支持。

要将外设添加到 AXI 总线以支持将数据写入 DDR3 内存，请按以下步骤操作。

（1）在原理图仍然打开的情况下，执行以下操作。

- ❑ 在 Vivado Tools（工具）菜单中选择 Create and Package New IP（创建并封装新 IP）选项，单击 Next（下一步）按钮。
- ❑ 选择 Create AXI4 Peripheral（创建 AXI4 外设）选项，单击 Next（下一步）按钮。
- ❑ 在 Peripheral Details（外设详细信息）页面中，输入名称为 adc_bus_interface，然后单击 Next（下一步）按钮。
- ❑ 将 Interface Type（接口类型）设置为 Full，将 Interface Mode（接口模式）设置为 Master，单击 Next（下一步）按钮。
- ❑ 单击 Finish（完成）按钮。

（2）右击原理图背景并选择 Add IP（添加 IP）选项。在搜索框中输入 adc_bus，然后选择 adc_bus_interface_v1.0 并将其添加到原理图中。

（3）单击 Run Connection Automation（运行连接自动化）按钮。选中 All Automation

（所有自动化）复选框。单击左侧列中的 rd_clk 并将 Clock Source（时钟源）更改为 /mig_7series_0/ui_clk (83 MHz)。单击 OK（确定）按钮。

（4）右击 adc_bus_interface_0 模块并选择 Edit in IP Packager（在 IP 封装程序中编辑）选项，这将打开 Vivado 的新副本。

（5）在新打开的 Vivado 中，展开 Design Sources（设计源）并打开主控文件（文件名中带有 M00 的文件）。

（6）将 C_M_TARGET_SLAVE_BASE_ADDR 更改为 x"80000000"，并将 C_M_AXI_BURST_LEN 设置为 256。从端口列表中删除 INIT_AXI_TXN、TXN_DONE 和 ERROR，并将它们添加为 architecture 部分中的信号定义。保存该文件。

（7）编辑 adc_bus_interface_v1_0.vhd 文件。删除在步骤（6）中作为端口删除的 3 个信号的所有引用。保存该文件。

（8）选择 Package IP - adc_bus_interface 选项卡。在 Packaging Steps（封装步骤）下，从上到下单击每个没有绿色复选标记的项目，然后单击黄色栏中的任何操作以合并相应的更改。作为最后一步，单击 Packaging Steps（封装步骤）下的 Review and Package（检查并封装）。单击 Re-Package IP（重新封装 IP）按钮，然后在出现提示时单击 Yes（是）按钮关闭项目。

（9）返回原始 Vivado 项目，单击黄色栏中的 Show IP Status（显示 IP 状态），如果出现的是 Report IP Status（报告 IP 状态），则同样可以单击它。如有必要，可单击 Rerun（重新运行），然后单击底部的 Upgrade Selected（升级选定项）。出现提示时，单击 Generate（生成）以生成输出结果。

上述步骤添加了一个包含示例代码的 AXI 总线主控组件，该组件可以将一组连续的数值写入一系列内存。然后，该组件从内存中读回数据并验证读取的值是否与写入的值匹配。

我们的应用程序需要对该示例代码进行大量修改，以从我们在本章前面创建的 FIFO 缓冲区读取数据并将其写入 DDR3 内存中的适当地址。该组件还将用作 MicroBlaze 处理器的接口，用于接收触发配置数据以及启动和停止数据收集的命令。

本章不会深入研究实现数字示波器功能的 FPGA 代码。这样的代码很多，但详细讨论该代码并不涉及与高性能嵌入式系统开发相关的任何新的基本概念，因此，你可以通过 9.1 节“技术要求”中提供的本书配套网址获得该代码以作为参考。你现在应该有足够的 Vivado 和 VHDL 背景知识来理解实现其余示波器功能的代码。

MicroBlaze 固件中还包含一项主要功能：网络通信协议。该协议支持 Arty 开发板与运行在网络上的潜在远程计算机上的主机应用程序之间进行通信。因此，接下来我们将讨论如何添加此功能。

9.3　添加 MQTT 协议

在 5.4 节“示波器 FPGA 项目”中，开发了示波器应用程序的初始版本，其中包括了在本地网络环境中演示的 TCP/IP 回显服务器。本节将在此代码的基础上添加对使用 MQTT 协议进行通信的支持。

9.3.1　关于 MQTT 协议

MQTT 是一种基于发布-订阅（publish-subscribe）范式的通信协议，它旨在支持机器对机器的通信。在 MQTT 发布-订阅通信系统中，一个或多个信息发布者（publisher）将数据打包成消息，并在关联的主题下发布消息。主题（topic）是标识消息类别的字符串。订阅者（subscriber）通过向代理提供主题名称来识别它们感兴趣的类别。MQTT 代理（broker）是一个中心化服务器应用程序，所有发布者和订阅者都需要与之通信。所有 MQTT 通信都通过代理进行。订阅者和发布者之间不直接交互。

图 9.4 显示了 MQTT 在基于网络的数字示波器实现中的应用。

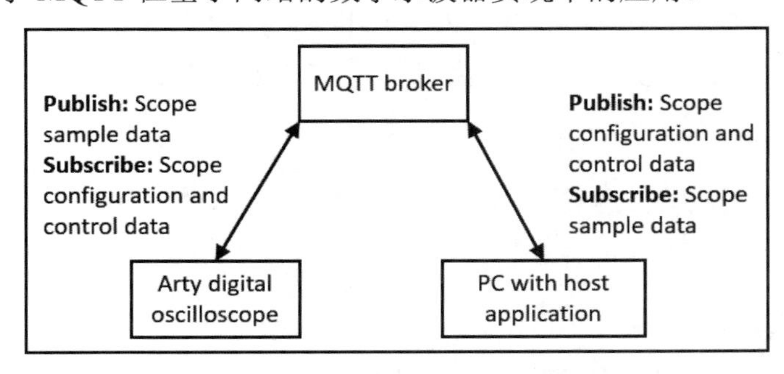

图 9.4　数字示波器通信架构

原　　文	译　　文
MQTT broker	MQTT 代理
Publish: Scope sample data	发布：示波器采样数据
Subscribe: Scope configuration and control data	订阅：示波器配置和控制数据
Arty digital oscilloscope	Arty 数字示波器
Publish: Scope configuration and control data	发布：示波器配置和控制数据
Subscribe: Scope sample data	订阅：示波器采样数据
PC with host application	包含主机应用程序的 PC

MQTT 支持同时存在多个发布者和多个订阅者，它们都连接到同一个 MQTT 代理并发布和订阅一组公共主题。这意味着对于本示例使用 MQTT 接口的系统来说，可以让多个 PC 主机应用程序同时从单个示波器电路板上接收和显示捕获的示波器数据。

在图 9.4 所示的简单配置中，每个 PC 主机应用程序都能够向示波器发布配置和控制命令。如果多个用户试图同时控制示波器，那么这显然会造成混淆。因此，必须解决这种类型的通信挑战，才能在网络环境中实现设备的稳定可靠而又管理有序的操作。

这种程度的分布式系统管理当然是可行的，并且在物联网环境中也很常见，但是，有关分布式系统的构建超出了本章的讨论范围。我们的直接目标只是以图 9.4 所示方式为一个用户构建与数字示波器交互的能力。如果有多个用户同时使用示波器，则可以由他们自己来协调控制操作。

本示例使用的 MQTT 库将在 TCP/IP 网络环境中运行，这意味着图 9.4 所示的 3 个系统部分（示波器、主机 PC 和 MQTT 代理）可以位于同一个局域网上（甚至可能只使用一台 PC），也可以彼此之间远隔千山万水，仅通过互联网连接。

本示例中的 MQTT 以最简单的配置运行，不针对网络上的好奇或恶意行为者提供任何安全性。默认的通信方法不使用任何形式的加密或用户身份验证。MQTT 支持 TCP/IP 中可用的标准扩展来验证用户和加密通信。对于 MQTT 通信的初始迭代，我们不会解决通信安全问题。为避免通信安全问题，本小节中介绍的代码版本应仅在防止外部访问的本地网络上运行。MQTT 项目在以下网址提供了有关通信安全的详细信息。

https://mqtt.org/

默认情况下，Vitis 为此项目生成的库源代码包括 MQTT 协议的实现。有关 FreeRTOS 发行版中包含的 MQTT 实现的详细信息，请访问以下网址：

https://www.freertos.org/mqtt

本示例将添加对 MQTT 库函数的适当调用，以启用消息发布和订阅功能。MQTT 功能的初始实现是一个简单的文本字符串传输，该传输表明通信机制正在工作。本章不会详细介绍如何实现示波器数据传输。有关详细信息，请参阅本书配套网站上提供的源代码。

9.3.2　在添加 MQTT 协议时要解决的问题

以下要点总结了将 MQTT 添加到现有应用程序代码中必须解决的关键问题。

- lightweight IP（lwIP）和 FreeRTOS_IP 的选择：自动生成的回显服务器应用程序可使用 TCP/IP 的 lwIP 实现。lwIP 是 TCP/IP 协议套件中比较早期的实现，旨在用于资源受限的嵌入式系统。

最近，FreeRTOS 一直在开发针对 FreeRTOS 环境优化的 TCP/IP 实现。我们用来实现第一次网络通信迭代的 MQTT 示例代码依赖于 FreeRTOS_IP 的使用。

与将回显服务器代码从 lwIP 转换为 FreeRTOS_IP 不同，将 MQTT 示例代码移植到 lwIP 会更简单。lwIP 是一个强大且功能齐全的库，因此这样不会产生任何问题。当然，对于全新的开发工作，由于与 FreeRTOS 的集成，使用 FreeRTOS_IP 可能比使用 lwIP 更受欢迎。

- LWIP_DNS：回显服务器应用程序可使用动态主机配置协议（Dynamic Host Configuration Protocol，DHCP）为 Arty 开发板分配 IP 地址和其他网络详细信息。这适用于在本地网络上运行，但如果应用程序需要在 Internet 上运行，则 TCP/IP 栈必须支持域名系统（Domain Name System，DNS）以查找给定服务器的 IP 地址。例如，位于 http://test.mosquitto.org/的可公开访问的 MQTT 代理的 IP 地址为 5.196.95.208。DNS 服务将执行从 test.mosquitto.org 到 5.196.95.208 的转换。

  要在 lwIP 中包含 DNS，则必须在编译 lwIP 代码时定义预处理器符号 LWIP_DNS。你可以通过编辑项目中名为 Makefile 的文件对此进行设置（Makefile 文件位于 design_1_wrapper/microblaze_0/domain_microblaze_0/bsp）。

  具体设置方法如下：搜索文本 EXTRA_COMPILER_FLAGS 并在它出现的两个位置插入-DLWIP_DNS。进行此更改后，其周围的文本将显示如下：

```
EXTRA_COMPILER_FLAGS=-DLWIP_DNS -g -ffunction-sections
```

接下来，我们将讨论对本示例中使用的 MQTT API 的调用。

9.3.3 调用 MQTT API

在回显服务器应用程序的 main.c 文件中，main()函数启动一个名为 main_thrd 的线程，该线程可初始化 lwIP 库，并创建一个名为 NW_THRD 的线程——NW_THRD 其实是网络线程（network thread）的英文缩写。

NW_THRD 线程可配置 Arty 开发板以太网接口，启动一个线程来接收传入的数据包（这是 lwIP 所需的），并发出 DHCP 请求。主线程每 0.5s 检查一次 DCHP 操作是否完成。DHCP 操作成功完成后，主线程会启动另一个线程来运行名为 echod 的回显应用程序。

本示例将保留回显服务器功能，并将 MQTT 功能添加到应用程序中。我们将在主线程启动回显服务器后立即启动 MQTT 线程。

执行此操作的代码包括调用函数以启动 MQTT 演示：

```
vStartSimpleMQTTDemo();
```

vStartSimpleMQTTDemo()函数将启动一个名为 MQTTLWDemo 的线程，该线程可执行 MQTT 演示。

vStartSimpleMQTTDemo()函数的完整代码如下：

```
static void prvMQTTDemoTask(void * pvParameters)
{
    (void) pvParameters;

    int xMQTTSocket;
    const uint32_t ulMaxPublishCount = 5UL;

    for(;;)
    {
        xMQTTSocket = prvCreateTCPConnectionToBroker();
        prvCreateMQTTConnectionWithBroker(xMQTTSocket);
        prvMQTTSubscribeToTopic(xMQTTSocket);
        prvMQTTProcessIncomingPacket(xMQTTSocket);

        for(uint32_t ulPublishCount = 0;
                ulPublishCount < ulMaxPublishCount;
                ulPublishCount++)
        {
            prvMQTTPublishToTopic(xMQTTSocket);
            prvMQTTProcessIncomingPacket(xMQTTSocket);
            vTaskDelay(pdMS_TO_TICKS(mqttexampleKEEP_ALIVE_DELAY));

            prvMQTTKeepAlive(xMQTTSocket);

            prvMQTTProcessIncomingPacket(xMQTTSocket);
        }

        prvMQTTUnsubscribeFromTopic(xMQTTSocket);
        prvMQTTProcessIncomingPacket(xMQTTSocket);
        prvMQTTDisconnect(xMQTTSocket);
        prvGracefulShutDown(xMQTTSocket);

        vTaskDelay(pdMS_TO_TICKS(
                mqttexampleDELAY_BETWEEN_DEMO_ITERATIONS));
```

```
    }
}
```

此代码位于 mqtt_task.c 中。它在无限循环中执行以下操作序列。

（1）调用 prvCreateTCPConnectionToBroker()，这是在 mqtt_task.c 中定义的。该函数可调用 lwIP 函数来创建 TCP 套接字，并建立一个 TCP 连接，连接到已定义的代理（该代理由 mqttexampleMQTT_BROKER_ENDPOINT 预处理器符号定义）。端点可以定义为文本形式的 IP 地址（如 192.168.1.177）或域名（如 test.mosquitto.org）。

（2）调用 prvCreateMQTTConnectionWithBroker()创建到代理的 MQTT 连接。该函数在 mqtt_task.c 中定义。

（3）调用 prvMQTTSubscribeToTopic()订阅 mqttclient/example/topic 主题名称。主题名称是使用多级语法的字符串，其中的级别由/字符分隔。在至少有一个客户端（订阅者或发布者）创建它们之前，代理上不存在主题名称。后续对 prvMQTTProcessIncomingPacket()的调用将从代理接收对订阅请求的响应。

（4）后续循环执行 5 个发布操作，每个操作都发送消息 Hello Light Weight MQTT World！到代理，再由代理将其传递给相应主题的任何订阅者。

（5）完成 5 个发布操作后，调用 prvMQTTUnsubscribeFromTopic()删除主题订阅。后续语句与 MQTT 代理断开连接并关闭 TCP 套接字。在一个延迟之后，执行返回到步骤（1），在无限循环中重复整个序列。

某些读者可能不熟悉(void) pvParameters;这种语句。实现 FreeRTOS 任务的函数必须接受 void * pvParameters 形式的参数。这允许将任何类型的数据传递给任务供其内部使用。如果你不需要将任何数据传递到任务中，那么你可以向代码的读者表明，你不打算使用带有 (void) pvParameters;语句的参数。此语句会导致读取参数的值，但随后不执行任何操作。

要演示此代码，你需要在本地机器上设置代理。Eclipse 项目提供了一个优秀的开源 MQTT 代理。你可以在以下网址下载适用于 Windows、Linux 或 Mac 的相应发行版本：

http://mosquitto.org/download/

完成安装后，如果你使用的是 Windows 操作系统，则以下命令将启动在默认 TCP 端口号 1883 上运行的代理：

```
C:\>"C:\Program Files\mosquitto\mosquitto.exe"
```

Vitis 项目中的 mqtt_profile.h 文件包含代理端点的定义。确定运行 MQTT 代理的系统的 IP 地址，然后将应用程序配置为使用该地址，并使用类似于以下内容的行。将以下显示的 IP 地址替换为运行 MQTT 代理的系统的 IP 地址：

```
#define mqttdemoprofileBROKER_ENDPOINT "192.168.1.177"
```

重新构建代码并将代码下载到 Arty 开发板后，运行应用程序并观察 Vitis 串行终端窗口中指示成功连接和消息发布的消息。

你可以在你的 PC（或本地网络上的另一个系统）上运行 MQTT 订阅者，并显示 Arty 开发板发布的消息。执行以下类似命令即可订阅和显示消息：

```
"C:\Program Files\mosquitto\mosquitto_sub" -h 192.168.1.177 -t
mqttclient/example/topic
```

本示例建立了一个极简 MQTT 功能，可用作开发数字示波器应用所需的完整双向通信功能的起点。

9.4 节将讨论开发和采用一组一致的规则来格式化固件源代码的必要性，以确保源代码按预期执行且容易维护。

9.4 编码风格

C 和 C++编程语言具有许多强大的功能，但它们相对于其他语言也更加难以掌握，开发人员编写的代码可能会在以后表现出严重的错误行为。通过遵循一组编码风格规则，你可以大大增加代码按预期执行的可能性，更重要的是，对于未来的维护者来说，代码将更易于阅读和理解。

当然，仅仅遵循一组风格指南并不能保证你的代码没有错误。编码风格规则的一致应用只是有效固件开发过程的一部分，包括彻底的测试和严格的版本控制。

本节列出了一些适用于 C 和 C++的基本编码风格指南。类似的规则也可以应用于你所使用的其他编程语言，如 VHDL 和 C#。

当多个开发人员在同一个项目上工作时，他们应该遵循相同的风格指南。这将使每个开发人员都可以轻松理解其他人编写或修改的代码。

9.4.1 命名规则

在为源文件、函数、数据类型和变量等代码构件选择名称时，最好选择一个描述性名称。只要做到准确无误，名称长一些并不是问题。

- 函数名称作为一个短语应说明该函数的作用。
- 指示布尔（真/假）条件的变量名称应说明其值为真的含义。
- 全局变量应该采用大写形式，以区别于局部变量。

例如，对于全局变量建议使用驼峰命名法（CamelCase），而对于局部变量则建议使用蛇形命名法（snake_case）。

以下是描述性变量名称的一些示例。

- BatteryCharge。
- TimeSinceLastByteRcvd。
- input_data_valid。

最后一个是布尔变量，其中 TRUE 状态表示输入数据有效。

以下是描述性函数名称的一些示例。

- ComputeBatteryCharge。
- SetDisplayBrightness。
- ReadTemperatureAdc。

9.4.2 代码中的注释

最好尽量减少对源代码中的解释性注释的需要。如果你编写的函数执行单个逻辑操作，语句简洁明了，并且为代码工件命名时能够明确指示它们包含的信息类型或它们实现的功能，那么你的代码质量将更上层楼，也无须注释来解释代码的作用。

当然，这并不意味着应该完全消除代码注释的使用，特别是经常存在无法以不言自明的方式与硬件设备交互的情况。在此类代码中应添加注释以阐明其功能。

由于任何体量较大的代码库都经历了错误修复和新功能的添加等过程，因此，注释提供的代码描述与实际实现背道而驰是很常见的。发生这种情况时，注释就会产生负面的作用，因为它提供了有关代码的不准确信息。为了避免这种情况，开发人员必须积极维护注释文本，其强度与维护代码本身的强度相同。

9.4.3 避免文字数值

最好避免在整个代码中使用文字数值（如 520 之类）。相反，你可以考虑一个有意义的名称来给出数字并创建一个常量来保存该名称下的值。

9.4.4 花括号、缩进和垂直间距

C 和 C++并不强制要求任何特定的源代码布局，只要正确的元素由某种形式的空格分隔即可。这意味着开发人员应该以一种井井有条的格式排列代码，这样可以提供尽可能多的关于其逻辑结构的视觉信息，以便理解。

C 和 C++将代码段封装在函数内的块中以及 if/else 和 for 循环等语句内。有若干种不同的方法来排列这些块的左花括号（{）字符。要将此字符放置在最佳位置，最常见的建议是将其单独放在函数定义或语句类型之后的行上。以下代码来自本章前面的 9.3 节“添加 MQTT 协议”中的示例代码，它应该可以清楚地说明这种组织方式：

```
static void prvMQTTDemoTask(void * pvParameters)
{
    (void) pvParameters;

    int xMQTTSocket;
    const uint32_t ulMaxPublishCount = 5UL;

    for(;;)
    {
        ...
    }
}
```

在代码块的每一级应该使用一致的缩进方式。此处的 C 代码示例使用了 4 个空格作为每个块级别的附加缩进。关于缩进应该使用制表符还是空格并没有普遍的共识。我的偏好是使用空格，因为这样我知道代码在不同的编辑应用程序中打开时会有同样的显示效果。

你还应该使用空行来分隔函数内的代码段。代码段（code paragraph）是指为共同目的而工作的一系列顺序语句。本章 9.3 节“添加 MQTT 协议”中的示例代码即包含多个代码段。避免按顺序插入多个空行。过多的垂直空白将限制你可以在屏幕上显示的代码量。

9.4.5　优先考虑可读性和正确性

源代码最重要的属性是它对读者的清晰性。如果你无法理解代码的作用，那么该代码是否正常工作并不重要——因为这样的代码是不可维护的。

你必须能够阅读和理解代码，然后才能进行修改和改进。所有其他问题，如执行效率和资源消耗的最小化等，都必须被视为较低的优先级。

如果代码清晰易懂，那么你就可以确定它是否实现了开发人员的意图。当你进行更改以修复错误和增强功能时，不断评估你所做更改的清晰度至关重要。

在完成了一系列更改之后，你可以为发布新版本做准备，但重要的是要从整体上审查你的工作。这个过程应做到全面充分，你可以查看代码中所做的所有更改，以确保代码清晰、可读和一致。

从具体步骤上来说，可以包括如下 4 个方面。

（1）验证你创建的任何名称是否准确无误。

（2）确保适当的垂直间距，包括分隔成代码段。

（3）确认任何可能受你的更改影响的注释都已更新。

（4）检查缩进以验证每个代码块位于正确的水平位置。

只有在完成上述审查后，才可以考虑提交代码以进行进一步的测试。

9.4.6　避免过早优化

现代编程语言的编译器非常擅长优化工作。这意味着在大多数情况下，开发人员不应该花费精力试图通过他们认为会有所帮助的小调整来提高其代码的本地效率。

例如，如果你需要将一个整数值除以 4，程序员有时会将除法运算符替换为右移两位的算法。他们这样做是因为他们知道，处理器可以在比整数除法指令少得多的时钟周期内执行右移指令。

这种逻辑的问题在于，编译器已经知道这一点，如果启用了优化，那么它将为你进行这种替换，并且会同时进行 10 项你可能从未想到过的其他性能增强。

如果被移位的值恰好为负，则使用右移替代除法反而可能出现错误。因此，所有的优化实际上是弄巧成拙。所以，如果你需要除法，则在代码中直接使用除法运算符即可，编译器会为你完成优化工作，它比你更擅长。

当然，这并不是说开发人员不应该考虑代码中使用的算法的性能影响。特别是，为在长度为 N 的数组中搜索值之类的操作选择算法时，选择复杂度为 $\log(N)$的算法而不是复杂度为 N 的算法显然要明智得多，前者堪称成功，后者根本就是失败。

9.4.7　避免由实现定义的行为

C 和 C++语言的许多方面都没有完全标准化，其文档说明中也有很多由实现定义的行为（implementation-defined behavior）或未定义的行为（undefined behavior）。对于编程语言来说，由实现定义的行为实际上就是留给编译器开发人员来确定；而未定义的行为就是语言标准尚未解决的方面，编译器可以按它选择的任何方式自由响应未定义功能的使用。

在编写旨在可移植和可维护的代码时，重要的是尽可能避免使用由实现定义的行为和未定义的行为。

你可能会惊讶地发现，字节中的位数不是由 C 语言定义的。大多数处理器和编译器使用标准的 8 位字节，但你不能假设在将代码移植到其他系统时总是如此。

应该避免的最常见的实现依赖可能是预定义数据类型的大小，如 int、short 和 long。为了增强可移植性，最好#include C stdint.h 头文件（或 C++中的 cstdint）以定义一组指定宽度的整数数据类型。该文件将 uint8_t 类型定义为无符号 8 位整数类型，将 int16_t 定义为有符号 16 位整数类型。该头文件中定义了宽度为 8、16、32 和 64 位的有符号和无符号整数类型。

在 C 和 C++语言中还有许多其他类型的由实现定义的行为和未定义的行为。使用静态源代码分析（详见本章 9.5 节“静态源代码分析”）可以指出代码中出现的这些问题，即使你的编译器毫无怨言地接受了代码。

9.4.8　避免无条件跳转

应该完全避免使用 goto 语句来转移执行控制。过度使用 goto 语句会导致被嘲笑为意大利面条式代码（spaghetti code）。意大利面条像螺旋一样转来转去，自然，“意大利面条式代码”就是指控制在没有任何合理理由的情况下从一个地方跳到另一个地方。

一般来说，我们可以形成一个结构清晰的代码，无须诉诸无条件跳转即可执行所需的操作序列。相同的逻辑适用于在循环中不当使用 break 和 continue 语句，因为这些语句可能用于执行无条件跳转。

9.4.9　最小化标识符的作用域

标识符的作用域应仅限于需要访问它们的代码。这包括诸如变量定义、类型定义和函数定义之类的语言特性。当我们谈论全局变量时，指的是在任何函数之外定义的变量。

当在源文件中定义函数或全局变量时（特别要指出的是，不包括 static 关键字），该函数或变量在作用域内自动成为全局变量，因此，它们可以被编译到同一应用程序中的所有代码访问。即使其他应用程序源文件没有明确声明全局项，也是如此。

为了避免将变量和函数放置在应用程序的全局地址空间中，可以使用 static 关键字将它们的作用域限制为当前源文件。

下面的代码演示了一个全局变量和函数的示例，它们的作用域仅限于当前文件：

```
static int32_t BatteryCharge;

static void ComputeBatteryCharge()
{
    ...
}
```

请注意，在函数内声明 static 变量意味着该变量在两次调用函数之间保留其值。函数内的静态变量的作用域仅限于当前函数，就像函数内定义的非静态变量一样。非静态变量也称为自动变量（automatic variable）。

9.4.10　将不变的事物指定为常量

如果函数的指针参数仅用于读取指针引用的数据，则该参数应声明为指向 const 的指针。这可以让函数的用户清楚地知道指向的数据不会被函数修改。

如果函数的代码尝试修改数据，则会导致编译器生成错误消息。

例如，以下函数签名表示该函数不会修改 list 数组：

```
uint16_t BinarySearch(const uint16_t list[], uint16_t size, uint16_t key);
```

相同的逻辑可扩展到所有变量的定义。如果变量在创建时被赋值并且该值永远不会改变，则应将其声明为 const。

9.4.11　自动代码格式化程序

与放置花括号和正确缩进语句块相关的大部分工作都可以通过使用源代码格式化软件来自动化。许多现代的代码编辑器都包含执行源代码自动格式化的功能。例如，在 Vitis 中，可以选择要格式化的代码并按 Shift+Ctrl+F 组合键。如果你不喜欢格式化程序使用的规则，则可以选择 Window（窗口）| Preferences（首选项）选项，然后选择 Additional（其他）| C/C++ | Code Style（代码风格）部分并修改格式规则。

虽然自动代码格式化很有帮助，但它只会改变整个代码中的空白部分。在命名规则、将变量声明为 static 或 const 等方面，仍然取决于你使用正确的方法。

接下来，我们将讨论静态源代码分析，它提供了一种综合功能来识别源代码中的细微问题，甚至无须运行代码即可做到这一点。

9.5　静态源代码分析

顾名思义，静态源代码分析将检查计算机程序的源代码，并可提供它在代码中识别的问题的报告。

9.5.1　关于静态代码分析

静态源代码分析器在某些方面类似于相同编程语言的编译器。这两种工具都将为程序提取源代码并根据相关编程语言（在当前讨论中为 C 或 C++）的规则对其进行处理。

这两种工具的区别在于，编译器旨在生成可执行代码，实现合法源代码中定义的逻辑，而源代码分析器则将对代码进行广泛的评估，通常远远超出编译器的评估范围，并分析代码是否符合冗长的规则列表。

源代码分析器的输出是一组消息，表明它在代码中发现的潜在问题。然后由开发人员检查与每条消息关联的源代码，以确定是否需要进行更改以使代码符合分析器的规则。

9.5.2　静态代码分析工具

lint 的原始版本于 1978 年作为 UNIX 操作系统的静态 C 源代码分析器开发，以突出显示与不同处理器架构之间的源代码可移植性相关的问题。

今天，有许多类似 lint 的商业工具可用，它们提供了很强大的功能，可用于检测 C 和 C++代码中存在的各种问题。常见的一些工具列表如下。

- LDRArules：这是一个独立的基于规则的源代码检查器。它可以强制执行行业标准规则，例如，汽车工业软件可靠性协会（Motor Industry Software Reliability Association，MISRA）编码标准以及用户定义的规则。其网址如下：

  https://ldra.com/automotive/products/ldrarules/

- PC-lint Plus：对 C 和 C++源代码进行全面的静态分析。它可以检查是否符合行业标准，如 MISRA。其网址如下：

  https://www.gimpel.com/

- Clang-Tidy：这是一个 C++源代码分析工具，它将执行大量检查并建议修复以解决问题。其网址如下：

  http://clang.llvm.org/extra/clang-tidy/

- RSM：这是一个源代码质量分析工具，用于分析 C、C++和其他语言。RSM 衡量的是软件指标，如代码行数和代码复杂性。其网址如下：

  http://msquaredtechnologies.com/

- ÉCLAIR：这是一个静态源代码分析器，它执行基于规则的分析，并可以自动生成代码，为分析的代码实现测试用例。其网址如下：

  https://www.bugseng.com/

尽管上述每一个工具都有自己的特性和学习曲线，但为了演示实际示例，后续部分将使用 PC-lint Plus。

说明：

汽车工业软件可靠性协会（MISRA）是一个汽车行业合作组织，旨在促进开发用于道路车辆的电子系统的最佳实践。其网址如下：

https://www.misra.org.uk

MISRA 发布了在汽车电子系统中使用 C 和 C++的标准。这些标准中的每一个都包含一组规则，其中，许多规则可以通过静态源代码分析工具的不合规错误消息来强制执行。

接下来，我们将列出有效使用源代码分析工具的一些建议。

9.5.3　高效使用静态代码分析

在开始使用静态源代码分析工具时，如果你仅有少量代码，那么操作会很简单，但是，如果你需要分析大量现有代码，那么就必须以有条不紊的方式进行，否则出现的问题可能会让你感到一团乱麻，因为仅对一般大小的源文件集合运行源代码分析器就可以生成数百甚至数千条具有不同严重性级别的消息。

那么问题来了，对于千头万绪的局面，究竟应该从哪里开始呢？

9.5.4　使用现有代码

在对代码进行第一次分析之前，你通常需要做一些配置工作。这可能包括为编译器设置工具并指定编译器搜索库头文件的#include 路径。

此外，你还必须为该工具提供编译期间使用的预处理器符号的定义。

一些源代码分析工具包括对至少部分自动化此过程的支持。例如，PC-lint Plus 包含一个 Python 配置程序，该程序要求你安装 Python 及其 regex 和 pyyaml 模块。如果你没有这些工具，直接对其进行安装也很简单。

要执行配置，你必须确定编译器可执行文件的目录位置。从 Vitis 编译期间生成的控制台消息中，可以看到编译器文件名为 mb-gcc.exe。在 Xilinx 安装位置下的目录搜索会在 C:\Xilinx\Vitis\2020.1\gnu\microblaze\nt\bin 中找到此文件。

安装 Python 并将 PC-lint Plus 可执行文件的路径添加到 Windows PATH 变量后，接下来要做的就是确定最适合你的编译器的编译器系列。以下命令列出 PC-lint Plus 支持的编译器系列：

```
pclp_config.py --list-compilers
```

从出现的列表中，选择 gcc 作为 Vitis 编译器的合适系列。

以下命令将生成 PC-lint Plus 与 Vitis 所使用的 gcc 编译器一起工作所需的配置文件：

```
pclp_config.py --compiler=gcc --compiler-bin="C:\Xilinx\
Vitis\2020.1\gnu\microblaze\nt\bin\mb-gcc.exe" --config-output-lnt-
file=co-gcc.lnt --config-output-header-file=co-gcc.h
--generate-compiler-config
```

该命令可生成两个文件，一个是包含编译器所使用的预处理器定义列表的 C 头文件（co-gcc.h）；另一个是包含一组配置设置的 PC-lint Plus 配置文件（co-gcc.lnt），它可以将源代码分析与编译器和目标处理器相匹配。这两个文件需要放在包含 Vitis 应用程序源代码的目录中。

接下来，还需要创建一个包含项目特定配置信息的 PC-lint Plus 配置文件，例如系统库目录之外的附加 include 目录和用于限制输出消息严重性级别的选项设置。此文件的内容如下所示：

```
co-gcc.lnt                // 包括编译器配置

-max_threads=4            // 启用并行处理

// 项目#include 文件路径
-IC:/Projects/oscilloscope-software/design_1_wrapper/export/
design_1_wrapper/sw/design_1_wrapper/domain_microblaze_0/
bspinclude/include
-I"C:\Projects\oscilloscope-software\oscilloscope-software\src"
-I"C:\Projects\oscilloscope-software\oscilloscope-software\src\
standard\common\include"
-I"C:\Projects\oscilloscope-software\oscilloscope-software\src\
platform"
-I"C:\Projects\oscilloscope-software\oscilloscope-software\src\
standard\mqtt\include"
-IC:/Projects/oscilloscope-software/design_1_wrapper/export/
design_1_wrapper/sw/design_1_wrapper/domain_microblaze_0/
bspinclude/include
```

```
-w1                    // 仅显示错误
+e900                  // 显示错误计数
```

执行以下命令进行分析：

```
pclp64 pclp_config.lnt *.c
```

该命令可对当前目录中的所有 C 文件进行静态分析。

接下来，我们将处理此命令可能产生的大量消息。

9.5.5　从仅显示最严重的错误消息开始

PC-lint Plus 配置文件中的-w1 选项设置表示将抑制除最严重的错误消息外的所有消息。这消除了很多严重级别不高的消息（防止出现大量消息），使我们能够专注于源代码分析器无法解释代码的区域。

对于当前包含回显服务器和 MQTT 功能的 Vitis 应用程序，仅出现一条错误消息：

```
--- Module: mqtt_task.c (C)
mqtt_task.c 401 error 115: struct/union not defined
            xBrokerAddress.sin_addr.s_addr = *(long *)
(ulBrokerIPAddress->h_addr_list[0]);

~~~~~~~~~~~~~~~~~~^
mqtt_task.c 386 supplemental 891: forward declaration of
'struct hostent'
    struct hostent *ulBrokerIPAddress;
            ^
```

可以看到，该消息指示了 mqtt_task.c 中第 401 行的错误。该分析器告诉我们，此时代码中的 struct hostent 是未定义的。我们知道此消息并不能反映代码的真实状态，因为它可以编译并成功运行。

这里的问题是 LWIP_DNS 符号尚未定义，如 9.3 节“添加 MQTT 协议”中所示。将以下行添加到项目 PC-lint Plus 配置文件即可定义符号并消除上述错误消息：

```
-DLWIP_DNS
```

这可以将 LWIP_DNS 定义为分析器的预处理器符号。再次运行分析器之后，这会导致零消息。

下一步是启用显示警告（warning）严重性的消息以及任何错误（error）消息。将-w1

设置更改为-w2 即可完成此操作。

这将导致分析器总共产生 90 条消息。PC-lint Plus 有两个额外的严重性级别：-w3（包括 informational 消息）和 -w4（显示所有消息）。

使用-w4 在应用程序代码上运行 PC-lint Plus 会产生 2440 条消息。显然，从这个级别开始进行分析是不明智的。

9.5.6 解析分析器输出消息

处理源代码分析器产生的每条消息有两种基本方法：修复消息指出的问题或抑制消息。

如果消息确实无关紧要，或者如果你得出结论认为解决该问题所带来的回报不值得花费时间和精力来解决它，那么抑制该消息是合理的。当然，这一步也不可掉以轻心。你需要花点时间了解消息出现的原因并阅读 PC-lint Plus 手册中的消息说明。有时你会了解到，某个特定消息是该语言一些很少提及的细微差别的结果，这些细微差别在适当的情况下可能会导致严重的问题。

你可以将用于了解源代码分析器消息的原因和解决方案的时间视为 C 和 C++编程中的主类。你将学到很多关于避免代码中出现问题的方法，并且你将来编写的代码会更好。

9.5.7 常见的源代码分析器消息

下面列出了一些你将从源代码分析器收到的常见消息类型，并提出了一些解决问题的方法和建议。

- loss of precision during assignment（赋值期间精度丢失）：例如，当我们将 int32_t 值赋给 int16_t 变量时就会发生这种情况。为了消除该消息，如果你确实打算在赋值期间丢失高 16 位，则可以在执行赋值之前强制转换为更小的大小：

```
int16_t short = (int16_t) long;
```

- loss of sign in promotion from int to unsigned int（从 int 升级到 unsigned int 会丢失符号）：如果赋值为负，则将有符号值分配给相同大小的无符号变量可能会导致出现错误。如果你确定这是你想要做的，则可以使用强制转换。
- unused include files（未使用的包含文件）：这个很容易修复。不必要的#include 文件使源代码文件的顶部变得混乱，并暗示不存在的复杂性。删除这些代码行即可。
- ignoring function return values（忽略函数返回值）：许多标准库和特定于项目的函数返回的值对于进一步处理可能重要也可能不重要。当调用的函数返回错误指示时，其代码应始终检查错误。还有一些函数可能会返回一个多余的数据指针。源代码分析器通常允许为特定功能抑制这种类型的消息。例如，许多开发人员选择忽略标准库 printf 函数的返回值。

- could be declared as pointer to const（可以声明为指向 const 的指针）：此消息表明指针引用了从未通过该指针进行修改的数据。在这种情况下，指针应声明为指向 const 的指针。
- symbol not referenced（未引用符号）：当传递给函数的参数未在函数中使用时，可能会发生这种情况。如本章 9.3 节“添加 MQTT 协议”所述，类似于(void) pvParameters;的语句将向读者和源代码分析器表明不打算使用该参数。如果声明了变量或函数但从未使用过，也会出现此消息。
- external could be made static（外部变量或函数可以是静态的）：这表示可以使用 static 关键字将全局声明的变量或函数限制在文件范围内。
- declaration of symbol hides symbol（符号的声明隐藏符号）：C 和 C++允许你在与全局变量同名的函数中定义局部变量。这通常是一个坏主意，应该修改有问题的变量名称以消除该消息。
- possible access of out-of-bounds pointer（可能访问越界指针）：现代源代码分析器能够模拟通过你的代码的所有路径的执行。如果执行路径允许数组索引超出数组边界，你将遇到涉及访问未分配内存的经典 C/C++错误。在源代码级别检测此类错误的能力使源代码分析器物有所值。

在典型的代码库中，你会遇到这些消息和其他消息的多次出现。最有可能的是，你至少会发现一个真正的错误，使用传统的调试方法来识别、追踪和修复可能非常困难和枯燥无趣。通过在源代码级别解决这些问题，可以消除此类问题。

接下来，我们将研究用于管理源代码文件版本历史记录的工具和流程。

9.6　源代码版本控制

对于任何比单文件程序规模大的软件项目，保持严格管理的文件版本历史记录至关重要。有多种新旧软件工具可用于执行版本控制，其中一些是免费的，还有一些是商业产品。

我们不会列出这些工具的可用选项，而是将重点放在名为 Git 的流行版本控制系统上。Git 是用于 Linux 操作系统源代码的版本控制系统。许多在线 Git 存储库，如 GitHub，都可以使用。Git 是免费的，其下载网址如下：

https://git-scm.com/downloads

GitHub 网址如下：

https://github.com

Vitis 包含使用 Git 对应用程序源代码进行版本控制的集成功能。它还能够处理远程存储库，如 GitHub 或组织提供的 Git 服务器。

Git 允许多个开发人员在同一个代码库上工作，并允许每个开发人员将他们的更改放入公共存储库。

Git 是一个分布式版本控制系统，这意味着没有一个用户签出（check out）一个文件来处理它的概念。每个开发人员始终拥有一个完整的存储库副本，并且可以随时更新存储库的本地副本以合并其他开发人员的更改。

可以通过在 Vitis 的 Explorer（资源管理器）窗口中右击应用程序项目并选择 Team（团队）选项来访问 Vitis 中的 Git 功能。与其在本章中深入研究 Git 的详细信息，不如通过互联网查找一个在 Eclipse 中使用 Git 的实际教程。以下网址提供了一个示例：

https://dzone.com/articles/tutorial-git-with-eclipse

9.7 节将介绍嵌入式系统的测试驱动开发的好处。

9.7　测试驱动开发

测试驱动开发（test-driven development，TDD）是一种将综合测试尽可能早地集成到软件开发过程中的理念和过程。这种方法的思路是，从一组经过全面测试的单个组件开始，并在将这些组件集成到一个功能系统中时继续测试。通过使用这种方法，代码中存在重大错误的可能性将大大降低。

要使开发过程成为测试驱动，首先要为系统中尚不存在的功能编写一个测试，然后运行该测试。如果被调用的函数尚不存在，测试应该会失败，甚至可能无法成功编译。然后实现测试试图执行的函数，它应该允许测试通过。这组测试应尽可能全面地验证所实现的系统代码是否能够正确执行。

虽然概念上相当简单，但在将 TDD 应用于项目之前必须解决一些挑战，特别是该项目是嵌入式系统的话。

由于这种环境中的独特挑战（如严重依赖嵌入式处理器和外设的硬件特性），因此，传统上 TDD 在嵌入式系统的固件开发中应用非常有限。

如果我们可以提供这些硬件特性的模拟实现，即可在主机上构建和运行一组测试。假设为主机编译的代码与为嵌入式处理器编译的代码执行相同（这是一个很好的假设，特别是使用 gcc 作为主机编译器的话），则在主机上运行的测试应该验证代码在目标处理器上的行为。这种方法无须将代码下载到设备，即可在函数级别测试行为。

一个名为 Ceedling 的 C 测试框架简化和自动化了大部分烦琐的工作，这些工作涉及为嵌入式 C 代码配置和运行测试环境，包括生成嵌入式硬件的模拟接口。其网址如下：

http://www.throwtheswitch.org/ceedling

Ceedling 需要安装 Ruby 和 Cygwin，它们可以为 gcc 编译器提供基于主机的测试。Ruby 的下载地址如下：

https://rubyinstaller.org/

Cygwin 的下载地址如下：

https://www.cygwin.com/install.html

与静态源代码分析器的初始配置一样，设置 TDD 功能涉及一些基础工作并需要一定的学习曲线。话虽如此，TDD 在早期发现问题方面的优势是巨大的，这尤其有助于按时完成项目。TDD 过程的应用对于避免在复杂嵌入式系统的开发中常见的不确定长度的故障排除和调试会话大有帮助。

9.8　小　　结

本章详细阐释了 FPGA 设计的一些重要余下部分的实现，包括解串器、FIFO 缓冲器和 AXI 总线接口。本章还介绍了适当的编码风格的应用，并讨论了如何使用静态源代码分析作为预防许多难以调试的错误的强大手段。

最后，本章还简要讨论了软件项目版本控制系统和测试驱动的开发。

学习完本章之后，你将了解设计 FPGA 算法的基础知识以及如何以可维护的和经过良好测试的方式开发嵌入式 C 代码。

第 10 章将讨论对整个嵌入式设备进行全面测试的最佳实践，并将提供一些有效的方法来调试在开发周期的后期阶段发现的问题。

第 10 章　测试和调试嵌入式系统

在嵌入式系统的开发接近完成时，即可在其运行环境中进行彻底测试。此测试必须针对环境条件的整个预期范围和用户输入（包括无效输入），以确保其在所有条件下都能正常运行。

对于每次测试，必须仔细记录系统配置和测试执行流程，并详细记录任何由此产生的行为异常。如果没有足够的信息来可靠地重复测试，则可能很难甚至不可能解决根本问题。本章最后讨论了推荐的调试程序，并总结了高性能嵌入式系统开发的最佳实践。

通读完本章之后，你将了解如何有效且彻底地测试复杂的嵌入式系统，掌握运行测试和记录测试结果的适当程序以及有效跟踪程序错误的技术。最后，你还将了解成功的嵌入式系统开发的最佳实践。

本章包含以下主题。

- 设计系统级测试。
- 进行测试并记录结果。
- 确保全面的测试覆盖。
- 有效的调试技术。
- 高性能嵌入式系统开发最佳实践总结。

10.1　技 术 要 求

本章文件可从以下网址获得：

https://github.com/PacktPublishing/Architecting-High-Performance-Embedded-Systems

10.2　设计系统级测试

当你阅读到本节时，我们假设你的高性能嵌入式设备已经初步设计和构建完成，并且对其基本功能的初始检查表明一切似乎都在正常工作。因此，现在需要对系统原型进行一组全面的测试，以确保它在所有预期的操作条件下都能按预期运行，并正确响应所有形式的有效和无效用户输入。

虽然看起来很简单，但实际上这是一个艰巨的挑战。举一个简单的例子，考虑一个仅接受用户输入的文本字符串作为输入的系统，如果字符串的长度不受限制，则潜在输入的范围实际上是无限的。因此，永远不可能测试系统可能接收到的所有可能的输入。即使对于这样一个简单的系统，我们也必须仔细决定需要什么样的测试以及执行多少测试才算是足够。

对于具有复杂用户接口并同时从各种接口接收输入的系统而言，问题更为复杂。由于不可能测试任何复杂系统的所有可能输入，因此，系统开发人员有责任开发适当的测试机制。测试集必须在开发周期的可用时间内可执行，并且测试必须有很高的概率检测到系统中存在的所有重大问题。

由于系统测试在开发周期结束时进行，因此，测试阶段在可用时间和资源方面通常会受到严重限制。面对这些压力，测试人员必须尽可能高效地执行设计和测试的任务。确保进行足够的测试也很重要，即使这会导致开发时间超出计划的时间范围。

将未经充分测试的产品推向市场对任何人都没有好处。屈服于这种压力会导致产品召回、产品和公司声誉受损等后果，并且，如果有缺陷的产品对其用户或其他人造成伤害，则还可能产生潜在的法律后果。

接下来，我们将推荐一些有效设计和测试以及记录这些测试结果的方法。

10.2.1　需求驱动的测试

限于篇幅，本章无法深入研究整个需求驱动的系统工程过程，但在系统测试的语境中简要探讨需求生成的过程仍是有意义的。无论你的嵌入式系统中是否有正式的需求规范文档，你都应该能够清楚地说明系统应该做什么和不应该做什么。

在最高级别，系统需求说明了系统要实现的基本功能，并提供了可衡量的性能阈值，用于评估系统。例如，如果设备由可充电电池供电，则最高级别的需求应指定设备在电池耗尽之前必须运行多长时间。

一套完整的最高级别的需求将量化用户期望从系统中获得的所有基本功能。下面列出了这些需求的一些示例。

- ❑ 执行特定任务时的处理速度。这需要考虑到特定任务的执行时间限制。例如，在自动驾驶嵌入式系统中，某些任务有极其严苛的响应时间限制。
- ❑ 在实际操作条件下持续的数据传输带宽。
- ❑ 屏幕分辨率、亮度和更新速率。
- ❑ 测量输入（如温度）的准确率。

除了描述设备应该做什么这样最明显的需求，系统还有一组非功能性需求。

非功能性需求（non-functional requirement）描述了系统必须拥有的属性或与其行为无关的其他强制性方面。其中许多需求在做需求陈述时是显而易见的，但在它们被写入文档之前，它们仅作为不言而喻的假设存在。例如，对于包含可充电电池的设备来说，不能起火爆炸通常是一个假设要求。

需求可以定义系统必须保持的不变条件，而不管是否存在有效或无效输入。其中的一些示例如下。

- 操作系统和应用程序代码不会崩溃。
- 系统始终保持对用户输入的响应。
- 系统在拒绝无效输入的同时继续正常运行。

如果你的系统缺乏完整的需求定义，包括那些假设的需求，那么你可能需要进行一些头脑风暴式的多方讨论以生成适合用作测试过程输入的列表。系统需求可提供定义一组相关测试所需的信息，然后确定系统是否未通过这些测试。

在开发系统需求时，应进行分析以验证每个需求是否满足以下标准。

- 完整性（completeness）：要求涵盖必要系统行为的所有方面以及系统必须满足的所有相关非功能条件。
- 明确性（clarity）：必须以所有相关方都理解并同意的方式定义要求。
- 可测试性（testability）：每项要求都必须以允许对系统合规性进行快速评估的方式进行陈述。如果你无法确定测试系统是否满足特定需求的方法，则应以可测试的方式重写需求。

表 10.1 列出了本书示例项目（基于网络的数字示波器）的一组基本需求。每个需求都有一个关联的标识符，提供对完整需求文本的速记引用。

表 10.1　基于网络的数字示波器项目的需求列表

需求 ID	描　　述
R-1	该示波器应该有一个由 BNC 连接器组成的单输入通道，以用于标准示波器探头
R-2	该示波器应该按 100MHz 速率采样其输入信号
R-3	使用 1X 示波器探头时，示波器应支持±10V 范围内的输入信号
R-4	使用 10X 示波器探头时，示波器应支持±70V 范围内的输入信号
R-5	示波器采样应该包含 14 位分辨率
R-6	该示波器应该收集和存储最多 1.3s 的连续测量数据
R-7	该示波器应该通过基于 TCP/IP 的网络将已收集的数据传输到主机应用程序
R-8	该示波器应该支持基于上升沿和下降沿的触发

续表

需求 ID	描　述
R-9	该示波器应该支持基于脉宽的触发
R-10	该示波器应该存储由用户选择的前触发（pre-trigger）采样数
R-11	该示波器应该存储由用户选择的后触发（post-trigger）采样数
R-12	该示波器应该通过网络接收用户命令信息并做出响应
R-13	该示波器应该能够承受信号输入连接的正常处理，包括静电放电
R-14	该示波器运行的温度范围为 0～70℃
R-15	该示波器运行的湿度范围为 8%～80%
R-16	该示波器应该维护一个状态信息集合，并且可以根据收到的请求向主机应用程序提供此数据
R-17	该示波器应该忽略无效的或超出范围的命令数据，并设置一个状态以指示数据未被接受
R-18	该示波器主机应用程序应该允许用户保存已采集的示波器样本序列，并且以 CSV 文本格式保存到磁盘文件中

虽然这组需求可能还不完整，但它为开发一套全面的系统测试提供了一个很好的起点。

一旦详细描述了系统需求，就必须确定方法以评估系统是否正确实现了每个需求。有 4 种基本方法可用于评估系统是否符合特定需求。

- 检查（inspection）：一些需求可以通过简单地检查系统来验证。例如，“设备颜色为黄色”的要求就可以通过检查来验证。
- 演示（demonstration）：某些系统功能可以通过操作该系统观察到，这实际上就是按相关需求演示其性能。
- 分析（analysis）：通过分析进行的需求验证依赖于逻辑推论过程。给定一组特定事实集合，如果能够通过检查、演示或测试证明，则说明给定的需求已得到满足。
- 测试（test）：通过测试进行的需求验证涉及在受控条件下通过一组规定的步骤运行该系统。在执行这些程序的过程中，必须收集到足够的数据来证明该系统符合相关需求的程度。

本章的重点是使用测试方法来验证嵌入式系统在系统需求方面的性能。你必须在标称条件和非标称条件下针对系统需求进行测试，这也是接下来我们要讨论的主题。

10.2.2 在标称和非标称条件下进行测试

在标称条件（nominal condition）下的测试用于验证系统在正常条件下运行并提供正

确输入时是否能按预期执行。

系统测试应覆盖每项输入的整体允许范围，以确定每个输入参数的最小值和最大值是否导致正确操作。除了为每个输入提供最小值和最大值，还应测试极端范围内的一系列值，包括可能导致特殊处理的任何值，如零。

当你决定在测试期间评估输入范围内的值的多寡时，重要的是要更彻底地权衡测试该参数的价值与额外测试运行的成本，这包括开发测试的时间及其执行时间（无论是手动执行还是自动执行）以及评估结果，以确定系统是否正常运行所需的时间。

在标称条件测试期间，考虑可能的相互作用以在系统操作中引入潜在的意外变化的输入组合也很重要。应优先考虑所有此类参数的交互，以确定是否需要对每个组合进行测试。

非标称条件（off-nominal condition）测试涉及在其预期条件之外操作该系统以了解系统如何反应。例如，在我们的示波器项目示例中，需要测试系统对超出预期范围的输入电压的响应。如果输入的电压略超出允许范围，我们希望系统能正常运行，但可能由于超出 ADC 输入范围而导致测量读数无效。超出指定范围的电压会造成压力并最终超过我们的电路设计的有限电气保护能力。

为了评估系统的安全性，可能需要提供远远超出预期范围的输入电压，因为设备用户可能有意或无意地将系统连接到过高的电压。此类电压可能包括大多数家庭和办公楼的电源插座提供的 110V 和 220V 交流（alternating current，AC）电压。尽管向设备提供这些电压作为输入可能会对其造成严重损坏，但系统的响应不应将高压转移到用户可接近的区域（假设电路板安装在保护壳中），从而对用户造成漏电伤害，也不应该引发着火或散发有害烟雾。

测试电子设备以获得电气安全认证机构的批准是复杂的，这不在我们当前讨论的范围内。本章讨论的测试过程的目标是确保系统在标称条件下执行其预期功能，并且在合理的非标称条件下运行时，它以适当的方式响应。如果我们的测试足够，则应该可以避免对用户的投诉做出不得不为的激烈回应，例如，产品召回或匆忙向现场交付软件补丁。

10.2.3 节将讨论单元测试和功能测试之间的区别。

10.2.3　单元测试与功能测试

在 9.7 节“测试驱动开发”中介绍了一种固件开发方法，即在代码开发过程中就开始对源代码进行开发和运行测试。这种测试必须从最底层的代码单元开始，在 C/C++中，代码单元由函数组成。

这个级别的测试称为单元测试。单元测试（unit testing）试图验证每个函数和其中的每一行代码在给定所有可能的输入组合的情况下都按预期执行，而不会产生不良影响。依赖测试驱动开发（TDD）的开发过程通常会产生一组单元测试，这些单元测试在代码行数方面与应用程序代码相当。

通过使用 Ceedling 等测试框架（详见 9.7 节“测试驱动开发”），单元测试过程可以高度自动化，从而允许频繁执行测试。通过经常重新运行测试，开发人员可以检测到代码更改何时会导致不正确的行为并立即修复问题。

这可以防止许多错误进入应用程序代码库，而这些错误在更传统的开发过程中会被忽视。

当然，单元测试只能做到这一步。当我们将低级代码组件组合到子系统中时，对这些高级功能执行自动化测试将变得不太可行。以我们的数字示波器项目为例，系统的行为依赖于复杂的硬件和 FPGA 固件，而这通常很难在基于软件的自动化测试中进行模拟。

在能够评估应用程序主要功能的级别上进行的测试称为功能测试。在功能测试（functional testing）中，用户（或模拟用户）与系统交互以演练其主要功能。功能测试是用来评估系统性能与其需求相关的测试类型。

单元测试基于白盒测试（white box testing）方法，测试人员可以访问代码的所有方面。

功能测试通常会忽略系统内部的实现细节，而只是查看其响应测试输入的行为。这种方法被称为黑盒测试（black box testing）。

表 10.2 总结了单元测试和功能测试之间的区别。

表 10.2　单元测试和功能测试之间的区别

特　　性	单 元 测 试	功 能 测 试
测试目的	测试单个代码组件	测试系统功能
测试重点	单个函数	整体系统
测试方法	白盒测试	黑盒测试
自动化水平	高度自动化	有限自动化或不能自动化
检测到的问题类型	代码逻辑错误、off-by-one 循环计数错误、不正确的分支条件等	功能性问题
涵盖指标	已测试的代码行数	已测试的需求数
测试次数	许多	有限
成本和日程分配	低	高

值得一提的是，了解单元测试和功能测试之间的区别并不是说我们只能在两种测试类型之间做出选择，执行一种类型的测试而不执行另一种类型的测试，恰恰相反，对于成

功的开发工作来说，重要的是在系统设计和开发过程中根据需要结合这两种形式的测试。

在产品开发周期的整个代码开发阶段都应使用单元测试。只有当系统开发达到最终预期系统功能的代表性部分可用于测试时，功能测试才成为可能。

接下来，我们将讨论负面测试和渗透测试的概念。

10.2.4　负面测试和渗透测试

前面的讨论解决了在非标称条件下进行系统测试的需要。故意将无效输入带到系统中的测试被视为负面测试（negative testing）。负面测试的目标是评估系统是否能够正确拒绝无效输入，并以适当的错误消息或其他反馈信息给用户提供响应。

负面测试不仅包括系统用户产生的错误输入，它还包括故意制造系统操作问题的尝试，并且可以模拟未经授权的用户尝试访问和使用系统。

由于我们的系统支持网络，因此可在由多个用户共享的网络上模拟未经授权的访问，因为在连接到更广泛的网络（如互联网）时，它肯定会受到此类攻击。

模拟未经授权的用户试图访问系统，然后破坏其正常操作或提取敏感信息的负面测试称为渗透测试（penetration testing）。任何提供数字接口的系统，无论该连接是通过通用串行总线（universal serial bus，USB）之类的介质还是直接连接到互联网，也许是通过Wi-Fi，都应进行全面的渗透测试，以评估存在黑客威胁情况下的系统安全性。

有些系统在非常复杂的硬件环境中运行，在这种情况下，就需要在模拟环境中进行更多的测试，这是接下来我们要讨论的主题。

10.2.5　在模拟环境中测试

考虑将围绕地球运行的通信卫星使用的姿态控制系统的开发过程。这是一个复杂的实时嵌入式系统，必须执行各种复杂的操作，以保持卫星的通信天线正确朝向地球，保持太阳能电池板对准太阳，并最大限度地减少推进器的消耗。

显然，该系统无法在预期的运行环境中进行初始测试，因为其运行环境在环绕地球的轨道上。为了在陆基环境中执行功能测试，有必要为姿态控制系统生成模拟输入，这些输入代表其将运行的环境。

控制器的输出，如命令推进器发射一段时间，必须驱动系统的数学模型来表示其对控制器输出的响应。

在此类模拟中用于表示动态系统的模型通常表示为微分方程组，关于微分方程组的讨论远远超出了本章的范围。即便如此，你也应该意识到基于模拟的系统测试被广泛用于开发复杂系统（如汽车、飞机和航天器）的控制系统。

接下来，我们将讨论一些有助于开发可重复测试程序的注意事项。

10.2.6　获得可重复的测试结果

有效系统测试的关键属性之一是可重复性。如果不能重复测试并获得相同的结果，则测试没有持久进行的价值。如果你无法重复测试并获得相同的结果，那么你将无法判断系统中实施的预期修复是否确实解决了问题。

为了确保测试的可重复性，必须了解决定测试结果的所有因素，然后在测试过程中控制这些因素，这一点很重要。

例如，如果特定测试依赖于在一定程度上加载具有特定类型处理活动的系统处理器，则每次运行测试时必须能够重新创建类似的处理负载。

当然，在进行测试时并不总是可以控制每个相关因素。根据你正在开发的系统类型，系统级测试可能会在存在可变因素（如天气）的情况下进行。在这些情况下，可能有必要采用统计技术来了解系统对你无法控制的因素的响应。

可能的情况是，特定错误仅在你无法完全控制的一组非常特定的情况下才会出现。如果遇到这种问题，那真是让人头疼。也许让问题重现的唯一方法是尽可能多地控制并重复执行测试以尝试重现问题。

如果你最终需要重复执行测试以让错误再现，则请确保收集每次运行的所有数据，这些数据可能有助于追踪问题的根源。如果你好不容易成功再现了一个困难的测试，然而却发现在测试运行开始时忘记启动数据收集工具，那么这显然会令人沮丧。

接下来，我们将讨论制订综合测试计划的重要性。

10.2.7　制订测试计划

在准备执行一系列测试以根据其要求验证系统性能时，花一些时间计划将要执行的测试是很重要的。计划过程应记录在测试计划中，该计划描述要执行的测试、如何收集和分析数据，以及如何通过分析来确定系统是否符合其要求。

包含测试计划的文档不需要很大、很正式。其重点应该是清楚地定义要执行的测试以及根据系统需求验证性能达到的程度。该计划还应识别测试过程中可能出现的任何安全隐患，并明确说明如何将人身伤害和贵重设备损坏的风险降低到可接受的水平。

系统开发成功的利益相关者应该在测试开始之前审查和讨论该计划。测试计划过程的目标是在所有相关人员之间达成共识，即一系列测试将在验证与需求相关的系统性能方面提供明确的价值，同时将测试的成本和持续时间保持在可接受的范围内。

表 10.3 列出了典型测试计划中包含的部分。

表 10.3　典型测试计划中包含的部分

部　分	内　容
介绍	简要描述要测试的系统以及测试目的
测试范围	明确测试要包含或排除系统需求的哪些部分
系统需求	列出在测试期间要评估的系统需求
测试环境	明确测试发生的地方，描述与测试相关的位置特点
测试安排	明确测试计划的起止时间。如果测试分多个阶段，则还需要明确每个阶段的起止时间
测试资源	明确测试的特定装备和个性化需求
风险	明确任何潜在伤害风险，预估风险发生的可能性和伤害程度，制订化解这些风险的计划
测试团队成员	明确要参加测试的团队成员，指定测试活动的领导者
测试描述	提供每一项要执行的测试的描述。在附录或单独文档中提供详细的测试流程
数据收集计划	描述要收集的数据类型，描述在测试期间数据收集工具的操作，以及在测试完成时如何收集数据
提交报告	描述在测试完成时要编写的测试报告的内容
签名	提供技术人员和管理人员的签名

重申一下，测试计划不需要是一个庞大而复杂的文档。对于小型系统，表 10.3 中列出的信息可能只需要包含在两页文档甚至电子邮件中。进行测试计划练习的目的是仔细考虑计划中的每个主题，以确保没有遗漏任何重要内容，并确认所有参与者和利益相关者都对测试过程有很好的了解。

接下来，我们将讨论进行测试和记录测试结果的一些具体建议。

10.3　进行测试并记录结果

最好提前计划复杂测试的细节，并制定执行涉及多个参与者的测试的书面程序。以下部分提出了一些在测试复杂系统时取得成功的建议。

10.3.1　确定要收集的数据

一旦明确了测试的结构，测试人员就必须确定在测试期间和之后必须收集哪些信息，以在分析测试结果期间回答可能出现的任何问题。该信息自然包括来自系统本身的代表其行为的数据，以及显示给用户或作为正常系统操作的一部分记录的信息。

由于我们专注于嵌入式系统，因此可能需要收集额外的信息来评估某些测试场景的结果。可以使用多种技术来收集该数据。下面列出了一些用于测试嵌入式系统的数据收集工具和策略示例。

- 网络数据包捕获：诸如 Wireshark 之类的工具能够捕获通过网络的每个数据包。该数据可用于精确确定系统通过网络发送和接收的数据以及捕获每个数据包的时间。Wireshark 的网址如下：

  https://www.wireshark.org/

- 模拟电压测量：模拟系统输入和输出为了解系统对这些信号的响应提供了原材料。在测试期间可能需要连续记录模拟信号，如音频输入或输出。或者，可能需要使用示波器来捕获模拟信号行为以响应特定的触发事件。
- 数字信号捕获：被测系统内或可通过外部连接器访问的一个或多个数字信号可以提供有关系统行为的重要信息。逻辑分析仪（logic analyzer）是同时监测潜在大量数字信号并能以高采样率捕获这些信号的工具。逻辑分析仪可以监控系统数据总线和数字通信协议。
- 视频记录：有时在测试过程中捕捉系统行为最直接的方法是使用一台或多台摄像机形成视频记录。在测试期间使用视频录制时，提供一些方法将视频中的观察时间与从其他来源收集的数据同步是至关重要的。这就像仔细同步摄像机的时钟并确保视频中出现时间戳一样简单。或者，你也可以在视频场景中与被测系统一起放置一个精确的时钟显示。

为确保全面收集数据，并避免因数据丢失而需要重复测试，确保在每次测试开始时每项测试计划的所有数据收集机制都进行记录至关重要。

接下来，我们将讨论在每次测试开始时确保系统配置正确的必要性。

10.3.2　配置被测系统

可能影响测试结果的系统配置的所有方面都必须被定义为测试程序的一部分，并在开始测试之前确认已按预期设置。

如果在测试结果中观察到某种形式的异常行为，并且测试人员无法回答有关系统中观察到的行为的配置设置的问题，那么每个参与者都会感到沮丧。

测试程序应包含在每次测试开始时执行系统配置的步骤列表。此列表应包括所有偏离默认值的设置，以及在执行早期测试期间可能已更改的任何值。

正确配置系统并激活所有数据收集系统后，就可以开始执行测试程序了。

10.3.3 执行测试程序

对复杂系统（如飞机和航天器）进行高成本、高风险测试的专业人员通常将测试程序中的详细步骤记录在一张或多张卡片上，其中包含每个测试参与者的详细说明。

根据测试的类型和复杂性，提前准备一组书面测试步骤是值得的。对于涉及多个参与者执行协调操作序列的测试，以易于遵循的格式设置步骤是有帮助的。

使用书面测试程序可以避免在测试过程中可能发生的一些延迟和混乱，例如，如果需要某种形式的心算来确定输入值，或者如果你需要在很少访问的地方定位文件目录。

卡片上的每个步骤都应该编号，并且测试负责人应该随着测试的进行按编号指示步骤，以保持所有参与者的同步。

在开始测试之前，测试负责人必须确保满足与测试相关的所有安全标准。领导者应说明何时启动数据收集系统、何时开始执行测试、何时结束测试以及何时停止数据收集。

每次测试完成之后，必须存储和标记测试期间收集到的数据，以确保可以检索这些数据进行分析。

尽管在完成数据分析之前无法知道每次测试期间系统的详细行为，但仍然可以根据测试人员的实时观察对测试期间的系统性能做出暂定声明，这称为快速评估（quick-look assessment）。

10.3.4 测试结果的快速评估

在系统开发过程中，快速评估会在测试后立即向利益相关者提供系统性能的印象。快速评估可能只涉及要求每个测试参与者陈述他们在测试期间观察到的内容，并指出系统是否以符合相关系统要求的方式运行。

在快速评估期间，测试人员应描述他们在测试期间观察到的任何异常情况。如果没有立即可用的数据来支持该结论，那么推断所观察到的行为的根本原因是没有帮助的。

快速评估的所有参与者都必须明白，所提供的观察结果是暂时的，这些结果在测试期间收集的数据的后续分析过程中可能会发生变化。

快速评估的结果之一可能是确定应该重复测试，这也是接下来我们要讨论的主题。

10.3.5 必要时重复测试

快速评估的一个结果应该是确定测试是否正确进行以及是否收集了必要的数据。如果在执行测试时发现重大错误，或者未捕获到某些数据，则重复测试是有意义的。

在发现错误后，重复测试的可行性取决于测试资源的可用性、测试人员的配备，以及再次测试所需的时间安排等。

如果一切都保持原状并且进行测试所需的人员可用，那么在失败的测试尝试之后进行另一次测试是有利的。当然，如果不是真的有必要，那么即使进行额外测试非常容易也不应该成为促使你决定重复测试的理由。

如果重复测试不是一项简单的演练（例如，测试资源和人员有限、准备工作很困难或者再次执行测试会使测试时间延长到无法忍受的程度），那么测试团队可能需要判断初始测试数据是否适合评估系统性能（当然也可能是因为存在测试执行错误）。

目前为止，我们重点介绍了系统级测试的设计，以及整个系统在规划和执行测试时可能出现的复杂性。接下来，我们将着眼于测试的不同方面：在对代码进行更改后，需要对先前测试过的代码执行回归测试。

10.4　对现有代码进行回归测试

任何学习过计算机软件编码基础知识的人都知道，代码非常脆弱。如果在计算机代码文件中随机选择一个非注释字符并将其更改为不同的字符，则该程序不太可能继续正确执行，甚至有可能彻底罢工。

全面测试计算机软件在其预期硬件上运行时的行为会赋予代码实质性价值。软件不仅可以正常工作，而且你应该对其工作做到心中有数，至少在测试条件下是这样。

在初始测试程序完成并发布产品后，也可能需要不断修改代码，这要么是因为要修复测试完成后仍然存在问题，要么是因为添加新功能。

为了保持先前开发和测试代码的价值，需确保在维护和功能增强期间引入的任何更改都不会导致先前的功能代码出现错误，这一点至关重要。

代码脆弱性的表现之一是，一个似乎与特定代码部分毫不相干的更改却可能导致该代码出现意外错误。

回归测试（regression testing）的目的是定期测试现有的工作代码，以确保它在代码库其他部分发生变化的情况下继续正确执行。

执行回归测试的主要机制是重用代码开发期间创建的单元测试。随着对系统代码库的更改和添加，整个单元测试集合必须得到维护、版本控制和更新。

对系统代码的每次更改都应该进行测试，以验证这些更改能够正确工作。除针对修改后的代码创建新测试外，还需要经常重新运行所有测试，以任何方式与修改后的代码或新代码进行交互。

对于具有大量测试集和大量代码的系统，整个测试套件的执行可能需要大量时间。因此，在计划和协调完整测试套件的运行时，应该将它集成到软件开发过程中，在持续开发的工作间隙中执行，以避免延迟和干扰开发进度。

通过在夜间或在与开发人员使用的计算机系统不同的计算机系统上安排测试运行，即可满足频繁运行完整测试套件的需要。

在设计完整测试套件时，确保所有需要测试的内容都得到测试是至关重要的，这也是接下来我们要讨论的主题。

10.5　确保全面的测试覆盖率

为了确保在为你的系统设计完整测试时不会忽略任何至关重要的内容，有必要以有条不紊的方式进行测试设计。使用适当的度量标准可以告诉你，你所设计的测试在多大程度上覆盖了需要测试的系统的各个方面。

其中一个重要的指标是测试过程根据每个需求评估系统性能达到的程度。有一个指标则侧重于系统设计的软件和固件部分，它将评估测试套件涵盖的各种执行流程。

接下来，让我们看看测试期间系统需求的覆盖范围。

10.5.1　需求可追溯性矩阵

需求可追溯性矩阵（requirements traceability matrix，RTM）也称为需求跟踪矩阵，它是一个表格，用于记录解决每个系统需求的测试用例。通过在测试设计过程中开发 RTM，你可以确定哪些需求已通过测试用例验证，哪些尚未验证。

仍以本书的示波器项目需求为例，我们可以开发一个很小的测试子集以评估系统原型。表 10.4 列出了这些测试。

表 10.4　示波器项目测试用例集

测试 ID	描　述
T-1	使用信号生成器产生一个+10V 的常量输出电压，保存 1.0s 的样本到磁盘文件。验证示波器在 95%的时间中测量值为+10V，上下范围为 0.05V
T-2	使用信号生成器产生一个−10V 的常量输出电压，保存 1.0s 的样本到磁盘文件。验证示波器在 95%的时间中测量值为−10V，上下范围为 0.05V
T-3	使用信号生成器产生一个 10kHz 的正弦波，振幅为 10V，保存 1.0s 的样本到磁盘文件。验证示波器在 95%的时间中测量值为理想的 10kHz 正弦波，上下范围为 0.05V

续表

测试 ID	描　　述
T-4	使用信号生成器产生一个 1MHz 的正弦波，振幅为 10V，保存 1.0s 的样本到磁盘文件。验证示波器在 95%的时间中测量值为理想的 1MHz 正弦波，上下范围为 0.05V
T-5	设置上升沿触发在+5V。使用信号生成器产生一个 10kHz 的正弦波，振幅为 10V，保存 1.0s 的样本到磁盘文件。验证示波器在正弦波的上升沿第一个大于或等于+5V 的样本点处触发
T-6	设置下降沿触发在+5V。使用信号生成器产生一个 10kHz 的正弦波，振幅为 10V，保存 1.0s 的样本到磁盘文件。验证示波器在正弦波的下降沿第一个小于或等于+5V 的样本点处触发
T-7	重复 T-5 测试，这次配置示波器存储触发前 0.65s 的数据和触发后 0.65s 的数据，保存 1.3s 的样本到磁盘文件。验证示波器按照 T-5 测试的定义在正确位置触发，并且在触发事件前后记录正确的样本数
T-8	使用信号生成器产生频率为 100Hz 的±5V 方波。配置上升沿触发在 0V，最小脉宽为 10.1ms。验证示波器不会在方波信号上触发
T-9	使用信号生成器产生频率为 100Hz 的±5V 方波。配置上升沿触发在 0V，最小脉宽为 9.9ms。验证示波器会在方波信号上正确触发

一个简单的需求可追溯性矩阵（RTM）包含一个系统要求列表，并附加了两列。其中，验证方法（verification method）列记录了哪种验证方法（检查、演示、分析或测试）适合评估系统对需求的实现。对于使用测试方法验证的每个需求，测试用例（test case）列将包含评估该需求的测试列表。

我们将使用系统需求（如 10.2.1 节“需求驱动的测试”的表 10.1 中所列）和测试用例集（见前面的表 10.4）中的信息来构建一个 RTM，将测试用例与要评估的系统需求相关联。表 10.5 包含基于此信息的示例 RTM。

表 10.5　示波器项目的需求可追溯性矩阵

需求 ID	描　　述	验证方法	测试用例
R-1	该示波器应该有一个由 BNC 连接器组成的单输入通道，以用于标准示波器探头	检查	
R-2	该示波器应该按 100MHz 速率采样其输入信号	测试	T-3 T-4
R-3	使用 1X 示波器探头时，示波器应支持±10V 范围内的输入信号	测试	T-1 T-2
R-4	使用 10X 示波器探头时，示波器应支持±70V 范围内的输入信号	测试	

续表

需求 ID	描　述	验证方法	测试用例
R-5	示波器采样应该包含 14 位分辨率	测试	T-3
R-6	该示波器应该收集和存储最多 1.3s 的连续测量数据	测试	T-6
R-7	该示波器应该通过基于 TCP/IP 的网络将已收集的数据传输到主机应用程序	测试	T-3 T-4 T-5 T-6
R-8	该示波器应该支持基于上升沿和下降沿的触发	测试	T-5 T-6
R-9	该示波器应该支持基于脉宽的触发	测试	T-8 T-9
R-10	该示波器应该存储由用户选择的前触发（pre-trigger）采样数	测试	T-7
R-11	该示波器应该存储由用户选择的后触发（post-trigger）采样数	测试	T-7
R-12	该示波器应该通过网络接收用户命令信息并做出响应	测试	T-1 T-5 T-8
R-13	该示波器应该能够承受信号输入连接的正常处理，包括静电放电	测试	T-1 T-5 T-8
R-14	该示波器运行的温度范围为 0℃～70℃	测试	
R-15	该示波器运行的湿度范围为 8%～80%	测试	
R-16	该示波器应该维护一个状态信息集合，并且可以根据收到的请求向主机应用程序提供此数据	测试	T-1 T-5 T-8
R-17	该示波器应该忽略无效的或超出范围的命令数据，并设置一个状态以指示数据未被接受	测试	
R-18	该示波器主机应用程序应该允许用户保存已采集的示波器样本序列，并且以 CSV 文本格式保存到磁盘文件中	测试	T-1 T-3 T-5

当多个测试用例同样适用于特定需求时，没有必要针对所有潜在相关需求对每个测试用例进行分析。将最少数量的测试用例与每个需求相关联就足以评估系统性能是否满足需求。

表 10.5 表明，表 10.4 中列出的测试集用例并未满足所有需求，因为需求 R-4、R-14、R-15 和 R-17 仍未测试。这突出了构建 RTM 的一个主要好处：在给定一组已定义测试的情况下，它向你展示了哪些需求将被测试，哪些需求未被测试。现在我们已经知道，如果要满足所有系统需求，就必须开发更多的测试用例。

接下来，我们将重点介绍彻底测试系统固件和软件代码的方法。

10.5.2　跟踪代码覆盖率

在系统代码开发过程中创建的单元测试和根据需求评估性能的系统测试之间，我们应该已经实现了良好的代码覆盖率。但是，我们尚不知道测试对于代码的每条可能路径的执行达到了什么程度。

代码覆盖率（code coverage）描述了通过运行一个或多个测试来执行程序源代码所达到的程度。有几类代码覆盖率指标可以评估测试的彻底性。以下列表按从最不彻底到最彻底的顺序描述了主要的代码覆盖率测试类型。

- 语句覆盖率（statement coverage）：语句覆盖率是测试套件执行的源代码语句的百分比。许多单元测试框架和其他类型的软件测试工具都提供了在测试集完成后生成语句覆盖率报告的能力。

  使用语句覆盖率作为代码覆盖率指标的缺点是，即使程序中的每条语句都在测试期间执行，但并非所有通过代码的路径都必须经过测试。

- 分支覆盖率（branch coverage）：分支覆盖率测试试图确保代码中的每个分支都被采用。为了演示语句覆盖率和分支覆盖率之间的区别，不妨来看看以下 C 代码示例：

```
if (AdcReading > MaxReading)
{
    HandleReadingOutOfRange(AdcReading);
}
```

  通过创建将 AdcReading 设置为大于 MaxReading 的测试用例，单个测试用例将提供此代码的 100%语句覆盖率，但仅提供了 50%的分支覆盖率。需要一个 AdcReading 小于或等于 MaxReading 的附加测试用例才能获得 100%的分支覆盖率。

- 条件覆盖率（condition coverage）：条件覆盖率测试确保不仅覆盖所有分支，而且还将评估每一个分支条件。此评估适用于包含多个元素的条件表达式，每个元素都可以产生 true 或 false 布尔值。

  考虑以下 C 代码：

```
if ((AdcReading > MaxReading) || (AdcReading < MinReading))
{
    HandleReadingOutOfRange(AdcReading);
}
```

要实现此代码的完整条件覆盖率，必须测试条件表达式中的每个布尔子表达式以返回 TRUE 和 FALSE 结果。为了让这段代码实现 100%的条件覆盖率，需要 3 个测试用例：第一组是 AdcReading 大于 MaxReading；第二组是 AdcReading 小于 MinReading；第三组是 AdcReading 设置在 MinReading 和 MaxReading 之间。

此处列出的代码覆盖率分析类型通常在单元测试期间自动执行。单独使用手动分析方法来验证测试用例覆盖率通常是不可行的。这意味着在选择一组用于单元测试的测试工具时，应考虑对本节中描述的不同形式的代码覆盖率评估的工具支持。

作为系统级测试的一部分，可能还需要执行某种程度的代码覆盖率测试。由于需要在嵌入式系统中实时执行代码，因此，在系统测试期间评估代码覆盖率可能要困难得多。你可以使用连接到被测系统的调试器来执行系统测试，这允许你实时监控代码执行。虽然使用连接到系统的调试器执行测试可以提供有关执行流程的详细信息，但必须确保调试器的存在不会将任何人为因素引入被测系统的行为。

接下来，我们将讨论一种方法，可以使用它来确定对系统进行多少次测试是充分的。

10.5.3　建立充分测试的标准

在开发需求可追溯性矩阵（RTM）并将需要进行的测试与每个测试将验证的需求相关联之后，接下来的步骤就是确定必须执行哪些测试。

事实证明，特定测试可能非常昂贵、耗时，或者具有无法轻易满足的资源需求。对于此类测试，有必要根据这些成本权衡进行测试的价值。

例如，对于表 10.5 中的 R-15 需求，在受控湿度变化的条件下测试示波器是不可行的，因为进行此类测试需要支付高等测试实验室的费用来执行评估。如果此类测试的成本不在项目预算中，则将 R-15 的验证方法从测试更改为分析可能是可以接受的。

支持此更改所需的分析可能需要查看设备中所有组件的湿度规格，并将该信息与其他因素（如设备外壳的密封质量）相结合，以提供组装产品将满足湿度要求的证据。

根据是否需要符合要求的正式认证，这种形式的分析对于给定的产品可能会也可能不会被接受。这些认证过程有时会要求进行测试以证明产品完全符合需求。

在选择要执行的测试集，并确定它们在项目的成本、进度和资源限制范围内可执行之后，就到了进行测试、收集结果数据、分析结果和根据系统需求评估性能的时候了。

如果所有测试都通过，那就太好了！当然，在测试过程中发现系统问题是很常见的。找到并记录这些问题后，必须进行决策过程，以确定是在存在已知问题的情况下继续测试，还是停止测试并在继续测试之前尝试修复问题。

无论测试程序是在响应严重测试失败的情况下暂停还是继续不间断测试，在某些时候都需要确定问题的根源并解决它。一旦开始着手解决已识别的系统缺陷，那么第一步就是了解问题的全部范围，追踪问题的源头，并制定修复程序或至少提供解决问题的方法。这也是接下来我们要讨论的主题。

10.6　有效调试技术

系统中硬件或软件的设计或实现中的错误通常称为虫子（bug），查找和消除这些错误的过程称为“捉虫子”，当然，更正式的称呼是调试（debug）。错误的严重程度可以分为多个等级，轻微的错误几乎可以忽略不计（如显示给用户的帮助文本中的拼写错误），而严重的错误则可能是灾难性的（如飞机自动驾驶系统中的缺陷，该缺陷可使飞机在特定飞行条件下失控，导致飞机坠毁）。

可以在复杂系统的设计、开发和测试过程中的任何时候检测和修复错误。下面将讨论一些有助于检测和消除硬件错误和软件错误的方法。

10.6.1　处理语法和编译错误

当编程语言编译器报告语法或其他形式的错误时，经验丰富的软件开发人员通常能够快速确定问题的根源，但初级开发人员可能难以理解问题的原因，并在出现此类问题时实施适当的解决方案。开发人员必须采取措施来确保解决方案在整个系统实现方面是正确的，而不仅仅是让编译器不再报错的快速解决方案。

例如，如果编译器报告引用了一个从未定义过的变量，则开发人员必须首先确定所引用的变量是否是实际需要的，或者它是否只是一个错误的拼写，实际上引用的是现有变量名称。

如果必须定义新变量，则必须在整数或浮点数、位数以及整数类型的有符号或无符号选项中选择数据类型。

此外，还必须定义变量适当的作用域。它应该是包含在花括号之间的语句块的局部作用域吗？它应该是封闭函数的局部作用域吗？它应该是当前源文件的静态全局变量作用域吗？或者它应该被声明为全局变量并且可以从程序中的任何地方访问吗？

某些类型的语法错误可能难以纠正。例如，如果在块内包含多个级别的代码段，其中缺少右花括号，则可能需要对周围的代码进行广泛的检查来确定放置缺少的花括号的正确位置。在错误的位置插入花括号虽然可能会导致编译器不再报错，但是却可能会彻底改变代码的行为，导致更不易发现的错误。

总而言之，开发人员应该密切关注编译器发出的错误消息，并仔细实施该问题的解决方案。

开发人员还应努力消除编译器产生的警告消息。如果编译应用程序时产生了一连串的警告，则你很可能认为它们是无意义的消息，从而忽略其中的一些重要警告。如果你花时间了解生成特定消息的原因，则可能会意识到修复导致消息的问题是值得的。

如果你确定某些警告消息确实无关紧要，则通常有一种方法，可以在构建代码时使用编译器配置设置或命令行选项来抑制单个消息类型。完成该操作后，你的代码会在编译期间生成零错误和零警告。

静态代码分析的使用可以有效地扩展到语言编译器的代码解析功能之外，从而对代码进行更深入的分析，识别编译器忽略的许多类型的潜在问题，这也是接下来我们要讨论的主题。

10.6.2 使用静态代码分析和单元测试

在 9.5 节“静态源代码分析”中详细研究了静态源代码分析工具的目的和应用。当静态代码分析完全集成到软件开发过程中时，代码分析工具会频繁运行，可能与每次编译器处理源文件时一样频繁。

通过将静态代码分析的自动执行结合到软件构建过程中，即可获得静态分析的好处，而无须在编辑-编译-测试周期中添加更多步骤。

通过频繁执行代码分析，可以在你对代码记忆犹新时更快地发现问题，并且需要修改的幅度很小（因为你是频繁执行代码分析的，自上次分析之后的变更不多）。如果你在运行静态分析之前跨应用程序代码库实施大量更改，则可能会生成大量消息，需要进行大量代码审查才能理解和解决。

当然，频繁执行静态代码分析工具也有缺点，其中之一是分析过程需要时间。许多静态代码分析工具提供了一种以单个源文件的粒度生成和存储分析结果的机制。使用这些工具时，分析速度将大大提高，因为该过程只需要对自生成最后一组分析结果以来发生更改的文件进行全面分析。未更改文件的分析结果可直接在存储的数据中获得。也就是说，它执行的是增量分析方法。

与 10.6.1 节“处理语法和编译错误”中讨论的编译器警告消息一样，你的目标应该是生成零静态分析消息的代码。必要时，可以使用静态分析工具的配置选项来抑制与你的代码真正无关的消息。

当然，即使我们获得的是零编译器警告和零静态分析警告，也不能保证构建的代码就完全无错误。因此，接下来我们将讨论调试过程的初始步骤。

10.6.3　清楚地定义问题并尝试重现它

当测试结果表明即使没有编译器或静态分析警告，但系统行为仍不正确，并且据你所知，代码正确实现了预期的算法，则有必要开始调试过程。

首先，我们需要根据预期行为与实际观察到的行为之间的差异来定义问题。找到导致某些错误结果出现的确切指标，记下各方面的测试状况，观察它们对系统的影响方式。总之，就是尝试通过线索找到问题的源头。

如果可能，你还可以尝试通过重新运行测试来重现错误行为。如果能够可靠地重现错误行为，那么你离解决问题已经不远了。

如果尝试重现问题不成功或有时成功有时失败，那么你将面临更困难的情况。如果问题仅在某些测试运行中出现，而在其他测试中没有出现，则你需要先尝试确定可能影响系统行为的因素。

例如，系统通电和测试开始之前的这一段时间可能会以某种方式导致问题。想想系统中随着时间的推移而发生变化的事情：定时器计数到更大的值，IC 变得更热。如果这些或类似的问题可能导致观察到的间歇性问题，则需要将它们纳入测试的执行过程，并确定它们是否与问题相关。

如果问题在测试运行期间只出现一次并且你无法重现它，那么你可以尝试使用测试运行期间收集到的数据追溯其源头。这也是我们强调在每次测试开始时都应该仔细检查所有数据收集工具是否正在运行的另一个原因：你可能只有一次机会收集到修复严重系统问题所需的数据。

如果你能够可靠地重现问题，则可以进行有序的调试过程以追溯问题的根源。第一步是验证系统输入是否针对预期测试条件正确设置。这也是接下来要讨论的主题。

10.6.4　判断输入是否正确

在深入研究代码并开始尝试找出其中的问题之前，首先要验证测试设置是否正确，并且测试程序是否为预期的测试条件向系统提供了正确的输入。

如果系统在测试期间以不适当的配置设置运行（这可能是因为该配置是早期测试中

遗留下来的），那么就很容易产生类似错误的测试结果。因此，在每次测试运行之前都应该检查所有相关的系统配置设置，以确保正确设置配置项。

如果你已经了解到系统没有为测试正确配置，则在测试过程中应添加步骤以确认相关配置设置在测试开始时是正确的。

如果测试程序涉及人工操作员的输入，则在测试运行期间应观察操作员与系统的交互，以验证每一步是否正确。有时，非常熟悉系统的用户已经养成了肌肉记忆，他们会下意识地执行某些任务，而不是严格遵循测试卡中列出的程序。

如果将用于测试的输入数据组织在数据文件中，请尝试找到一种方法来验证预期测试数据的每个元素在与被测系统的交互过程中是否确实被正确使用。例如，如果自动测试程序尝试使用数据文件中定义的用户名和密码登录被测试的系统，请查看被测系统的日志文件以验证登录是否发生以及用户名是否正确。

如果所有的测试输入数据看起来都是正确的，并且正确地遵循了测试程序的步骤，那么下一步就是更好地了解系统响应输入数据的内部行为。这也是接下来我们要讨论的主题。

10.6.5　寻找获得系统可见性的方法

在这一阶段，我们已经知道系统在测试过程中出现了错误，并且我们相信测试执行和测试输入的数据都是正确的。因此，要找出问题，现在要做的就是更好地了解与所考虑的功能相关的系统内部操作。

由于我们使用的是嵌入式系统，因此这可能比 PC 应用程序的传统软件调试更具挑战性。许多用于嵌入式处理器的开发工具套件都包含功能齐全的调试器。

调试器（debugger）是一种软件应用程序，它可以在执行过程中控制和监视应用程序，通常通过连接到嵌入式系统的电缆进行。

一般来说，调试器提供的功能如下。

- 源代码级调试（source-level debugging）：支持源代码级调试的调试器允许你根据高级源代码语句和变量名称与系统交互。调试器还允许在处理器指令、处理器寄存器和内存地址级别与程序代码和数据进行交互。
- 断点（breakpoint）：断点是程序源代码或特定处理器指令中的一个位置，当执行流到达该位置时，代码执行将在该位置停止。当执行停止时，其他调试器功能可以显示和修改系统内存和处理器寄存器中的数据。嵌入式系统的调试器可以支持有限数量的同时活动断点。
- 单步代码执行（single-step code execution）：程序执行在断点处停止后，调试器允许程序在用户控制下继续一次执行一个源代码语句。在每一步之后，程序变量和处理器寄存器的显示值将被更新，以反映执行该语句而产生的任何变化。

- 变量和内存显示：当程序执行停止时（通常就是当代码执行到达断点时），调试器会显示用户选择的变量和内存区域的值。用户可以修改内存中变量或其他位置的内容并恢复程序执行。
- 观察点（watchpoint）：观察点类似于断点，不同之处在于，观察点监视对数据内存位置的访问，而不是代码语句的执行。

  观察点附加到变量或内存地址，并在访问该位置时触发。观察点通常允许附加特定条件，例如，仅在读取或写入指定位置时触发。

虽然使用复杂的调试器可以直接与在嵌入式系统中执行的代码进行交互，但开发人员并不总是可以获得这种级别的功能。有时，被调试的嵌入式系统的唯一接口是连接到开发人员台式计算机上运行的终端程序的串行端口。在这种情况下，可用于观察代码内部操作的最容易获得的机制可能是在代码中插入有意放置的 print 语句，将输出发送到串行端口。

虽然这种方法允许开发人员在代码执行期间显示任意选择的信息，但它需要修改被测系统中的代码，这些修改可能对系统行为产生重大影响，具体取决于与 print 语句相关的执行时间和资源使用情况。

最后，在代码执行期间提取必要信息以了解在被测系统中发生的操作序列可能取决于开发人员的聪明才智。如果调试器不可用，并且对串行端口使用 print 语句也不可行，则可以临时重新调整设备上的一个或多个发光二极管（light-emitting diode，LED）的用途，以提供有用的调试信息，如指示通过代码采取的分支路径。

使用二分搜索过程来确定问题的根源可能是一种有效的调试方法，这也是接下来我们要讨论的主题。

10.6.6　使用二分搜索调试过程

二分搜索（binary search）是一种高效、经典的在排序数组中定位值的方法。类似的方法可用于在软件应用程序的大型代码库中定位问题的根源。

如果你在不知道问题出在哪里的情况下开始调试过程，那么你进行的第一项活动应该集中在缩小问题的位置范围，尝试确定存在问题的空间的近似中点，并执行测试以确定该中点的哪一侧包含问题。

对于嵌入式系统问题空间来说，有一个明显的分界线：确定问题究竟是由软件还是硬件引起的。如果你有多个可用的被测系统硬件实例，那么在不同的硬件实例上运行相同的测试可能是有必要的，因为这样可以排查最初测试的系统硬件实例是否存在组件故障或错误组装的情况，当然，它应该无法检测出所有硬件实例中存在的固有设计缺陷等。

如果问题与软件有关，则二分搜索的下一个级别是确定软件的哪个大型组件包含该缺陷。执行此测试可能涉及使用调试器或将 print 语句插入串行端口以检查代码执行行为。

这种方法可以通过多个步骤继续，以进一步将代码分成更小的部分，直到问题被隔离到源代码的有限区域。此时，可由开发人员来分析观察到的行为并定位代码中的问题区域。

值得一提的是，确定并修复问题后，返回并删除在调试过程中对代码所做的任何临时更改至关重要。

另一种调试方法是暂时禁用部分系统功能，将问题根源归零，这也是接下来我们要讨论的主题。

10.6.7 暂时删除部分功能

如果系统中同时发生的活动很多，使得确定与观察到的问题相关的代码中发生的事情变得过于复杂，则可以暂时禁用执行无关活动的代码，以聚焦问题区域。

在 C 或 C++中，禁用连续代码段的一种简单方法是在代码块的开头放置一行，其中包含文本#if 0，然后在代码块的末尾放置一行#endif。这两个预处理器语句将有效地从编译过程中删除所有中间代码行，而不管这些行可能包含的注释类型如何。

通过消除与问题无关的代码，可以更轻松地排查问题和找到问题的根源。

请务必记住，代码的一个或多个部分已被注释掉。调试完成后，你必须删除注释掉代码段的预处理器行，并验证在先前被注释掉的代码再次运行的情况下修复是否仍然有效。

如果在注释掉部分代码之后仍然无法找到错误的来源，则更进一步的调试就是将整个程序缩减为显示错误的最小程序，这也是接下来我们要讨论的主题。

10.6.8 制作演示问题的最小程序

如果目前为止你的调试工作还没有成功，那么你可能希望将你的代码缩减为仅演示问题的最小程序。如果你打算将程序提交给你的开发套件的供应商或将其发布到技术社区请求帮助，那么这是可取的。

要执行此步骤，你应该将程序代码复制到与主开发目录结构不同的位置。然后，删除程序中不影响观察到的问题存在的所有部分。理想情况下，你应该能够将相关代码缩减到一个很小的区域，如果该代码被打印出来，可能仅一两页。

如果你打算与供应商共享问题代码或将其放在公共论坛上寻求帮助，则应仔细清除代码和相关数据文件中的任何敏感信息。

如果你能够将演示问题的程序的大小减少到几十行，那么你可能自己就解决问题了。如果确实不能，则可以与其他人分享并征求他们的建议以解决问题。

本节逐步深入介绍了有效调试技术，当你在测试复杂嵌入式系统期间观察到问题时，即可采用上述调试方法。

接下来，让我们看看执行高性能嵌入式系统开发的最佳实践。

10.7　高性能嵌入式系统开发的最佳实践总结

本节包含旨在帮助高性能嵌入式系统开发人员取得成功的一系列建议。尽管这些建议并不全面，但此列表应该可以为你的下一次开发工作提供一个良好的起点。

10.7.1　测试设计

在复杂嵌入式系统的设计过程中，你可以做的最具建设性的事情之一是，在所有阶段都包含能够轻松测试系统的功能。这样做可以帮助系统设计人员有效评估系统性能并快速完成系统测试。

测试设计可能涉及在印刷电路上添加测试点或使用支持增强调试功能的处理器或 FPGA 芯片。无论测试设计过程中涉及何种特定技术，目标都必须是在测试期间使系统的内部行为尽可能可见。

全面的测试设计方法的一个潜在缺点是，系统的公开发布版本可能包含测试设计功能，这些功能使得恶意行为者能够获得对系统内部运行方式的非预期的了解能力。因此，可以通过利用现代处理器和 FPGA 的高级功能来缓解这些担忧，例如，需要输入复杂的密码才能使用系统调试器端口。

10.7.2　留出成长空间

在系统硬件设计中建立固定资源时，请考虑未来可能的增长需求。这可能涉及在系统中设计比初始设计所需的更多的处理能力，并使易失性和非易失性内存区域都比所需的大得多。在 FPGA 设计中，你可能决定使用资源更好的 FPGA 设备，而不是仅具有足够能力来实现设计的设备。

通过为未来的扩展留出足够的空间，你可以延长产品的使用寿命，并且可以定制它，使其对原始目标用户以外的客户也具有很大的吸引力。

当然，包括比设计所需的最低要求更多的硬件功能将导致更高的成本，并且可能会占用更多的电路板面积和增加功耗。因此，应仔细权衡未来增长空间可能带来的好处和相应的成本因素。

10.7.3　设计硬件时考虑未来功能

除扩展处理能力和内存空间外，在进行硬件设计时，还可以在原始设计中包含一些非强制性的但在未来系统升级中被认为有用的功能。

例如，在我们的数字示波器项目中，虽然目前的硬件设计不包括模拟触发功能，但是我们也可以通过添加硬件来实现该功能。

当前设计使用数字触发，将来自 ADC 的采样数据值与触发电压进行比较。这种触发方法每 10ns 对输入电压进行一次采样，并使用这些样本来评估触发条件。

使用这种设计时，短于 10ns 的脉冲可能会暂时超过触发电平但无法激活触发器，因为样本没有捕捉到脉冲。

通过使用高速模拟硬件来执行触发功能，而不是依赖于每 10ns 采集的离散样本，示波器可以准确触发这些窄脉冲。

模拟触发硬件增加了一个数模转换器（Digital-to-Analog Converter，DAC），可将参考电压设置为模拟比较器的输入，以便在监视输入信号时使用。

比较器（comparator）有一个数字输出信号，当模拟输入信号与参考电压相交时，该信号会改变状态，这样锁存器（latch）将捕获脉冲（即使它非常窄），并向系统的其余部分提供触发信号。图 10.1 显示了如何使用 14 位数模转换器（DAC）将模拟触发功能添加到数字示波器硬件设计中。

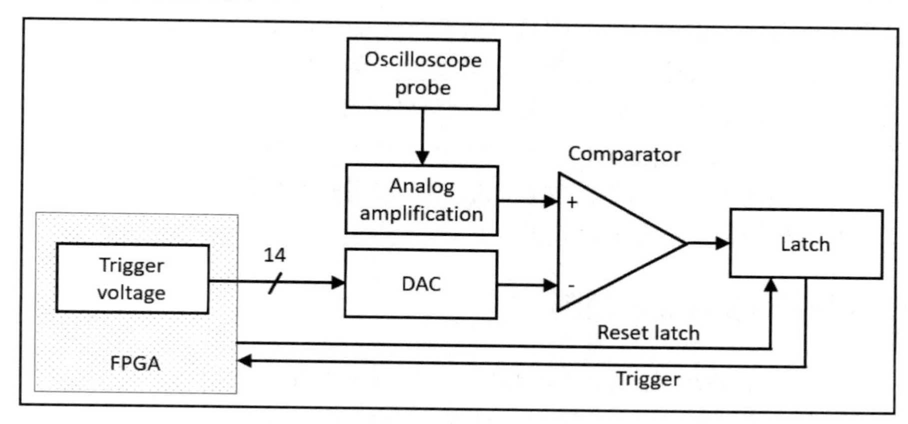

图 10.1　模拟示波器触发电路

原　文	译　文
Oscilloscope probe	示波器探头
Trigger voltage	触发器电压
Analog amplification	模拟放大器
Comparator	比较器
Latch	锁存器
Reset latch	复位锁存器
Trigger	触发

对于我们的示波器项目来说，当前设计使用的是数字触发，尽管这种方法有局限性。

如果我们在设计时就选择包含模拟触发硬件但最初不使用它，那么未来的固件升级可以激活并使用该硬件，从而提高系统性能。

接下来，让我们认识一下将编码活动限制为当前正在实现的功能的好处。

10.7.4　仅开发你现在需要的代码

在代码开发的每个阶段，无论是 FPGA 或嵌入式处理器固件，还是在主机 PC 上运行的应用程序代码，开发人员都应该为当前正在实现的功能添加代码。

有时，为了预期的增强功能，我们可能会向当前正在开发的代码添加钩子（hook）或功能，即使目前正在开发的程序不需要这些功能。开发人员这样做的动机通常是在代码中做好简化未来工作的准备。

这样做通常是一个坏主意，因为添加这些钩子会使当前的开发工作复杂化并使代码测试变得更加困难，尤其是在扩展与当前添加的功能无关的情况下。

避免预期插入代码的另一个原因是事情会发生变化。事实证明，由于某种原因，你希望在以后添加的功能几乎从未实现过。当发生这种情况时，你所添加的钩子其实就是无用的残留工件，它不但使代码库复杂化，而且使实现完整的测试覆盖变得更加困难。

极限编程（extreme programming，XP）的敏捷编程方法将本小节背后的思想归结为格言“做可行的最简单的事情”。这意味着，在代码开发期间，你应该仅添加可完全实现的并且立即需要的特性或功能，仅此而已。

10.7.5　保持严格的版本控制

在 9.6 节“源代码版本控制”中，简要介绍了 Git 版本控制系统。对于任何注重持久价值的代码开发工作，从一开始和每个后续阶段保持严格的版本控制至关重要。

通过适当使用版本控制，可以精确跟踪单个文件中发生的更改，并确定文件的每个版本进行了哪些更改。

版本控制的使用需要一定程度的规范，特别是如果多个团队成员在同一个代码库上工作。应该有一个中央存储库，其中包含所有开发人员都可以轻松访问的测试代码。此存储库可能位于公共位置（如 GitHub），也可能位于提供 Git 托管服务的商业提供商处，或在开发组织内维护的私有服务器上的私有存储库。

随着开发人员添加新代码并对现有代码进行更改，通过本地测试的版本将被推送到共享存储库。每个开发人员必须经常将其本地代码副本与共享存储库同步。这可以将其他开发人员所做的更改带入本地副本，并能够快速检测到与其他开发人员所做更改的任何不兼容性。

如果多个开发人员同时在系统的同一区域工作，则开发人员之间必须保持足够的沟通水平，以最大限度地减少可能出现的冲突。如果两个开发人员同时对同一个文件进行更改，则正确合并这些更改可能会成为一个令人头疼的问题。

10.7.6　在开发代码的同时开发单元测试

如果开发人员采用测试驱动开发（TDD）过程，则推送到存储库的代码将通过测试演示其正确的功能。与更传统的开发方法相比，这代表了一个巨大的优势，后者在整个团队中共享代码，编译并通过静态分析检查，但从未经过测试。

在没有警告的情况下，完成静态分析应该被视为将代码推送到共享存储库的必要条件，但远非充分条件。因为代码可能看起来正确实现了一组给定需求，但它实际上却是错误的。单元测试可以捕获这些问题中的很大一部分，它极大地简化了将组件级模块集成到一组系统功能中的工作。

在代码开发中采用 TDD 方法将使代码的彻底测试成为开发过程的自然组成部分。已经开始接受 TDD 方法的开发人员将对他们的工作有很高的成就感和满意度，这种积极的反馈有助于消除他们开发的代码质量的不确定性。

10.7.7　及时开始系统级测试

在开发新的系统设计时，大部分早期编码工作都涉及与系统硬件组件（如 I/O 接口）相关的低级功能。随着工作的进行，开发人员会将这些低级功能组合到子系统中，以实现整个系统功能的重要元素。一旦部分实现了足够的子系统集合，即可执行完整系统功能的某个子集。

当达到这个阶段时，就可以部分测试系统的性能。这种早期测试可能是非正式的，但它仍应遵循与可用功能相关的测试用例中列出的程序。

早期测试可以尽快识别系统级问题和性能限制。通过在代码开发过程中检测这些问题，可以更轻松地重新访问已开发的代码以针对观察到的问题实施修复。

早期测试可能表明需要对系统设计进行根本性的改变，这涉及硬件的某些部分的重新设计。这种测试也可能导致项目团队意识到一个或多个系统需求是不切实际的，必须进行修改。虽然这样的发现会很痛苦，但早发现总比晚发现要好得多。

10.8　小　　结

本章提供了一个清晰的路线图，指导你如何进行彻底的系统级测试，并解决测试过程中发现的问题。为了充分进行测试，还必须明确整个系统预期的环境条件和输入信号的范围，以评估所有条件下的操作。

在测试期间，必须详细记录所有输入，并且必须详细记录任何由此产生的行为异常。重现测试结果对于修复测试期间发现的问题至关重要。

此外，本章还总结了高性能嵌入式系统开发的最佳实践。

学习完本章之后，你将掌握有效且彻底地测试复杂嵌入式系统的基础知识，了解运行测试和记录测试结果以及有效跟踪错误的技术。你将熟悉如何开发一组测试来评估系统所有重要的方面，以及如何成功开发嵌入式系统。

全书内容至此结束，我们诚挚地希望你能从阅读中受益。本书讨论了颇为广泛的主题，从高性能嵌入式系统的基础知识开始，延伸到设计和构建基于 FPGA 的设备所涉及的流程和工具。我们探讨了关于实现、调试和测试实时固件的各个方面。总之，本书提供的信息应该可为你开始设计和构建高性能嵌入式系统打下坚实的基础。

祝你在嵌入式系统开发工作中一切顺利！